面向"十三五"高等职业教育专业核心课程规划教材·信息大类

电子技术与实践

主　编　毛琳波
副主编　胡　婕
参　编　宋坚波　雷　霞

西安交通大学出版社
XI'AN JIAOTONG UNIVERSITY PRESS

内容简介

本书采用项目式编写模式，每个项目又分为几个任务，将课程中的知识点融合于各个任务当中，用任务来引领电子技术中各部分内容的学习。各个任务均从应用角度进行阐述导入，注重理论联系实际，通过典型实例进行原理分析和任务实施，强化对学生职业技能的培养和训练。全书共分为七个项目，主要包括半导体器件的判别与检测、单级放大电路及测试、多级放大电路及测试、集成运算放大器及测试、直流稳压电源及调试、组合逻辑电路、时序逻辑电路。

本书以基本知识和基本技能为重点，理论与实践紧密结合，符合教、学、做一体化教学模式，可供高等职业院校电子信息技术、通信技术、电气工程、电气自动化等专业的学生使用，也可作为从事电子技术工作的工程技术人员的参考用书。

图书在版编目(CIP)数据

电子技术与实践/毛琳波主编. —西安：西安交通大学出版社，2016.1(2022.1重印)
ISBN 978-7-5605-8238-2

Ⅰ. ①电… Ⅱ. ①毛… Ⅲ. ①电子技术-高等职业教育-教材 Ⅳ. ①TN

中国版本图书馆CIP数据核字(2016)第012071号

书　　名　电子技术与实践
主　　编　毛琳波
责任编辑　李　佳

出版发行　西安交通大学出版社
(西安市兴庆南路1号　邮政编码710048)
网　　址　http://www.xjtupress.com
电　　话　(029)82668357　82667874(发行中心)
(029)82668315(总编办)
传　　真　(029)82668280
印　　刷　西安日报社印务中心

开　　本　787mm×1092mm　1/16　**印张**　15.125　**字数**　362千字
版次印次　2016年8月第1版　2022年1月第2次印刷
书　　号　ISBN 978-7-5605-8238-2
定　　价　39.90元

读者购书、书店添货如发现印装质量问题，请与本社发行中心联系、调换。
订购热线：(029)82665248　(029)82665249
投稿热线：(029)82668818
QQ：19773706
电子信箱：lg_book@163.com

前言

电子技术与实践是高职高专电子电气及通信类专业的一门重要的专业基础课。根据教育部高职高专培养目标和其对课程及教学模式改革的要求，加快高技能人才的培养，加强实践性环节的需要，满足一体化教学的要求，本书采用了项目式编写模式。每个项目由若干个任务组成，每个任务是一个独立的一体化教学单元，包括任务导入、相关知识、任务实施等内容。每个任务把理论知识、实训操作、思考练习等结合在一起，便于教师组织教学和学生自学。

本书编写时，根据教育部制定的高职教育培养目标和规定的有关文件精神，在充分考虑该课程的特点及教学要求的基础上，结合课程改革与实施的实践经验，既考虑到应使学生获得必要的电子技术基本理论知识和基本技能，还考虑到培养学生的专项技能和职业综合能力。本书通俗易懂、实用好用，指导初学者快速入门、步步提高、逐渐精通。

本书具有以下几个特点：

(1)坚持高技能人才的培养方向，从职业(岗位)分析入手，理论知识采用"必需、够用"的原则进行处理，突出基本技能训练，注重方法和思路，强调教材的实用性。

(2)注重传统内容与新技术及其发展趋势的结合，紧随新技术的发展，适应社会对电子技术基本知识及技能的要求。例如，适当减少分立元件的单元电路，加强集成电路的学习 已经成为一种趋势。因此，教材中加入了大量集成电路芯片的内容。

(3)项目选取力求具有典型性和可操作性，以项目任务为出发点，激发学生的学习兴趣。在教学安排上，紧密围绕任务展开，创设教学情境，尽量做到教、学、做一体化。每个任务从任务导入、相关知识到任务实施，完成本次讲授的全部重点，思考与练习使知识得到巩固和提高。

(4)打破传统的教材编写模式，树立以学生为主体的教学理念，力求教材编写有创新，使教材易学，师生乐用。

本书的参考学时为 102～136 学时，建议采用理论实践一体化教学模式。

本书由宁波城市职业技术学院的毛琳波主编。在本书的编写过程中，感谢徐济惠和潘世华老师对本书出版的大力支持。编者还参考了大量电子技术的教材书籍和网络资源，在此对这些参考文献和资料的作者表示感谢。

由于时间仓促，加之编者水平有限，本书难免有错误和不当之处，恳请各位读者批评指正，并提出宝贵意见。

编　者

2015 年 12 月

目录

项目一　半导体器件的判别与检测

【学习目标】

1. 知识目标

(1)掌握二极管的结构、分类、伏安特性和主要参数。

(2)掌握三极管的结构、分类、电流放大作用、输入和输出特性曲线及主要参数。

(3)了解场效应管的结构、伏安特性及主要参数。

2. 能力目标

(1)能够识别和测试二极管、三极管的类型及特性曲线。

任务一　二极管的判别与检测

一、任务导入

半导体器件是用半导体材料制成的电子器件,是构成各种电子电路最基本的核心元件。半导体器件具有体积小、重量轻、功耗低、使用寿命长等优点,在现代工业、农业、科学技术、国防等各个领域得到了广泛的应用。掌握半导体器件的基本知识、识别与检测是电子专业人员必须具备的基本知识和基本技能。

二、相关知识

(一)半导体的基础知识

1. 半导体的导电特性

自然界中存在着各种物质,物质是由分子、原子组成的。原子又由一个带正电的原子核和在它周围高速旋转着的带有负电的电子组成。物质按导电能力的强弱可分为导体、绝缘体和半导体。半导体的导电能力介于导体和绝缘体之间。

导体的最外层电子数通常是1~3个,且电子距原子核较远,受原子核的束缚力较小。因此,导体在常温下存在大量的自由电子,具有良好的导电能力。常用的导电材料有银、铜、铝、金等。电阻率小于$10^{-4}\Omega\cdot cm$的物质称为导体,载流子为自由电子。

绝缘体的最外层电子数一般为6~8个,且电子距原子核较近,因此受原子核的束缚力较大而不易挣脱其束缚。常温下绝缘体内部几乎不存在自由电子,因此导电能力极差或不导电。常用的绝缘体材料有橡胶、云母、陶瓷等。电阻率大于$10^{9}\Omega\cdot cm$的物质称为绝缘体,基本无自由电子。

半导体的最外层电子数一般为4个,半导体的导电能力介于导体和绝缘体之间。电阻率介于导体、绝缘体之间的物质称为半导体，主要有硅(Si)、锗(Ge)等(4 价元素)材料。半导体的应用极其广泛，这是由半导体的独特性能决定的。

光敏性——半导体受光照后，其导电能力会大大增强；

热敏性——受温度的影响，半导体的导电能力变化很大；

掺杂性——在半导体中掺入少量特殊杂质，其导电能力会大大增强。

纯净的不含其他杂质的半导体称为本征半导体。天然的硅和锗是不能制成半导体器件的。它们必须先经过高度提纯，形成晶体结构完全对称的本征半导体。在本征半导体的晶格结构中，原子的最外层轨道上有 4 个价电子，每个原子周围有 4 个相邻的原子，原子之间通过共价键紧密结合在一起。两个相邻原子共用一对电子。

本征半导体最外层的电子结合成为共价键结构，既不容易得到电子也不容易失去电子，所以导电能力很弱，但又不像绝缘体那样根本不导电。硅晶体中的共价键结构如图 1－1 所示。

当温度为绝对零度时，本征半导体同绝缘体一样，没有能够自由移动的电子，所以根本不导电。室温下，由于热运动，少数价电子挣脱共价键的束缚成为自由电子，同时在共价键中留下一个空位，这个空位称为空穴。失去价电子的原子成为正离子，就好像空穴带正电荷一样，因此空穴相当于一个带正电荷的粒子。自由电子和空穴成对出现，称为电子-空穴对，如图 1－2所示。

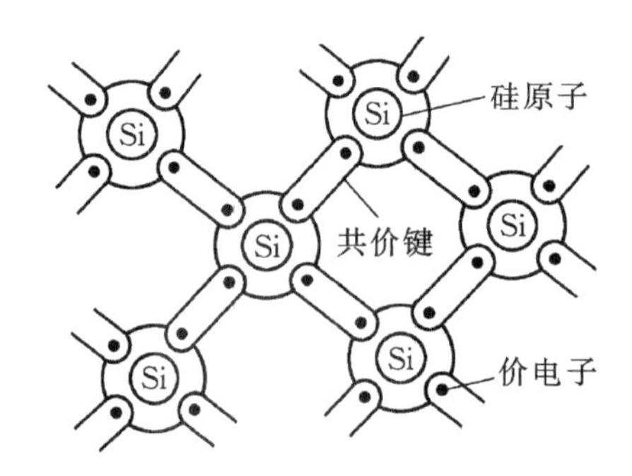

图 1－1　硅晶体中的共价键结构

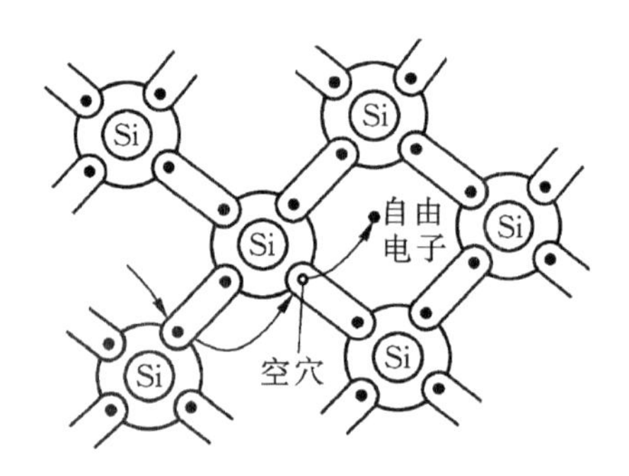

图 1－2　热运动产生的电子-空穴对

自由电子带负电，空穴带正电，它们是两种载流子。随着温度升高，自由电子和空穴的浓度增大，本征半导体的导电能力大大提高。

由于热运动而在晶体中产生电子-空穴对的过程称为热激发，又称本征激发；电子-空穴对成对消失的过程称为复合。

在外电场作用下，本征半导体中的自由电子和空穴定向运动形成电流，电路中的电流是自由电子电流和空穴电流的和。因为本征激发所产生的载流子数量有限，形成的电流很小。

2. 杂质半导体

(1)N 型半导体。若在本征半导体中掺入一定杂质，如在硅中掺入 5 价元素磷(由于每一个磷原子与相邻的 4 个硅原子组成共价键时，多出一个电子)，则自由电子的浓度将大大增加，其数量远远大于空穴的数量。

在纯净的半导体中掺入 5 价元素，形成以自由电子导电为主的掺杂半导体，这种半导体称为 N 型半导体。在 N 型半导体中，自由电子为多数载流子，简称多子；空穴为少数载流子，简称少子。

(2)P 型半导体。若在本征半导体中掺入 3 价元素硼(由于每一个硼原子在组成共价键时,产生一个空穴),则空穴的浓度大大增加,其数量远大于自由电子的数量。

在纯净的半导体中掺入 3 价元素,形成以空穴导电为主的掺杂半导体,这种半导体称为 P 型半导体,在 P 型半导体中,空穴为多数载流子,简称多子;自由电子为少数载流子,简称少子。

综上所述,由于掺入不同的杂质,因而产生了两种不同类型的半导体——N 型半导体和 P 型半导体,它们统称为杂质半导体。如图 1-3 所示。

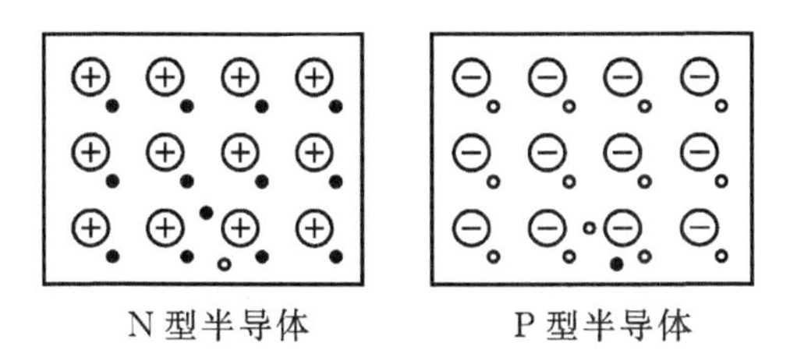

图 1-3　N 型半导体和 P 型半导体结构示意图

杂质半导体中载流子的浓度远大于本征半导体中载流子的浓度,但无论是 N 型半导体还是 N 型半导体都是中性的,对外不显电性。

掺入的杂质元素的浓度越高,多数载流子的数量越多。少数载流子是热激发而产生的,其数量的多少决定于温度。

3. PN 结及其单向导电性

(1)PN 结的形成。采用适当工艺把 P 型半导体和 N 型半导体制作在同一基片上,使得 P 型半导体与 N 型半导体之间形成一个交界面。在 P 型半导体和 N 型半导体的交界处,由于交界面两侧载流子的浓度差别,N 区的电子往 P 区扩散,P 区的空穴往 N 区扩散。扩散结果是:在 N 区一侧因失去电子而留下带正电的离子,在 P 区一侧因失去空穴而留下带负电的离子,于是带电离子在交界面两侧形成空间电荷区,又称为耗尽层或阻挡层,如图 1-4 所示,PN 结指的就是这个区域。

空间电荷区形成的电场叫内电场,内电场对多数载流子的运动起阻碍作用,但却有助于少数载流子的运动,少数载流子在电场作用下的定向运动称为漂移运动。当扩散运动和漂移运动达到动态平衡时,形成了稳定的 PN 结。

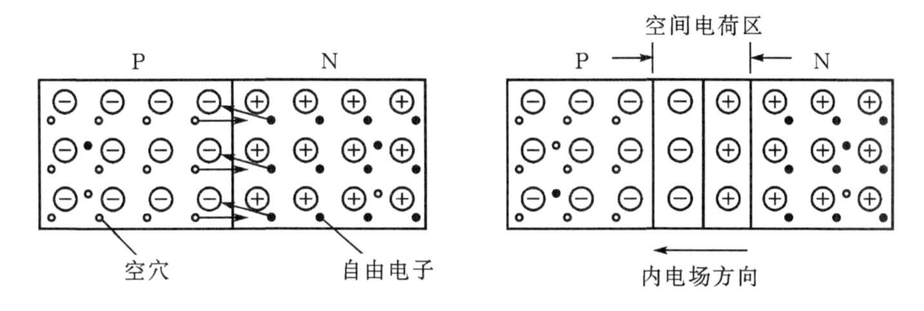

图 1-4　PN 结的形成

(2)PN结的单向导电性。当P区接电源正极,N区接电源负极时,称为PN结加正向电压或正向偏置。在正向电压作用下,外电场与内电场相反,驱使N区电子进入空间电荷区,与其中的正离子复合;驱使P区空穴进入空间电荷区,与其中的负离子复合。结果是使空间电荷区变窄,有利于PN结两侧的多数载流子流过PN结形成较大的正向电流,PN结呈现低阻状态。因此PN结正向偏置时,处于导通状态。

当N区接电源正极,P区接电源负极时,称为PN结加反向电压或反向偏置。在反向电压作用下,外电场与内电场方向相同,使空间电荷区变宽,多数载流子的扩散运动难以进行。但是内电场有利于少数载流子的漂移运动,因而形成漂移电流。由于常温下少数载流子的数目很少,形成的反向电流很小,PN结呈现高阻状态。因此PN结反向偏置时,可以认为基本上不导电,处于截止状态。

综上所述,PN结具有单向导电性,如图1-5所示。当PN结加正向电压时,正向电阻很小,PN结导通,可以形成较大的正向电流;当PN结加反向电压时,反向电阻很大,PN结截止,反向电流基本为零。

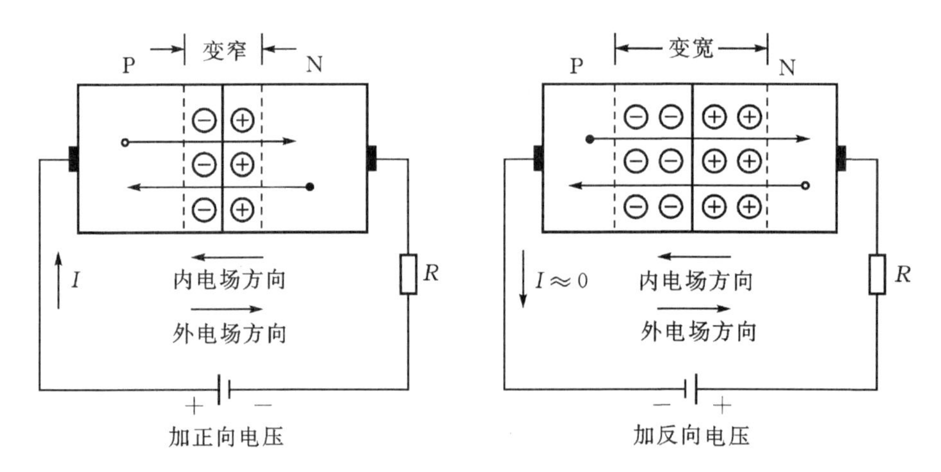

图1-5　PN结的单向导电性

(二)半导体二极管

1. 二极管的结构与分类

将PN结的两端加上两根电极引线并用外壳封装,就形成了半导体二极管,简称二极管。由P区引出的电极为正极(又称阳极),由N区引出的电极为负极(又称阴极)。常见二极管的电路符号及结构如图1-6所示。

二极管是电子技术中最基本的半导体器件之一。根据其用途,二极管分为检波二极管、开关二极管、稳压二极管和整流二极管等。图1-7所示即为二极管的部分产品实物图。

按照结构不同,二极管分为点接触型和面接触型两类。点接触型二极管(一般为锗管)的特点是:PN结面积小,结电容小,只能通过较小的电流,适用于高额(几百兆赫)工作。面接触型二极管(一般为硅管)的特点是:PN结面积较大,能通过较大的电流,但结电容也大,常用于频率较低、功率较大的电路中。

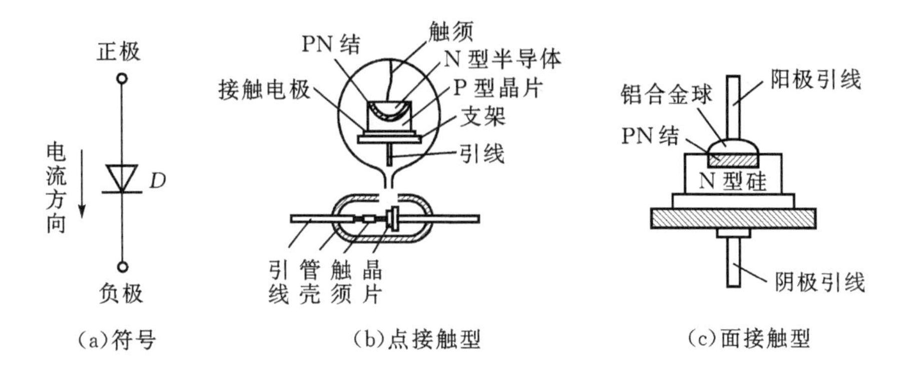

(a)符号　(b)点接触型　(c)面接触型

图1-6　二极管的电路符号及结构示意图

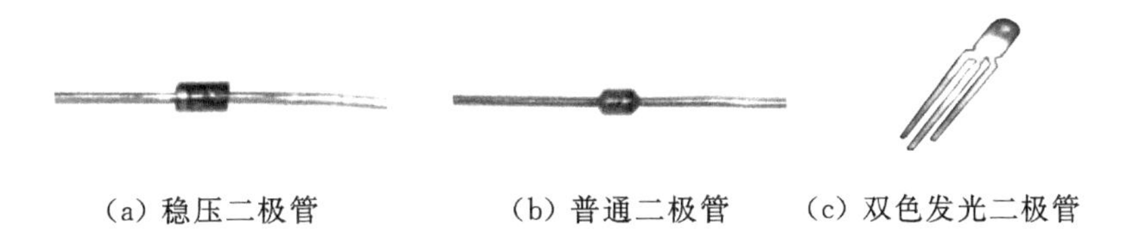

(a) 稳压二极管　(b) 普通二极管　(c) 双色发光二极管

图1-7　二极管实物图

根据所用材料不同,二极管分为硅二极管和锗二极管两种。硅二极管因其温度特性较好,使用较为广泛。

2. 二极管的伏安特性

伏安特性是指加在二极管两端的电压U与流过二极管的电流I之间的关系,即$I=f(U)$。2CP12(普通型硅二极管)和2AP9(普通型锗二极管)的伏安特性曲线如图1-8所示。

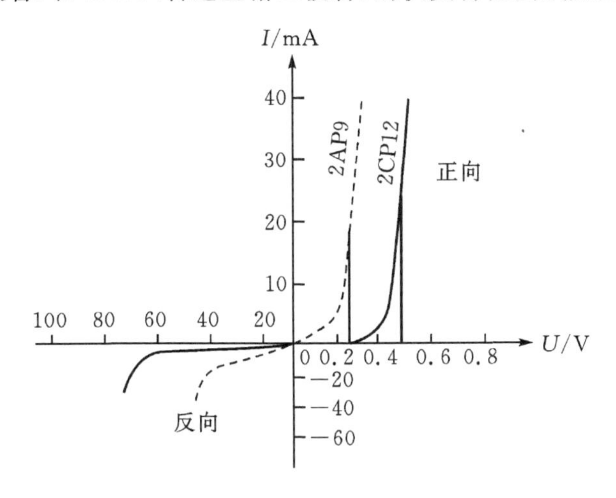

图1-8　二极管的伏安特性曲线

(1)正向特性。二极管伏安特性曲线的第一象限称为正向特性,它表示外加正向电压时二极管的工作情况。在正向特性的起始部分,由于正向电压很小,外电场还不足以克服内电场对多数载流子的阻碍作用，正向电流几乎为零，这一区域称为正向死区，对应的电压称为死区电压。硅管的死区电压约为 0.5 V，锗管的死区电压约为 0.2 V。

当正向电压超过某一数值后，内电场就被大大削弱，正向电流迅速增大，二极管导通，这一区域称为正向导通区。二极管一旦正向导通后，只要正向电压稍有变化，就会使正向电流变化比较大，二极管的正向特性曲线很陡。因此，二极管正向导通时，管子上的正向压降不大，正向压降的变化很小，一般硅管为 0.7 V 左右，锗管为 0.3 V 左右。因此，在使用二极管时，如果外加电压较大，一般要在电路中串接限流电阻，以免产生过大电流烧坏二极管。

(2)反向特性。二极管伏安特性曲线的第三象限称为反向特性，它表示外加反向电压时二极管的工作情况。在一定的反向电压范围内，反向电流很小且变化不大，这一区域称为反向截止区。这是因为反向电流是少数载流子的漂移运动形成的；一定温度下，少子的数目是基本不变的，所以反向电流基本恒定，与反向电压的大小无关，故通常称其为反向饱和电流。

当反向电压过高时，会使反向电流突然增大，这种现象称为反向击穿，这一区域称为反向击穿区。反向击穿时的电压称为反向击穿电压，用 U_{BR} 表示。各类二极管的反向击穿电压从几十伏到几百伏不等。反向击穿时，若不限制反向电流，则二极管的 PN 结会因功耗大而过热，导致 PN 结烧毁。

3. 二极管的主要参数

半导体器件的质量指标和安全使用范围常用它的参数来表示。所以，参数是我们选择和使用器件的标准。二极管的主要参数有以下几个：

①最大整流电流 I_{OM}。I_{OM} 是指二极管长期使用时，允许通过的最大正向平均电流。因为电流通过 PN 结会引起二极管发热，电流过大会导致 PN 结发热过度而烧坏。

②最高反向工作电压 U_{RM}。U_{RM} 是为了防止二极管反向击穿而规定的最高反向工作电压。最高反向工作电压一般为反向击穿电压的 1/2 或 2/3，二极管才能够安全使用。

③最大反向电流 I_{RM}。I_{RM} 是指当二极管加上最高反向工作电压时的反向电流。其值愈小，说明二极管的单向导电性愈好。硅管的反向电流较小，一般在几微安以下。锗管的反向击穿电流较大，是硅管的几十至几百倍。

④最高工作频率 f_M。f_M 是指保持二极管单向导电性能时，外加电压允许的最高频率。使用时如果超过此值，二极管的单向导电性能就不能很好的体现。这是因为 PN 结两侧的空间电荷与电容器极板充电时所储存的电荷类似，因此 PN 结具有电容效应，相当于一个电容，称为结电容。二极管的 PN 结面积越大，结电容越大。高频电流可以直接通过结电容，从而破坏了二极管单向导电性。二极管工作频率与 PN 结的结电容大小相关，结电容越小，f_M 越高；结电容越大，f_M 越低。

4. 温度对二极管特性的影响

温度对二极管的特性有较大影响，随着温度的升高，二极管的正向特性曲线向左移，反向特性曲线向下移，如图 1－9 所示。正向特性曲线向左移，表明在相同正向电流下，二极管正向压降随温度升高而减小；反向特性曲线向下移，表明温度升高时，反向电流迅速增大。一般在室温附近，温度每升高 1℃，其正向压降减小 2～2.5 mV；温度每升高 10℃，反向电流增大 1 倍左右。

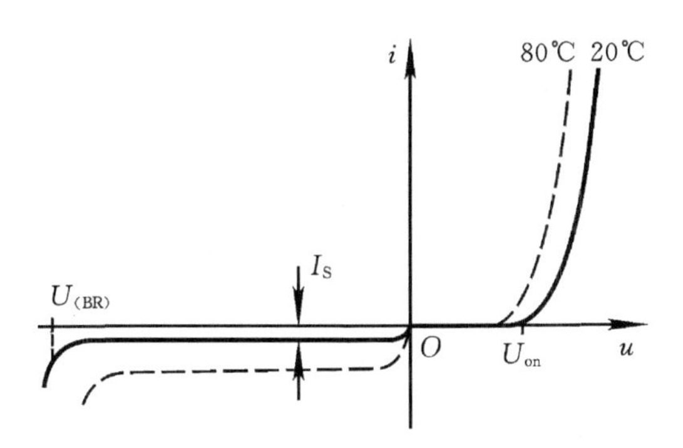

图 1-9　温度对二极管特性的影响

(三)特殊二极管

1. 稳压二极管

稳压二极管是一种特殊的面接触型硅二极管，它的电路符号和伏安特性曲线如图 1-10 所示，稳压二极管的正向特性曲线和普通二极管类似，只是反向特性曲线比较陡。

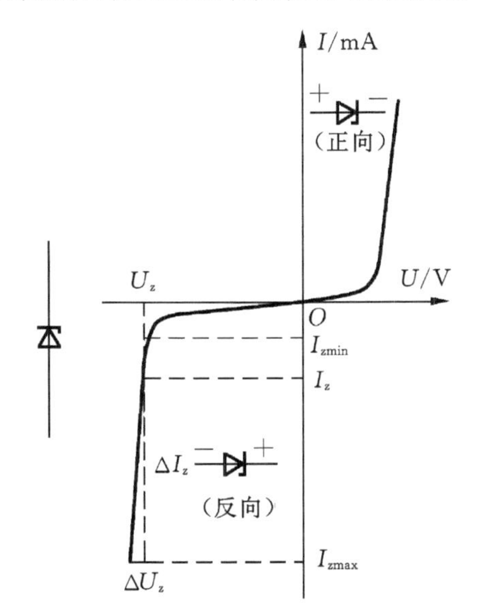

图 1-10　稳压二极管的图形符号与伏安特性

反向击穿是稳压二极管的正常工作状态，稳压二极管就工作在反向击穿区。从反向特性曲线可以看到，当所加反向电压小于击穿电压时，和普通二极管一样，其反向电流很小。一旦所加反向电压达到击穿电压时，反向电流会突然急剧上升，稳压二极管被反向击穿。其击穿后的特性曲线很陡，这就说明流过稳压二极管的反向电流在很大范围内(从几毫安到几十甚至上百毫安)变化时，管子两端的电压基本不变。稳压二极管在电路中能起稳压作用，正是利用了这一特性。

稳压二极管的反向击穿是可逆的，这一点与一般二极管不一样。只要去掉反向电压，稳压二极管就会恢复正常。但是，如果反向击穿后的电流太大，超过其允许范围，就会使稳压二极管的 PN 结发生热击穿而损坏。

由于硅管的热稳定性比锗管好，所以稳压二极管一般都是硅管，故称硅稳压二极管。

稳压二极管的主要参数如下：

①稳定电压 U_Z 和稳定电流 I_Z。稳定电压就是稳压二极管在正常工作时管子两端的电压。同一型号的稳压二极管，由于制造方面的原因，其稳压值也有一定的分散性。例如 2CW18，其稳定电压 $U_Z=10\sim12$ V。

稳定电流常作为稳压二极管的最小稳定电流 I_{zmin} 来看待。一般小功率稳压二极管可取 I_Z 为 5 mA。如果反向工作电流太小，会使稳压二极管工作在反向特性曲线的弯曲部分而使稳压特性变坏。

②最大稳定电流 I_{zmax} 和最大允许耗散功率 P_{ZM}。这两个参数都是为了保证管子安全工作而规定的。最大允许耗散功率 $P_{ZM}=U_z I_{zmax}$，如果管子的电流超过最大稳定电流 I_{zmax}，则实际功率将会超过最大允许耗散功率，管子将会发生热击穿而损坏。

③电压温度系数 α_{U_z}。它是说明稳定电压 U_Z 受温度变化影响的系数。例如 2CW18 稳压二极管的电压温度系数为 0.095%/℃，就是说温度每增加 1℃，其稳定值将升高 0.095%。一般稳压值低于 6 V 的稳压二极管具有负的温度系数；高于 6 V 的稳压二极管具有正的温度系数。稳压值为 6 V 左右的管子其稳压值基本上不受温度的影响，因此，选用 6 V 左右的管子，可以得到较好的温度稳定性。

④动态电阻 r_z。动态电阻是指稳压二极管两端电压的变化量 ΔU_Z 与相应的电流变化量 ΔI_Z 的比值，即

$$r_z=\frac{\Delta U_Z}{\Delta I_Z}$$

稳压二极管的反向特性曲线越陡，动态电阻越小，稳压性能就越好。r_z 的数值约为几欧至几十欧。

2. 发光二极管

发光二极管通常用砷化镓、磷化镓等材料制成。发光二极管也具有单向导电性。发光二极管的 PN 结加上正向电压时，电子与空穴复合的过程以光的形式放出能量。不同材料制成的发光二极管会发出不同颜色的光。发光二极管具有亮度高、清晰度高、电压低(1.5～3 V)、反应快、体积小、可靠性高、寿命长等特点，发光二极管常用来作为显示器件，除单个使用外，也常作为七段式或矩阵式器件，工作电流一般为几毫安到十几毫安。图 1－11 为发光二极管的电路符号及工作电路。

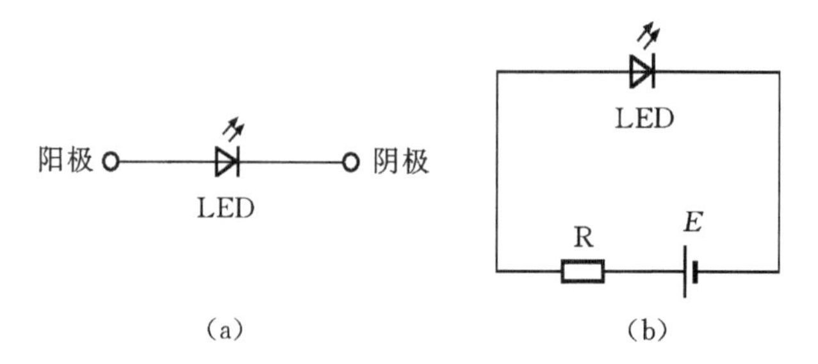

图 1－11 发光二极管的电路符号及工作电路

3. 光电二极管

光电二极管的结构与普通二极管类似，但其PN结面积较大且管壳上有一个玻璃窗口能接收外部的光照。光电二极管工作时，其PN结工作在反向偏置状态，在光的照射下，反向电流随光照强度的增加而上升（这时的电流称为光电流）。在无光照射时，光电二极管的伏安特性与普通二极管一样，此时的反向电流称为暗电流，一般在几微安甚至更小。光电二极管的电路符号如图1-12所示。

图1-12　光电二极管的电路符号

三、任务实施

（一）实训：二极管的判别与检测

1. 实训目的

学会用万用表判别二极管的质量和极性。

2. 实训器材

万用表1只，各种型号的晶体二极管。

3. 实训内容及步骤

普通二极管外壳上均有要印有型号和标记。标记方法有箭头、色点、色环3种，箭头所指方向或靠近色环的一端为二极管的负极，有色点的一端为正极。若型号和标记脱落，可用万用表的电阻挡进行判别。主要原理是根据二极管的单向导电性，其反向电阻大于正向电阻。具体过程如下：

①判别极性。将万用表拨到R×100或R×1k挡，两表笔分别接二极管的两个电极。若测出的电阻值较小（硅管为几百欧到几千欧，锗管为100 Ω～1 kΩ），说明是正向导通，此时黑表笔接的是二极管的正极，红表笔接的则是负极；若测出的电阻值较大（几十千欧到几百千欧），为反向截止，此时红表笔接的是二极管的正极，黑表笔接的是负极。

②检查好坏。可通过测量正、反向电阻来判断二极管的好坏。一般小功率硅二极管反向电阻为几百千欧到几千千欧，锗管为100 Ω～1 kΩ。若正、反向电阻相差很大，说明二极管单向导通性能好；若两次测量的阻值相差很小，说明二极管已失去单向导通性；若两次测量的阻值均很大，说明该二极管已开路。

③判别硅、锗管。若不知被测的二极管是硅管还是锗管，可根据硅管、锗管的导通压降不同的原理来判别。将二极管接在电路中，当其导通时，用万用表测量其正向压降，硅管一般为0.6～0.7 V，锗管为0.1～0.3 V。

将测量结果记入表1-1中。

表 1-1　二极管测量记录

序列号	型号标注	万用表档位	正向电阻	反向电阻	质量判别(优/劣)
1					
2					

(二)实训:二极管伏安特性的测试

1. 实训目的

(1)掌握电路的正确连接方法;

(2)学会用电压—电流法(逐点测试法)测试二极管伏安特性曲线;

(3)进一步深入体会二极管是一种非线性器件。

2. 实训器材

直流稳压电源、万用表、实训电路板、二极管、电阻等。

3. 实训电路及实训原理

二极管伏安特性测试电路如图 1-13 所示。由串联电路分压原理可知,调节电位器 R_P 可改变加在二极管两端的电压值,从电压表和电流表中可读出二极管两端的电压与流过二极管的电流。

4. 实训内容及步骤

(1)根据图 1-13 连接电路,经检查无误后接通电源;

(2)调节 R_P ,记录不同阻值时流过二极管的电流和该管两端的电压,填入表 1-2 中。

表 1-2　二极管伏安特性测试数据

正向电压/V	0	0.2	0.3	0.4	0.5	0.55	0.6	0.65	0.7
正向电流/mA									

(3)绘制晶体二极管的伏安特性曲线。

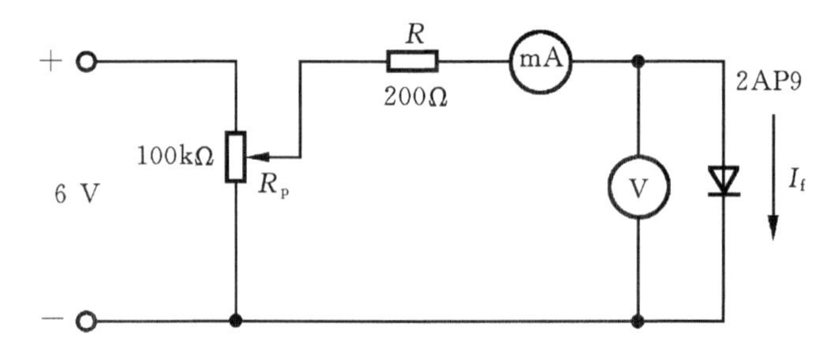

图 1-13　二极管伏安特性测试电路

任务二　三极管和场效应管的判别与检测

一、任务导入

双极型三极管和场效应管都是具有 3 个电极的半导体器件，都可作为放大器或开关使用，是最基本的半导体器件。掌握双极型三极管和场效应管的相关知识与技能是学好电子技术的基本要求。

二、相关知识

(一)晶体三极管

1. 晶体三极管的结构及分类

晶体三极管(简称为三极管)是一种重要的半导体器件，是放大电路和开关电路的基本元件之一。三极管的基本结构是由两个 PN 结组成，其组成形式有两种：PNP 型和 NPN 型，不论是 PNP 型还是 NPN 型，在结构上都有 3 个区，即发射区、基区和集电区，两个 PN 结，即发射结和集电结组成。由 3 个区分别引出的 3 根电极分别称为发射极 E、基极 B 和集电极 C。

为了使三极管具有电流放大作用，在其内部结构上还必需满足两个条件：①发射区的掺杂浓度最高，集电区掺杂浓度低且面积较大，基区掺杂浓度最低；②基区很薄。

PNP 型和 NPN 型三极管的工作原理相同，只是在使用时电源极性连接不同而已，图 1－14 中图形符号的箭头均表示电流的实际方向。

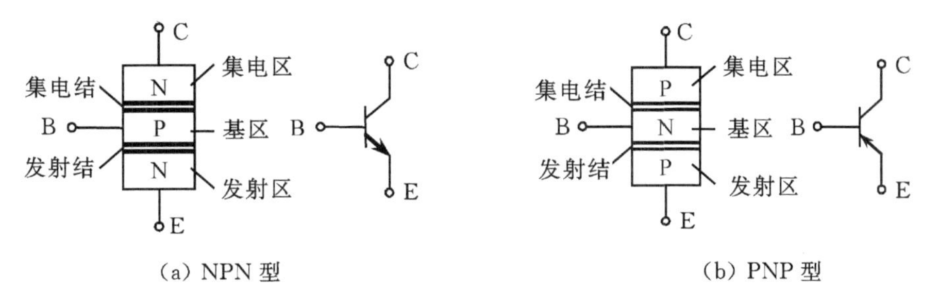

图 1－14　三极管的结构与图形符号

三极管除了可以分为 PNP 和 NPN 两种类型外，还有很多种分类方法。其按工作频率分有高频管和低频管；按耗散功率分有大、中、小功率管；按材料分有硅管和锗管等。耗散功率不同，体积及封装形式也不同。近年来生产的小、中功率管多采用硅酮塑料封装；大功率管采用金属分装，通常制成扁平形状，并有螺钉安装孔。有的大功率管制成螺旋栓形状，这样能使其外壳和散热器连成一体，便于散热。图 1－15 即为三极管的部分产品实物图。

由于硅三极管的温度特性较好，应用也较多，而硅三极管大多为 NPN 型，所以下面我们以 NPN 型三极管为例进行分析。当然这些结论对于 PNP 型三极管同样适用。

2. 三极管的电流分配和电流放大作用

为了使三极管具有电流放大的作用，在电路的连接(即外部条件)上必须使发射结加正向电压(即正向偏置)，集电结加反向电压(即反向偏置)。

将一个 NPN 型三极管接成如图 1-16 所示的电路。将 R_B 和 U_{BB} 接在基极与发射极之间，构成了三极管的输入回路，U_{BB} 的正极接基极，负极接发射极，使发射结正向偏置；将 R_C 和 U_{CC} 接在集电极与发射极之间构成输出回路，U_{CC} 的正极接 R_C 后再接集电极，负极接发射极，且 $U_{CC}>U_{BB}$，所以集电结反向偏置。输入回路与输出回路的公共端是发射极，所以此种连接方式称共射极接法。

图 1-15　常见三极管实物图

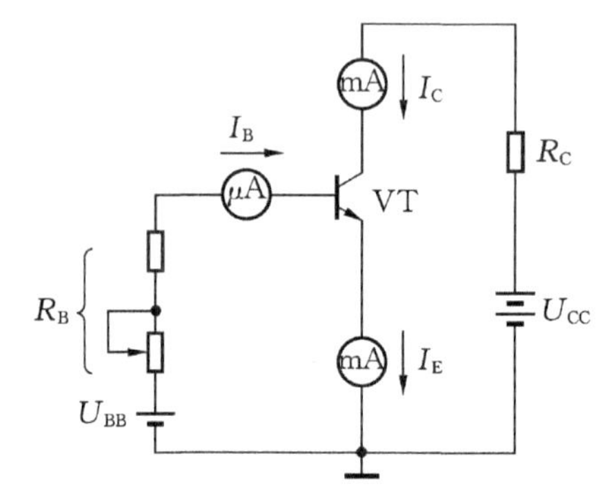

图 1-16　三极管电流分配实验电路

对于一个三极管，其基极厚度、杂质浓度等因素已定。为了定量地了解三极管的电流分配关系，用图 1-16 所示的实验电路来测量三极管的 I_B、I_C 和 I_E，所得数据见表 1-3。

表 1-3　三极管电流分配关系

I_B/mA	0	0.02	0.04	0.06	0.08	0.10
I_C/mA	<0.001	0.70	1.50	2.30	3.10	3.95
I_E/mA	<0.001	0.72	1.54	2.36	3.18	4.05

由以上数据可得到以下结论。

①基极电流 I_B 与集电极电流 I_C 相比是很小的，例如 $I_B=0.02$ mA 时，$I_C=0.70$ mA，$I_E=I_B+I_C=0.72$ mA，因此，$I_C\approx I_E$。

②每组数据均满足 $I_E=I_B+I_C$。

③基极电流 I_B 的微小变化 ΔI_B 会引起集电极电流 I_C 的很大变化 ΔI_C，ΔI_C 与 ΔI_B 的比值称为三极管的共发射极电流放大系数，用 β 表示，即

$$\beta=\frac{\Delta I_C}{\Delta I_B}=\frac{2.30-1.50}{0.06-0.04}=\frac{0.80}{0.02}=40$$

必须注意，三极管的电流放大作用实质上是电流控制作用，是用一个较小的基极电流去控制一个较大的集电极电流，这个较大的集电极电流是由直流电源 U_{CC} 提供的，并不是三极管本身把一个小的电流放大成一个大的电流，这一点须用能量守恒的观点去分析。所以三极管是一种电流控制元件。

3. 三极管的伏安特性曲线

三极管的特性曲线用来表示三极管各电极的电压和电流之间的关系，在分析和计算三极管电路时是很有用处的。三极管的特性曲线有输入特性曲线和输出特性曲线。

(1)输入特性曲线。输入特性曲线是保持集电极与发射极之间的电压 U_{CE} 为某一常数时，输入回路中的基极电流 I_B 同基极与发射极之间的电压 U_{BE} 的关系曲线，即

$$I_B = f(U_{BE}) \mid_{U_{CE}=\text{常数}}$$

图 1-17 为三极管的输入特性曲线。由图 1-17 可见，三极管的输入特性是非线性的，与二极管的正向特性相似，也有一段死区电压(硅管约 0.5 V，锗管约 0.2 V)。当三极管正常工作时，发射结压降变化不大，该压降称为导通电压(硅管为 0.6～0.7 V，锗管为 0.2～0.3 V)。当 $U_{CE}\geqslant 1$ 时，输入特性曲线会向右平移，并且 $U_{CE}\geqslant 1$ 以后的输入特性曲线基本上是重合的，所以只画出 $U_{CE}\geqslant 1$ 的一条输入特性曲线即可。

(2)输出特性曲线。输出特性曲线指基极电流 I_B 一定时，三极管集电极电流 I_C 同集电极与发射极之间的电压 U_{CE} 的关系曲线，即

$$I_C = f(U_{CE}) \mid_{I_B=\text{常数}}$$

在不同的基极电流 I_B 情况下输出特性曲线是一簇曲线，如图 1-18 所示。

根据三极管工作状态的不同，输出特性可分为 3 个区域：截止区、放大区和饱和区。现分别讨论如下。

①$I_B=0$ 的曲线以下的区域称为截止区。晶体管工作在截止区的主要特征是：$I_B=0$，$I_C\approx 0$，相当于晶体管的 3 个极之间都处于断开状态。但为了使晶体管可靠截止，通常使发射结反向偏置，即 $U_{BE}<0$。此时三极管的发射结和集电结都处于反向偏置状态，集电极与发射极之间相当于一个开关的断开状态。

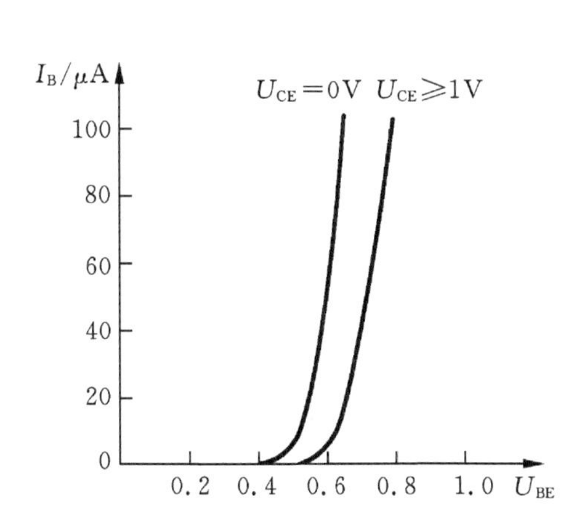

图 1-17　三极管的输入特性曲线

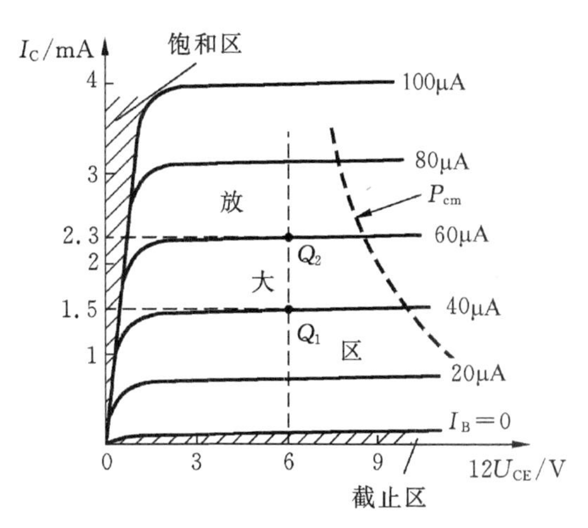

图 1-18　三极管的输出特性曲线

②输出特性曲线近于水平的部分是放大区。三极管工作在放大区的主要特征是：发射结正向偏置，集电结反向偏置，$I_C=\beta I_B$，I_C 受 I_B 控制，说明三极管是电流控制器件；同时 I_B 一定时，I_C 基本上确定，U_{CE}对 I_C 的影响很小，这就是三极管的恒流特性。这样，输出特性在放大区实际上是一组以 I_B 为参考变量的几乎平行于横轴的曲线。

③饱和区在输出特性曲线的左侧，I_C 趋于直线上升的部分，称为饱和区。三极管工作在饱和区的主要特征是：$U_{CE}<U_{BE}$，集电结上的电压 $U_{BC}>0$，即集电结为正向偏置，发射结也是正向偏置；I_B 的变化对 I_C 影响不大，两者不成正比，三极管已失去放大作用。通常称 $U_{BC}=0$，即 $U_{CE}=U_{BE}$ 时的工作状态为临界饱和状态；在临界饱和状态以左的部分，称为饱和区，此时的 U_{CE} 值称为三极管的饱和压降，用 U_{CES} 表示。硅管的 U_{CES} 约为 0.3 V，锗管的 U_{CES} 约为 0.1 V。当三极管工作在饱和区时，集电极与发射极之间的电压很小，电流却很大，当于一个开关的接通状态。

综上所述，三极管在放大电路中应工作在放大区，而在脉冲电路中则应工作在截止区和饱和区，这时它相当于一个可以控制的无触点开关。

4. 三极管的主要参数

三极管的主要参数如下：

(1)静态电流放大系数 $\bar{\beta}$ 和动态电流放大系数 β。

①静态电流放大系数 $\bar{\beta}$ 是指在某一 U_{CE} 值时，I_C 与 I_B 的比值，即

$$\bar{\beta}\approx\frac{I_C}{I_B}$$

②动态电流放大系数 β 是指 U_{CE} 不变时，集电极电流变化量 ΔI_C 与基极电流变化量 ΔI_B 的比值，即

$$\beta=\frac{\Delta I_C}{\Delta I_B}$$

$\bar{\beta}$ 与 β 的含义是不同的，但两者的数值较为接近，今后在进行估算时，可以不作严格的区分，认为 $\bar{\beta}\approx\beta$。

(2)集电极—基极反向饱和电流 I_{CBO}。I_{CBO} 是指发射极开路时，集电极在反向电压作用下，集电区和基区中少数载流子的漂移运动形成的反向电流(如图 1-19(a)所示)。通常在室温下，小功率硅管的 I_{CBO} 小于 1 μA，小功率锗管为 10 μA 左右。此值越小，三极管温度稳定性越好。

(3)集电极—发射极反向饱和电流 I_{CEO}(穿透电流)。是指基极开路($I_B=0$)时，集电极到发射极间的电流。I_{CBO} 与 I_{CEO} 的关系是

$$I_{CEO}=(1+\beta)I_{CBO}$$

如图 1-19(b)所示是测量穿透电流的电路。管子的穿透电流越小越好。一般硅管的 I_{CEO} 在几微安以下，锗管为几十微安到几百微安。穿透电流受温度的影响很大，温度升高会使 I_{CEO} 明显增大。并且管子的 β 值越高，I_{CEO} 也会越大，所以 β 值大的管子温度稳定性差。

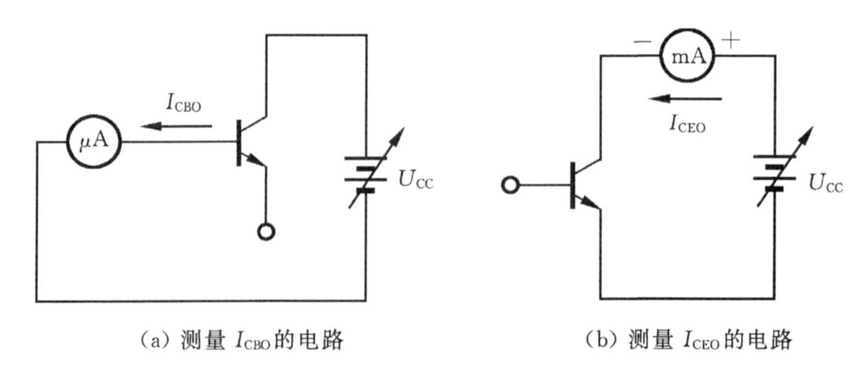

(a) 测量 I_{CBO} 的电路　　(b) 测量 I_{CEO} 的电路

图 1-19　测量 I_{CBO} 及 I_{CEO} 的电路

(4)集电极最大允许电流 I_{CM}。集电极电流 I_C 超过一定值时，β 值下降。当 β 值下降到正常值的 2/3 时的集电极电流，称为集电极最大允许电流 I_{CM}。因此，在使用晶体管时，若 I_C 超过 I_{CM}，管子虽不至于被烧毁，但 β 值却下降了许多。

(5)集电极—发射极反向击穿电压 $U_{(BR)CEO}$。基极开路时，加在集电极与发射极之间的最大允许电压，称为集电极—发射极反向击穿电压。使用时，加在集电极—发射极间的实际电压应小于此反向击穿电压，以免管子被击穿。

(6)集电极最大允许耗散功率 P_{CM}。I_C 在流经集电极时会产生热量，使结温升高，从而会引起三极管参数的变化，严重时导致管子烧毁。因此必须限制管子的耗散功率，在规定结温不超过允许值(锗管为 70～90℃，硅管为 150℃)时，集电极所消耗的最大功率，称为集电极最大允许耗散功率 P_{CM}。

$$P_{CM} = I_C U_{CE}$$

可在三极管输出特性曲线上作出 P_{CM} 曲线，称为功耗线。

(二)场效应管

场效应晶体管是一种电压控制型半导体器件，它具有输入电阻高(可达 10^9～10^{14} Ω)、噪声低、热稳定性好、抗辐射能力强、耗电省、制造工艺简单等优点。目前已广泛地应用于各种电子电路中。

场效应管也称 MOS 管，按其结构的不同分为结型和绝缘栅型两种类型。绝缘栅场效应管按其结构不同，分为 N 沟道和 P 沟道两种，每种又有增强型和耗尽型两类。

1. 增强型绝缘栅场效应管

在一块掺杂浓度较低的 P 型硅衬底上，用光刻、扩散工艺制作两个高掺杂浓度的 N 型区，并用金属铝引出两个电极，称为漏极 D 和源极 S。然后在半导体表面覆盖一层很薄的二氧化硅(SiO_2)绝缘层，在漏-源极间的绝缘层上再装一个铝电极，称为栅极 G，这就构成了一个 N 沟道增强型 MOS 管，如图 1-20 所示。它的栅极与其他电极间是绝缘的，所以称为绝缘栅场效应管，或称为金属—氧化物—半导体(Metal-Oxide-Semiconductor)场效应管，又称为 MOS 场效应管。图 1-20(b)所示是它的图形符号。其中箭头方向表示由 P(衬底)指向 N(沟道)。

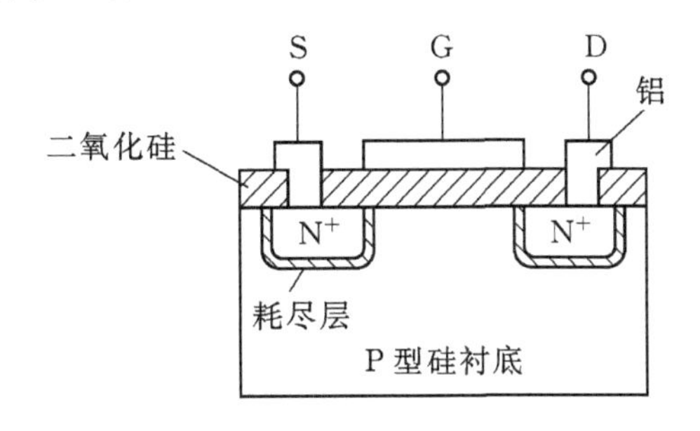

(a) N 沟道增强型绝缘栅场效应管的结构

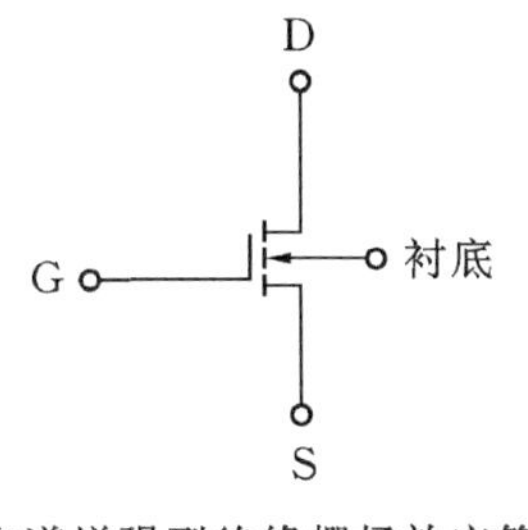

(b) N 沟道增强型绝缘栅场效应管的图形符号

图 1-20　N 沟道增强型绝缘栅场效应管

图 1-20(a)可以看出，漏极 D 和源极 S 之间被 P 型衬底隔开，则漏极 D 和源极 S 之间是两个背靠背的 PN 结。当栅-源电压 $U_{GS}=0$ 时，即使加上漏-源电压 U_{DS}，而且不论 U_{DS} 的极性

如何，总有一个 PN 结处于反偏状态，漏-源极间没有导电沟道，所以这时漏极电流 $I_D \approx 0$。

若在栅-源极间加上正向电压，即 $U_{GS}>0$，则栅极和衬底之间的 SiO_2 绝缘层中便产生一个垂直于半导体表面的由栅极指向衬底的电场，这个电场能排斥空穴而吸引电子，因而使栅极附近的 P 型衬底中的空穴被排斥，剩下不能移动的负离子，形成耗尽层，同时 P 衬底中的电子（少子）被吸引到衬底表面。当 U_{GS} 数值较小，吸引电子的能力不强时，漏-源极之间仍无导电沟道出现。U_{GS} 增加时，吸引到 P 衬底表面层的电子就增多，当 U_{GS} 达到某一数值时，这些电子在栅极附近的 P 衬底表面便形成一个 N 型薄层，且与两个 N 型区相连通，在漏-源极间形成 N 型导电沟道，其导电类型与 P 衬底相反，故又称为反型层。U_{GS} 越大，作用于导体表面的电场就越强，吸引到 P 衬底表面的电子就越多，导电沟道就越厚，沟道电阻就越小。我们把开始形成沟道时的栅-源极电压称为开启电压，用 $U_{GS(th)}$ 表示。

由上述分析可知，N 沟道增强型场效应管在 $U_{GS}<U_{GS(th)}$ 时，不能形成导电沟道，场效应管处于截止状态。只有当 $U_{GS} \geqslant U_{GS(th)}$ 时，才有沟道形成，此时在漏-源极间加上正向电压 U_{DS}，才有漏极电流 I_D 产生。而且 U_{GS} 增大时，沟道变厚，沟道电阻减小，I_D 增大。这是 N 沟道增强型场效应管的栅极电压控制的作用，因此，场效应管通常也称为压控三极管。N 沟道增强型场效应管的转移特性曲线和输出特性曲线如图 1-21 所示。

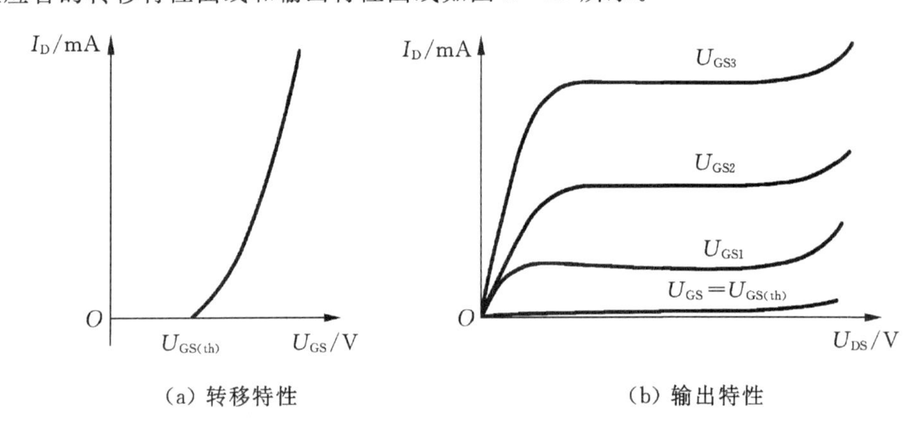

(a) 转移特性　　(b) 输出特性

图 1-21　N 沟道增强型绝缘栅场效应管的特性曲线

2. 耗尽型绝缘栅场效应管

从结构上看，N 沟道耗尽型场效应管与 N 沟道增强型场效应管基本相似，区别仅在于当栅-源极间电压 $U_{GS}=0$ 时，耗尽型场效应管的漏-源极间已有导电沟道产生，而增强型场效应管要在 $U_{GS} \geqslant U_{GS(th)}$ 时才出现导电沟道。原因是制造 N 沟道耗尽型场效应管时，在 SiO_2 绝缘层中掺入了大量的正离子，在这些正离子产生的电场的作用下，两个 N 型区之间便感应出较多电子，形成原始导电沟道，如图 1-22(a)所示。其图形符号如图 1-22(b)所示。

当 $U_{GS}=0$ 时，漏极和源极之间可以导电，只要加上正向电压 U_{DS}，就会形成漏极电流 I_{DSS}，I_{DSS} 又称为漏极饱和电流。如果加上正的 U_{GS}，栅极与 N 沟道间的电场将在沟道中吸引来更多的电子，沟道加宽，沟道电阻变小，I_D 增大。反之，当 U_{GS} 为负时，沟道中感应的电子减少，沟道变窄，沟道电阻变大，I_D 减小。当 U_{GS} 负向增加到某一数值时，导电沟道消失，I_D 趋于零，该管截止，故称为耗尽型。沟道消失时的栅-源电压称为夹断电压，用 $U_{GS(off)}$ 表示，为负值。N 沟道耗尽型绝缘栅场效应管的转移特性曲线和输出特性曲线如图 1-23 所示。

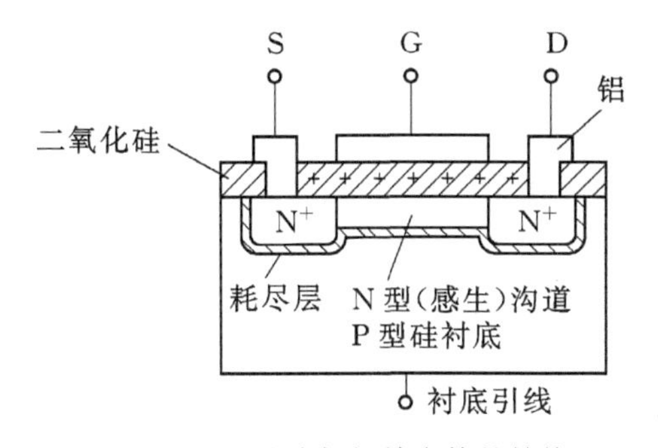

(a) N沟道耗尽型绝缘栅场效应管的结构

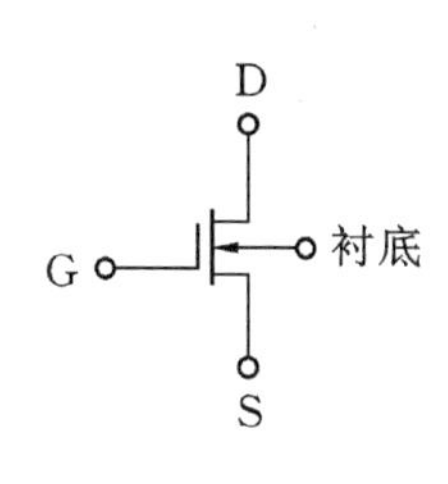

(b) N沟道耗尽型绝缘栅场效应管的图型符号

图1-22　N沟道耗尽型绝缘栅场效应管

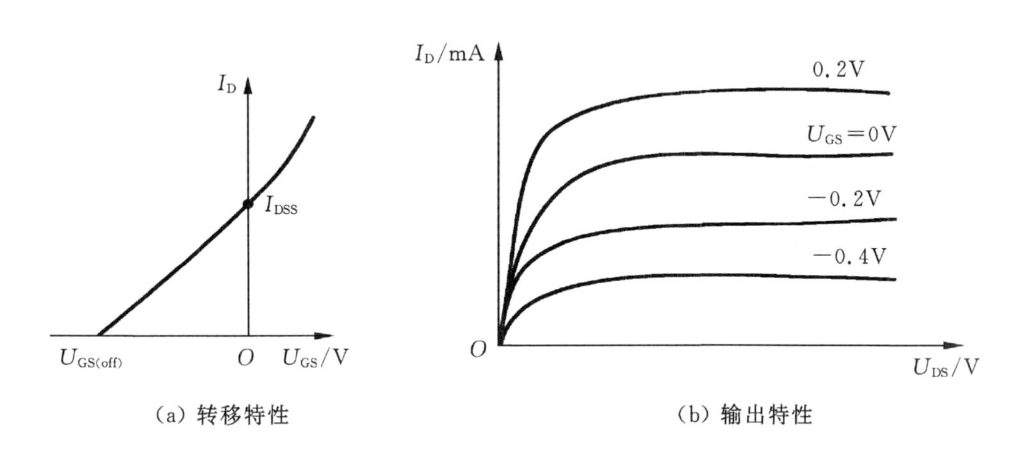

(a) 转移特性　　(b) 输出特性

图1-23　N沟道耗尽型绝缘栅场效应管的特性曲线

可见，在$U_{GS}=0$、$U_{GS}>0$、$U_{GS(off)}<U_{GS}<0$的情况下均能实现对I_D的控制，而且仍能保持栅-源极间有很大的绝缘电阻，使栅极电流为零。这是耗尽型场效应管的一个重要特点。

以上介绍了N沟道增强型绝缘栅场效应管和N沟道耗尽型绝缘栅场效应管，实际上P沟道也有增强型和耗尽型，其符号如图1-24所示。

(a) P沟道增强型场效应管的图形符号　(b) P沟道耗尽型场效应管的图形符号

图1-24　P沟道绝缘栅场效应管

3. 场效应管的主要参数

场效应管的主要参数除输入电阻 R_{GS}、漏极饱和电流 I_{DSS}、夹断电压 $U_{GS(off)}$ 和开启电压 $U_{GS(th)}$ 外，还有以下重要参数：

①跨导 g_m。在 U_{DS} 为定值时，漏极电流 I_D 的变化量 ΔI_D 与引起这个变化的栅-源电压 U_{GS} 的变化量 ΔU_{GS} 的比值称为跨导，即：

$$g_m = \frac{\Delta I_D}{\Delta U_{GS}} \Big|_{U_{DS}=\text{常数}}$$

g_m 表示场效应管栅-源电压 U_{GS} 对漏极电流 I_D 控制作用的大小，单位是 μA/V 或 mA/V。

②通态电阻。在确定的栅-源电压 U_{GS} 下，场效应管进入饱和导通时，漏极和源极之间的电阻称为通态电阻。通态电阻的大小决定了管子的开通损耗。

③最大漏-源击穿电压 $U_{DS(BR)}$。指漏极与源极之间的反向击穿电压。

④漏极最大耗散功率 P_{DM}。漏极耗散功率 $P_D = U_{DS} I_D$ 的最大允许值，是从发热角度对管子提出的限制条件。

绝缘栅场效应管的输入电阻很高，栅极上很容易积累较高的静电电压将绝缘层击穿。为了避免这种损坏，在保存场效应管时应将它的 3 个电极短接起来。在电路中，栅、源极间应有固定电阻或稳压管并联，以保证有一定的直流通道。在焊接时，应使电烙铁外壳良好接地。

三、任务实施

(一)实训：三极管的判别与检测

1. 实训目的

学会用万用表判别三极管的质量和极性。

2. 实训器材

万用表一只，各种型号的晶体管三极管。

3. 实训内容及步骤

一般用万用表的“$R \times 100$”和“$R \times 1$k”挡来进行判别。

①B 极和管型的判断。黑表笔接任意一极，红表笔分别依次接另外两个极。若两次测量中表针均偏转很大（说明管子的 PN 结已通，电阻较小），则黑表笔接的为 B 极，同时该管为 NPN 型；将表笔对调（红表笔任接一极），重复以上操作，则也可确定管子的 B 极，其管型为 PNP 型。

②集电极的判断。对于 NPN 型管，集电极接正电压的电流放大倍数 β 比较大，如果电压极性加反了，β 很小。基极确定以后，用红、黑两表笔依次放在假定的集电极上，指针摆动较大的一次黑表笔所接的就是集电极；如果万用表指针偏转较小，则与红表笔相连的极为集电极。

③管子好坏的判断。若在以上操作中无一电极满足上述现象，则说明管子已坏。也可用万用表的 h_{FE} 挡进行判断。当管型确定后，将三极管插入“NPN”或“PNP”插孔，将万用表置于“h_{FE}”挡，若 h_{FE}(β)值不正常（如为 0 或大于 300），则说明管子已坏。

将测量数据记入表 1－4 中。

表 1-4 三极管测量记录

序列号	标注型号与类型(NPN 或 PNP)	B—E 间电阻	E—B 间电阻	B—C 间电阻	C—B 间电阻	质量判别(优/劣)
1						
2						

(二)实训:三极管输入/输出特性的测试

1. 实训目的

(1)掌握三极管输入特性曲线的测试方法。

(2)掌握三极管输出特性曲线的测试方法。

(3)全面深入地了解三极管的特性。

2. 实训器材

直流稳压电源、万用表、实心电路板、元器件。

3. 实训电路

三极管伏安特性测试电路如图 1-25 所示。

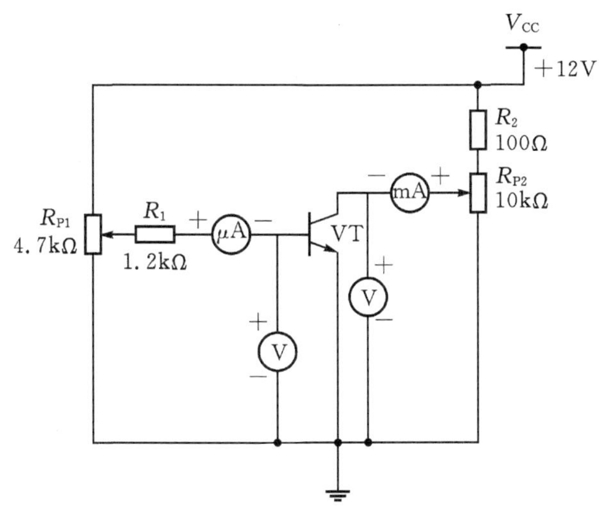

图 1-25 三极管伏安特性测试电路

4. 实训内容及步骤

(1)按图 1-25 接线。检查无误后接通电源。

(2)输入特性曲线测试。

①调节 R_{P2} 使集电极电压 $U_{CE}=0$ V,再调节 R_{P1} 使 U_{BE} 的数值发生变化,读出相应的输入电流 I_B 的值。

②调节 R_{P2} 使集电极电压 $U_{CE}=3$ V,再调节 R_{P1} 使 U_{BE} 的数值发生变化,读出相应的输入电流 I_B 的值。

③把测得的数据记入表 1-5 中。

(3)输出特性曲线测试。

①调节 R_{P1} 使 I_B 为 20 μA,再调节 R_{P2} 使 U_{CE} 发生变化,读出相应的输入电流 I_C 的数值。

②调节 R_{P1} 使 I_B 为 40 μA,再调节 R_{P2} 使 U_{CE} 发生变化,读出相应的输出电流 I_C 的数值。

③调节 R_{P1} 使 R_{P1} 分别为 60 μA、80 μA、100 μA,再调节 R_{P2} 使 U_{CE} 发生变化,读出相应输出电流 I_C 的数值。并计入表 1-6 中。

表 1-5 三极管 U_{BE} 与 I_B 的关系

U_{BE}/V		0	0.2	0.4	0.45	0.50	0.55	0.6	0.65	0.7	0.75
I_B/μA	U_{CE}=0 V										
	U_{CE}=3 V										

表 1-6 三极管 U_{CE} 与 I_C 的关系

I_B/uA U_{CE}/V	0	20	40	60	80	100
0						
0.1						
0.2						
0.3						
0.4						
0.8						
1						
5						
10						

5. 实训报告

(1)整理分析测试数据。

(2)画出伏出特性曲线。

思考与练习

1-1 在图 1-26 所示各电路中,已知直流电压 U_i=3 V,电阻 R=1 kΩ,二极管的正向压降为 0.7 V,试判断二极管是处于导通还是截止状态,并确定输出电压 U_o。

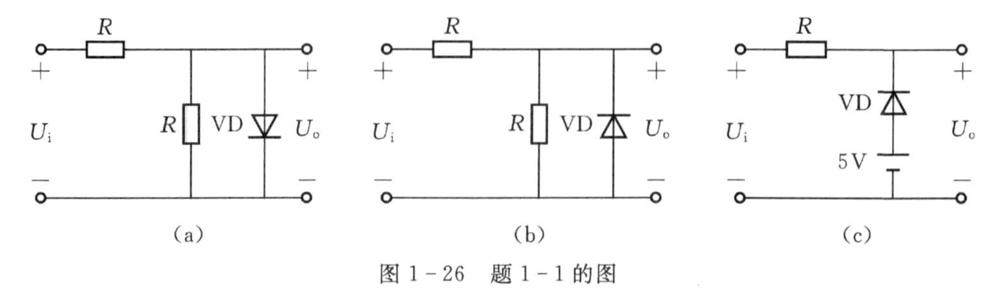

图 1-26 题 1-1 的图

1-2　电路如图1-27所示，已知$u_i=5\sin\omega t(V)$，设二极管是理想的，试画出u_i与u_o的波形，并标出幅值。

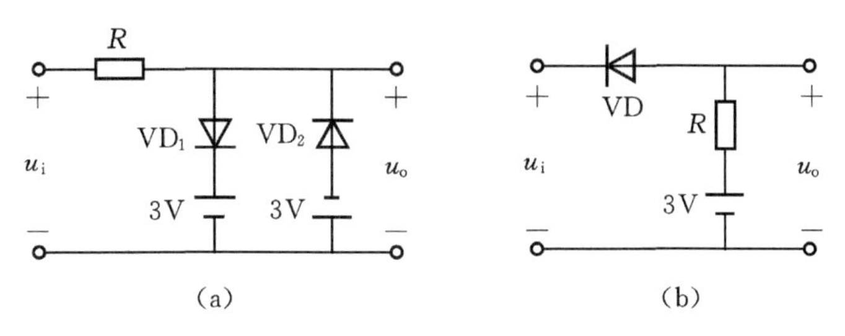

图1-27　题1-2的图

1-3　测得放大电路某三极管各级电流分别为：电极①流出的电流为3 mA，电极②流入的电流为2.8 mA，电极③流入的电流为0.2 mA，试判断3个电极各是什么电极？该三极管是什么类型？

1-4　在一个放大电路中，测得某三极管3个电极的对地电位分别为−6 V、−3 V、−3.2 V，试判断该三极管是NPN型还是PNP型？锗管还是硅管？并确定3个电极。

1-5　有两只三极管，一只的$\beta=200$，$I_{CEO}=200\ \mu A$；另一只$\beta=100$，$I_{CEO}=10\ \mu A$，其他参数大致相同。你认为应选用哪只管子？为什么？

项目二　单级放大电路及测试

【学习目标】

1. 知识目标

(1)掌握共发射极基本放大电路的组成及各元件的作用;

(2)理解共发射极基本放大电路的放大原理;

(3)熟悉射极输出器的电路组成及特点;

(4)了解场效应管放大电路的结构及特点。

2. 能力目标

(1)能正确地对放大电路进行静态和动态分析;

(2)能熟练地对放大电路进行静态工作点的调整;

(3)能熟练地计算放大电路的电压放大倍数、输入电阻和输出电阻。

任务一　共发射极放大电路及测试

一、任务导入

三极管的主要用途之一是利用其放大作用组成放大电路。放大电路的功能是把微弱的电信号放大成较强的电信号,广泛用于音像设备、电子仪器、测量、控制系统以及图像处理等各个领域。在生产和科学实验中,往往要求用微弱的信号去控制较大功率的负载。例如,在自动控制机床上,需要将反映加工要求的控制信号加以放大,得到一定输出功率以推动执行元件如电磁铁、电动机、液压机构等。又例如,在测量仪表及自动控制系统中,首先将温度、压力、流量等非电量通过传感器变换为微弱的电信号,经过放大以后,从显示仪表上读出非电量的大小,或者用来推动执行元件以实现自动控制。就是在常见的收音机和电视机中,也是将天线收到的微弱信号放大到足以推动扬声器和显像管的程度。可见放大电路的应用十分广泛,是电子设备中最普遍的一种基本单元电路。

二、相关知识

(一)共发射极基本放大电路的组成

放大电路并不能放大能量。实际上,负载得到的能量来自于放大电路的供电电源。放大电路的作用是控制电源的能量,使其按输入信号的变化规律向负载传送。所以,放大的实质是用较小的信号去控制较大的信号。

单管放大电路是构成其他类型放大电路(如差动放大电路)和多级放大电路的基本单元电

路。图 2-1(a)所示的单管放大电路，三极管的发射极是输入信号 u_i 和输出信号 u_o 的公共参考点，所以称为共发射极放大电路。各构成元件的作用分别如下：

①晶体管 VT。放大元件，用基极电流 i_B 控制集电极电流 i_C。

②电源 U_{CC} 和 U_{BB}。使晶体管的发射结正偏，集电结反偏，晶体管处在放大状态，同时也是放大电路的能量来源，提供电流 i_B 和 i_C。U_{CC} 一般在几伏到十几伏之间。

③偏置电阻 R_B。用来调节基极偏置电流 I_B，使晶体管有一个合适的工作点，一般为几十千欧到几百千欧。

④集电极负载电阻 R_C。将集电极电流 i_C 的变化转换为电压的变化，以获得电压放大，一般为几千欧。

⑤电容 C_1、C_2。用来传递交流信号，起到耦合交流信号的作用，保证交流信号畅通无阻地经过放大电路，沟通信号源、放大电路和负载三者之间的交流通路。同时，又使放大电路和信号源及负载间直流相隔离，起隔直作用，使三者之间无直流联系，互不影响。为了减小传递信号的电压损失，C_1、C_2 应选得足够大，一般为几微法至几十微法，通常采用电解电容器，联接时要注意其极性。

在实际电路中，用电源 U_{CC} 代替 U_{BB}，基极电流 I_B 由 U_{CC} 经 R_B 提供。同时为了简化电路的画法，习惯上常不画电源 U_{CC} 的符号，而只在其非接地的一端标出它对"地"的电压值 U_{CC} 和极性("+"或"—")，如图 2-1(b)所示。

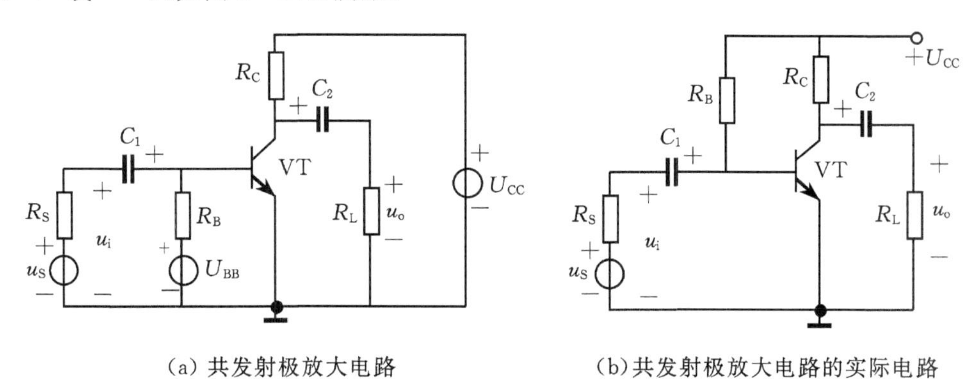

(a) 共发射极放大电路　　(b) 共发射极放大电路的实际电路

图 2-1　共发射极放大电路

(二)放大电路的静态分析

放大电路的工作状态分静态和动态两种。静态是指无交流信号输入($u_i=0$)时，电路中的电流、电压都不变的状态，静态时三极管各极电流和电压值称为静态工作点 Q(主要指 I_B、I_C 和 U_{CE})。静态分析主要是确定放大电路中的静态值 I_B、I_C 和 U_{CE}。静态分析方法有估算法和图解法两种。

1. 估算法

估算法是用放大电路的直流通路计算静态值。对图 2-1(b)所示电路，由于电容 C_1、C_2 具有隔值作用，可视为开路，因而其直流通路如图 2-2 所示。由图 2-2 可求得静态基极电流为：

$$I_B = \frac{U_{CC} - U_{BE}}{R_B}$$

式中，$U_{BE} \approx 0.7$ V(硅管)，可忽略不计。

由 I_B 可求出静态集电极电流为：

$$I_C = \beta I_B$$

静态时集电极与发射极间电压为：

$$U_{CE} = U_{CC} - I_C R_C$$

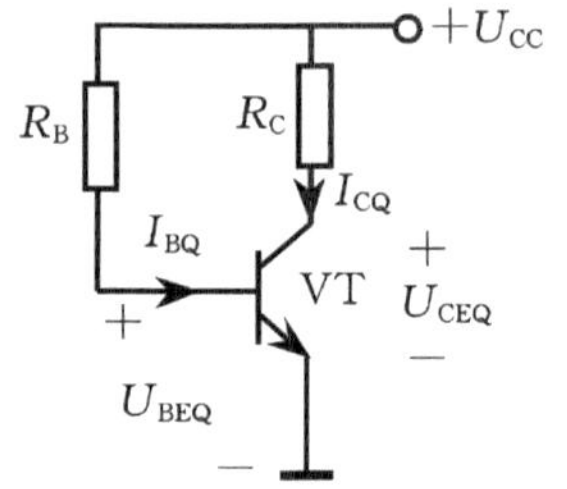

图 2-2　共发射极放大电路的直流通路

2. 图解法

根据晶体管的输出特性曲线，用作图的方法求静态值称为图解法。设晶体管的输出特性曲线如图 2-3 所示。

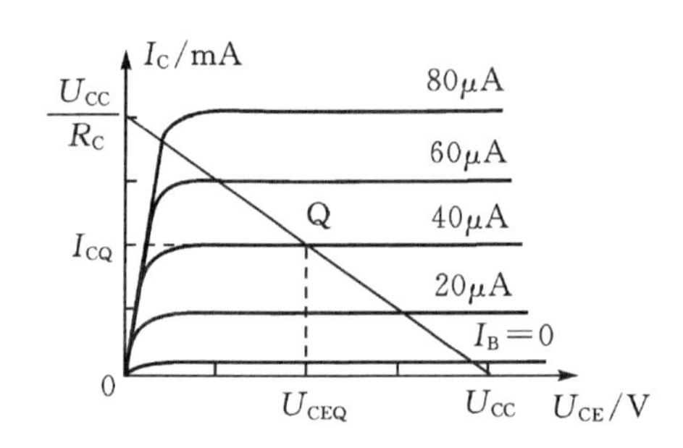

图 2-3　用图解法求放大电路的静态工作点

图解步骤如下：

①用估算法求出基极电流 I_B(如 40 μA)。

②根据 I_B 在输出特性曲线中找到对应的曲线。

③作直流负载线。根据集电极电流 I_C 与集、射间电压 U_{CE} 的关系式 $U_{CE}=U_{CC}-I_C R_C$ 可画出一条直线，该直线在纵轴上的截距为 U_{CC}/R_C，在横轴上的截距为 U_{CC}，其斜率为 $-1/R_C$，只与集电极负载电阻 R_C 有关，称为直流负载线。

④求静态工作点 Q，并确定 U_{CE}、I_C 的值。晶体管的 I_C 和 U_{CE} 既要满足 $I_B=40$ μA 的输出特性曲线，又要满足直流负载线，因而晶体管必然工作在它们的交点 Q，该点就是静态工作点。由静态工作点 Q 便可在坐标上查得静态值 I_C 和 U_{CE}。

例 2-1　在图 2-4(a)所示的共发射极放大电路中，已知 $U_{CC}=12$ V，$R_B=300$ kΩ，

$R_C=3\ \mathrm{k\Omega}$，$\beta=50$，晶体管的输出特性如图 2-4(b)所示。试分别用估算法和图解法求该放大电路的静态值。

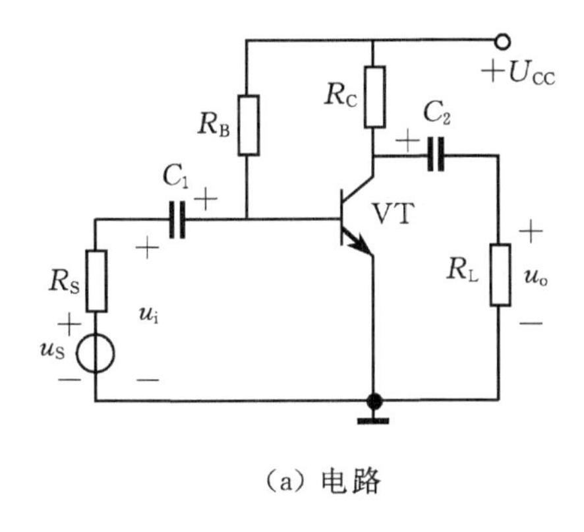

(a) 电路

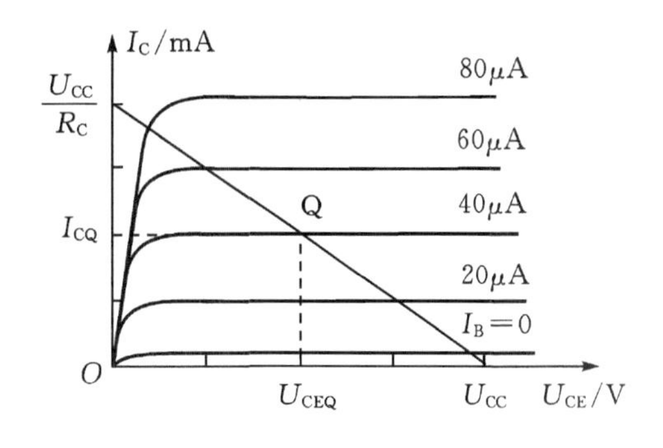

(b) 输出特性曲线

图 2-4　例 2-1 的图

解：(1)用估算法求静态值，即：

$$I_B=\frac{U_{CC}-U_{BE}}{R_B}\approx\frac{U_{CC}}{R_B}=\frac{12}{300}(\mathrm{A})=40(\mu\mathrm{A})$$

$$I_C=\beta I_B=50\times0.04=2(\mathrm{mA})$$

$$U_{CE}=U_{CC}-I_CR_C=12-2\times3=6(\mathrm{V})$$

(2)用图解法求静态值。在图 2-4 中，根据 $U_{CC}/R_C=12/3=4(\mathrm{mA})$、$U_{CC}=12\ \mathrm{V}$ 作直流负载线，与 $I_B=40\ \mu\mathrm{A}$ 的特性曲线相交得静态工作点 Q，根据 Q 查坐标得 $I_C=2\ \mathrm{mA}$，$U_{CE}=6\ \mathrm{V}$。

(三)放大电路的动态分析

动态是指有交流信号输入时，电路中的电流、电压随输入信号作相应变化的状态。由于动态时放大电路是在直流电源 U_{CC} 和交流输入信号 u_i 共同作用下工作，电路中的电压 u_{CE}、电流 i_B 和 i_C 均包含两个分量，即：

$$i_B=I_B+i_b$$

$$i_C=I_C+i_c$$

$$u_{CE}=U_{CE}+u_{ce}$$

式中，I_B、I_C 和 U_{CE} 是在电源 U_{CC} 单独作用下产生的电流、电压，实际上就是放大电路的静态值，称为直流分量。而 i_b、i_c 和 u_{ce} 是在输入信号 u_i 作用下产生的电流、电压，称为交流分量。动态分析就是在静态值确定以后分析信号的传输情况，主要是确定放大电路的电压放大倍数、输入电阻和输出电阻等。

动态分析方法有图解法和微变等效电路法两种。

动态分析需用放大电路的交流通路(u_i 单独作用下的电路)。在图 2-1(b)所示的共发射极放大电路中，由于电容 C_1、C_2 足够大，容抗近似为零(相当于短路)，直流电源 U_{CC} 去掉(短接)，因而其交流通路如图 2-5 所示。

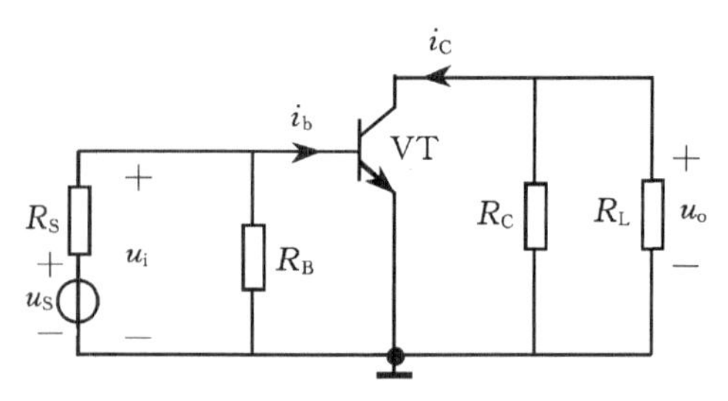

图 2-5　共发射极放大电路的交流通路

1. 图解法

图解法是利用晶体管的特性曲线，通过作图的方法分析动态工作情况。图解法可以形象直观地看出信号传递过程，各个电压、电流在输入信号 u_i 作用下的变化情况和放大电路的工作范围等。

设输入信号 $u_i = U_{im}\sin(\omega t)$，图解分析步骤如下：

①根据静态分析方法，求出静态工作点 $Q(I_B$、I_C、和 $U_{CE})$，见图 2-6 中的 Q 点。

②根据 u_i 在输入特性上求 u_{BE} 和 i_B。u_i 为正弦量时，u_{BE} 为：

$$u_{BE} = U_{BE} + u_i = U_{BE} + U_{im}\sin(\omega t)$$

其波形如图 2-6(a)中的曲线①所示。在 u_{BE} 的作用下，工作点 Q 在输入特性曲线的线性段 Q' 和 Q'' 之间移动，基极电流 i_B 为：

$$i_B = I_B + i_b = I_B + I_{bm}\sin(\omega t)$$

其波形如图 2-6(a)中的曲线②所示。

③作交流负载线。在图 2-1(b)放大电路的输出端接有负载电阻 R_L 时，直流负载线的斜率仍为 $-1/R_C$，与负载电阻 R_L 无关。但在 u_i 作用下的交流通路中，负载电阻 R_L 与 R_C 并联(见图 2-5)。由交流负载电阻 $R_L' = R_C // R_L$ 决定的负载线称为交流负载线。由于在 $u_i = 0$ 时晶体管必定工作在静态工作点 Q，又因为 $R_L' < R_C$，因而交流负载线是一条通过静态工作点 Q、斜率为 $-1/R_L'$ 且比直流负载线更陡一些的直线，如图 2-6(b)所示。

④由输出特性曲线和交流负载线求 i_C 和 u_{CE}。在 i_B 的作用下，工作点 Q 随 i_B 的变化在交流负载线 Q' 和 Q'' 之间移动，集电极电流 i_C 和集、射间电压 u_{CE} 分别为：

$$i_C = I_C + i_c = I_C + I_{cm}\sin(\omega t)$$

$$u_{CE} = U_{CE} + u_{ce} = U_{CE} - U_{cem}\sin(\omega t)$$

其波形如图 2-6(b)中的曲线③、④所示。

从图解分析过程，可得出如下几个重要结论：

①放大器中的各个量 u_{BE}，i_B，i_C 和 u_{CE} 都由直流分量和交流分量两部分组成。

②由于 C_2 的隔直作用，u_{CE} 中的直流分量 U_{CE} 被隔开，放大器的输出电压 u_o 等于 u_{CE} 中的交流分量 u_{ce}，且与输入电压 u_i 反相。即：$u_o = u_{ce} = -u_{cem}\sin(\omega t) = -u_{om}\sin(\omega t)$。

③放大器的电压放大倍数可由 u_o 与 u_i 的幅值之比或有效值之比求出，其值为：

$$|\dot{A}_u| = \frac{U_{om}}{U_{im}} = \frac{U_o}{U_i}$$

负载电阻 R_L 越小，交流负载电阻 R'_L 也越小，交流负载线就越陡，使 U_{om} 减小，电压放大倍数下降。

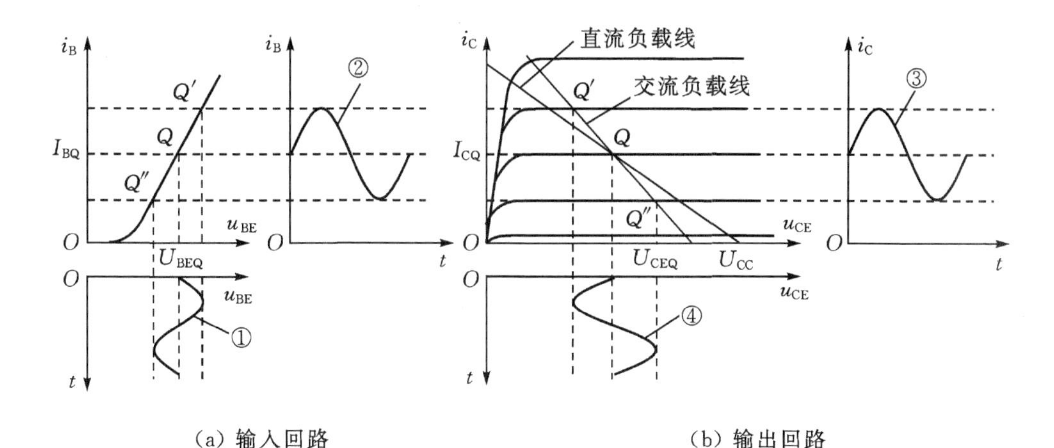

(a) 输入回路　　　　　　　　　　(b) 输出回路

图 2-6　用图解法分析放大电路的动态工作情况

④静态工作点 Q 设置得不合适，会对放大电路的性能造成影响，如图若 2-7 所示。

若 Q 点偏高，如图 2-7(a)所示，当 i_b 按正弦规律变化时，Q'进入饱和区，造成 i_c 和 u_{ce} 的波形与 i_b(或 u_i)的波形不一致，输出电压 u_o(即 u_{ce})的负半周出现平顶畸变，称为饱和失真；若 Q 点偏低，如图 2-7(b)所示，则 Q''进入截止区，输出电压 u_o 的正半周出现平顶畸变，称为截止失真。饱和失真和截止失真统称为非线性失真。

将静态工作点 Q 设置到放大区的中部，不但可以避免非线性失真，而且可以增大输出动态范围。另外，限制输入信号 u_i 的大小，也是避免非线性失真的一个途径。

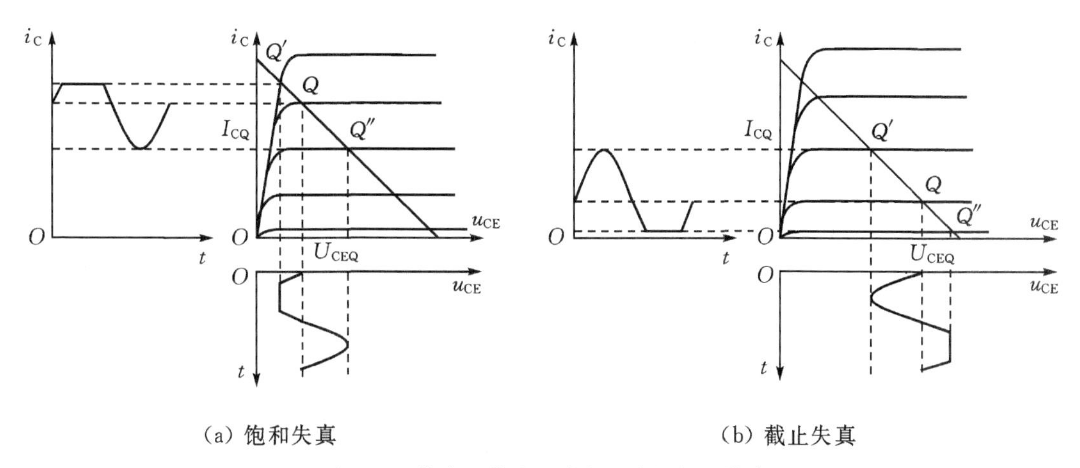

(a) 饱和失真　　　　　　　　　　(b) 截止失真

图 2-7　静态工作点对放大电路性能的影响

2. 微变等效电路法

用图解法分析放大电路虽然简单直观，但是不够精确。对于小信号情况下放大电路的定量分析，往往采用微变等效电路法。

把非线性元件晶体管所组成的放大电路等效成一个线性电路，就是放大电路的微变等效电路，然后用线性电路的分析方法来分析，这种方法称为微变等效电路分析法。等效的条件是晶体管在小信号(微变量)情况下工作。这样就能在静态工作点附近的小范围内，用直线段近似地代替晶体管的特性曲线。

(1)晶体管的微变等效电路。基极和发射极之间的电流、电压关系由三极管的输入特性曲线决定。

在静态工作点 Q 附近，当输入信号 u_i 较小时，引起 i_b 和 u_{be} 的变化也很微小。因此对于如图 2-8(a)所示的输入特性曲线，从整体上看虽然是非线性的，但在 Q 点附近的微小范围内可以认为是线性。当 u_{BE} 有一微小变化 ΔU_{BE} 时，基极电流变化 ΔI_B，两者的比值称为三极管的动态输入电阻，用 r_{be} 表示，即：

$$r_{be}=\frac{\Delta U_{BE}}{\Delta I_B}=\frac{u_{be}}{i_b}$$

由上式可知，基极到发射极之间，对微变量 u_{be} 和 i_b 而言，相当于一个电阻 r_{be}。低频小功率管的 r_{be} 可以用下式估算：

$$r_{be}=300+(1+\beta)\frac{26}{I_E}(\Omega)$$

式中：I_E——发射极电流静态值，mA。

r_{be}——动态输入电阻，在几百欧到几千欧。

集电极和发射极之间的电流、电压关系由三极管的输出特性曲线决定。

图 2-8(b)所示为三极管的输出特性曲线。假如认为输出特性曲线在放大区域内呈水平线，则集电极电流的微小变化 ΔI_C 仅与基极电流的微小变化 ΔI_B 有关，而与电压 u_{CE} 无关，故 ΔI_C 与 ΔI_B 的比值为一个常数，用 β 表示，即有：

$$\beta=\frac{\Delta I_C}{\Delta I_B}=\frac{i_c}{i_b}$$

所以三极管的集电极和发射极之间可等效为一个受 i_b 控制的电流源 βi_b，即：

$$\Delta I_C=\beta\Delta I_B$$

或

$$i_c=\beta i_b$$

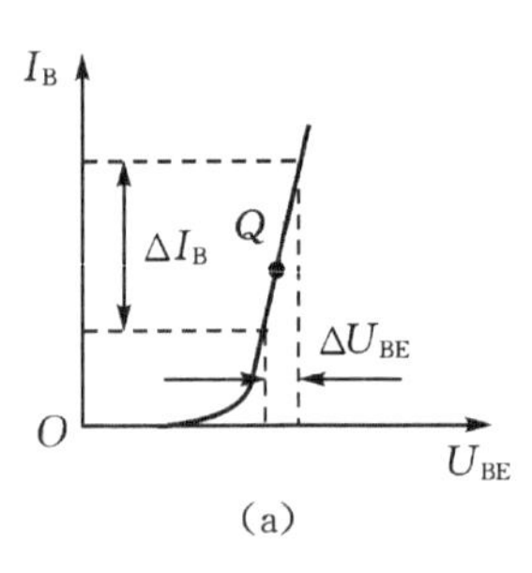

(a)

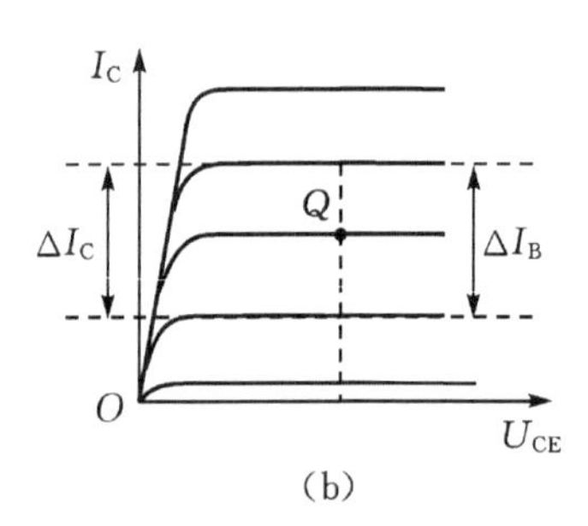

(b)

图 2-8　从三极管的特性曲线求 r_{be} 和 β

据此可画出晶体管的微变等效电路，如图 2-9 所示。

(2)放大电路的微变等效电路。将图 2-5 所示交流通路中的晶体管 V 用其微变等效电路代替，便可得到放大电路的微变等效电路，如图 2-10 所示。

设 u_i 为正弦量，则电路中所有的电流、电压均可用相量表示。

①电压放大倍数。放大电路的输出电压 $\dot{U}_o$ 与输入电压 $\dot{U}_i$ 的比值称为放大电路的电压放大倍数，又称为电压增益，用 $\dot{A}_u$ 表示，即：

$$\dot{A}_u=\frac{\dot{U}_o}{\dot{U}_i}$$

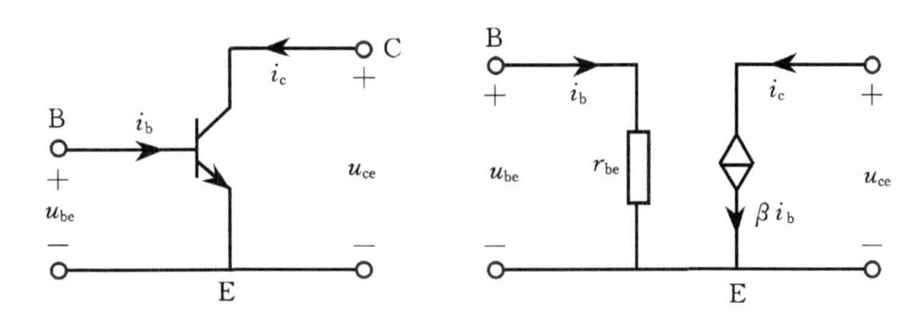

图 2-9　三极管的微变等效电路

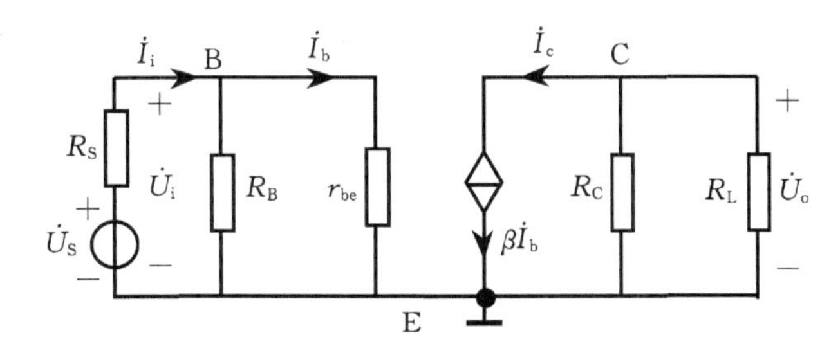

图 2-10　共发射极放大电路的微变等效电路

由图 2-10 可得共发射极基本放大电路的电压放大倍数为：

$$\dot{A}_u = \frac{\dot{U}_o}{\dot{U}_i} = \frac{-R'_L\dot{I}_c}{r_{be}\dot{I}_b} = \frac{-R'_L\beta\dot{I}_b}{r_{be}\dot{I}_b} = -\frac{\beta R'_L}{r_{be}}$$

式中，$R'_L = R_C // R_L$ 称为放大电路的交流负载电阻，负号表明输出电压 $\dot{U}_o$ 与输入电压 $\dot{U}_i$ 反相。若放大电路的输出端开路(未接负载电阻 R_L)，则电压放大倍数为：

$$\dot{A}_u = -\frac{\beta R_C}{r_{be}}$$

由于 $R'_L < R_C$，所以接入 R_L 后电压放大倍数下降了。可见放大电路的负载电阻 R_L 越小，电压放大倍数就越低。

②输入电阻。放大电路对信号源而言，相当于一个电阻，称为输入电阻，用 r_i 表示。r_i 等于放大电路的输入电压 $\dot{U}_i$ 与输入电流 $\dot{I}_i$ 之比，即：

$$r_i = \frac{\dot{U}_i}{\dot{I}_i}$$

由图 2-10 可得共发射极基本放大电路的输入电阻为：

$$r_i = \frac{\dot{U}_i}{\dot{I}_i} = R_B // r_{be}$$

输入电阻 r_i 的大小决定了放大电路从信号源吸取电流(输入电流)$\dot{I}_i$ 的大小。为了减轻信号源的负担，总希望 r_i 越大越好。另外，较大的输入电阻 r_i，也可以降低信号源内阻 R_s 的影响，使放大电路获得较高的输入电压 $\dot{U}_i$。在上式中由于 R_B 比 r_{be} 大得多，r_i 近似等于 r_{be}，在几百欧到几千欧，一般认为是较低的，并不理想。

③输出电阻。放大电路对负载而言，相当于一个具有内阻的电压源，该电压源的内阻定义为放大电路的输出电阻，用 r_o 表示。

r_o 的计算方法是：信号源 $\dot{U}_s$ 短路，断开负载 R_L，在输出端加电压 $\dot{U}$，求出由 $\dot{U}$ 产生的电

流 $\dot{I}$，则输出电阻 r_o 为：

$$r_o = \frac{\dot{U}}{\dot{I}}\bigg|_{\dot{U}_S=0,R_L=\infty}$$

对图 2－10 所示电路，输出电阻 r_o 可用图 2－11 计算。

由于 $\dot{U}_s=0$，则 $\dot{I}_b=0$，$\beta\dot{I}_b=0$，得：

$$r_o = \frac{\dot{U}}{\dot{I}} = R_C$$

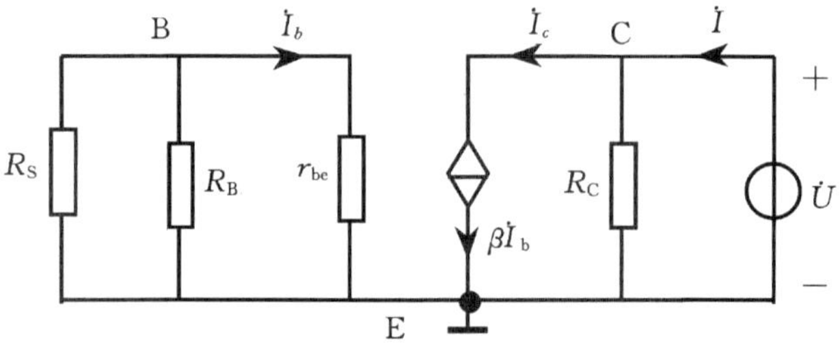

图 2－11　计算输出电阻的等效电路

对于负载而言，放大器的输出电阻 r_o 越小，负载电阻 R_L 的变化对输出电压 $\dot{U}_o$ 的影响就越小，表明放大器带负载能力越强，因此总希望 r_o 越小越好。上式中 r_o 在几千欧到几十千欧，一般认为是较大的，也不理想。

例 2－2　在图 2－12 所示的共发射极放大电路中，已知 $U_{CC}=12\text{V}$，$R_B=300\ \text{k}\Omega$，$R_C=3\ \text{k}\Omega$，$R_L=3\ \text{k}\Omega$，$R_s=3\ \text{k}\Omega$，$\beta=50$，试求：

(1)R_L 接入和断开两种情况下电路的电压放大倍数 $\dot{A}_u$；

(2)输入电阻 r_i 和输出电阻 r_o；

(3)输出端开路时的源电压放大倍数 $\dot{A}_{us}=\dfrac{\dot{U}_o}{\dot{U}_s}$。

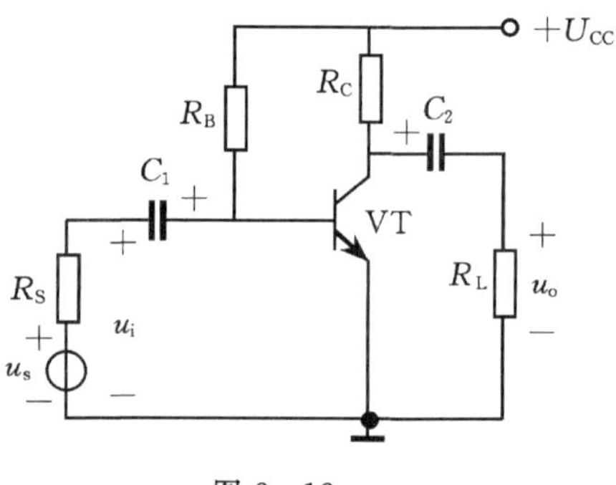

图 2－12

解：先求静态工作点：

$$I_{BQ} = \frac{U_{CC}-U_{BEQ}}{R_B} \approx \frac{U_{CC}}{R_B} = \frac{12}{300}\text{A} = 40\ \mu\text{A}$$

$$I_{CQ} = \beta I_{BQ} = 50 \times 0.04 = 2\text{mA}$$

$$U_{CEQ} = U_{CC} - I_{CQ}R_C = 12 - 2 \times 3 = 6\text{V}$$

再求三极管的动态输入电阻：

$$r_{be} = 300 + (1+\beta)\frac{26(\text{mV})}{I_{EQ}(\text{mA})} = 300 + (1+50)\frac{26(\text{mV})}{2(\text{mA})} = 963\ \Omega \approx 0.963\ \text{k}\Omega$$

(1)R_L 接入时的电压放大倍数 $\dot{A}_u$ 为：

$$\dot{A}_u = -\frac{\beta R'_L}{r_{be}} = -\frac{50 \times \frac{3\times 3}{3+3}}{0.963} = -78$$

R_L 断开时的电压放大倍数 $\dot{A}_u$ 为：

$$\dot{A}_u = -\frac{\beta R_C}{r_{be}} = -\frac{50 \times 3}{0.963} = -156$$

(2)输入电阻 r_i 为：

$$r_i = R_B // r_{be} = 300 // 0.963 \approx 0.96\ \text{k}\Omega$$

输出电阻 r_o 为：

$$r_o = R_C = 3\ \text{k}\Omega$$

(3)输出端开路时的源电压放大倍数为：

$$\dot{A}_{us} = \frac{\dot{U}_o}{\dot{U}_s} = \frac{\dot{U}_i}{\dot{U}_s} \times \frac{\dot{U}_o}{\dot{U}_i} = \frac{R_i}{R_s + R_i}\dot{A}_u = \frac{1}{3+1} \times (-156) = -39$$

(四)静态工作点的稳定

1. 温度对静态工作点的影响

前面介绍的共发射极基本放大电路，$I_B \approx \frac{U_{CC}}{R_B}$，$U_{CC}$、$R_B$ 固定后，I_B 基本不变，因此称为固定偏置放大电路。调整 R_B 可获得一个合适的静态工作点 Q。

固定偏置放大电路虽然简单且容易调整，但静态工作点 Q 极易受温度等因素的影响而上、下移动，造成输出动态范围减小或出现非线性失真。

三极管是一种对温度比较敏感的元件，几乎所有参数都与温度有关。例如，温度每升高 1 ℃，发射结正向压降 U_{BE} 约减小 2～2.5 mV，电流放大系数 β 约增大 0.5%～2%；温度每升高 10 ℃，反向饱和电流 I_{CBO} 约增加一倍等。所有这些影响都使集电极静态电流 I_C 随温度升高而增大。但基极静态电流 I_B 受温度影响较小，可认为基本保持不变。从而导致整个输出特性曲线向上平移，静态工作点相应上移。可见，这种放大电路的静态工作点是不稳定的，温度的变化会导致静态工作点进入饱和区或截止区。

综上所述，在实用的放大电路中必须稳定工作点，以保证尽可能大的输出动态范围和避免非线性失真。

2. 静态工作点稳定的放大电路

图 2-13(a)所示就是能稳定静态工作点的共发射极放大电路，这是由 R_{B1} 和 R_{B2} 组成的分压式偏置电路，故称为分压式偏置放大电路。这种电路可以根据温度的变化自动调节基极电流 I_B，以削弱温度对集电极电流 I_C 的影响，使静态工作点基本稳定。

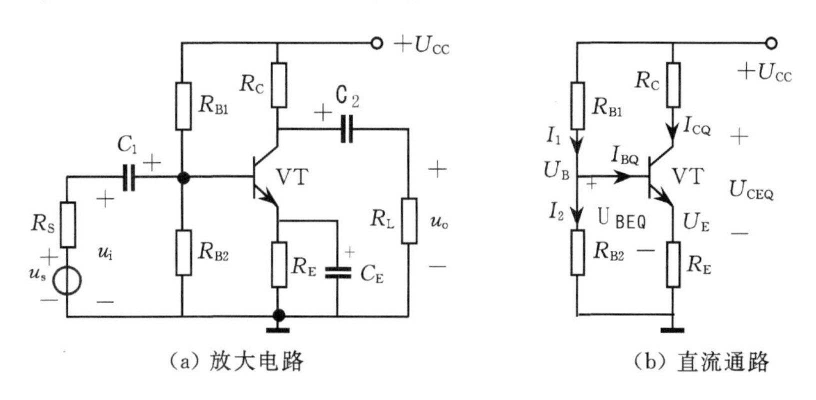

(a) 放大电路　　(b) 直流通路

图 2-13　分压式偏置放大电路

适当选择 R_{B1} 和 R_{B2}，满足 $I_2 \gg I_B$，$I_1 = I_2 + I_B \approx I_2$，图 2-13(a)所示电路的直流通路如图 2-13(b)所示。则三极管基极电位的静态值为：

$$U_B = \frac{R_{B2}}{R_{B1} + R_{B2}} U_{CC}$$

U_B 由 R_{B1}、R_{B2} 对 U_{CC} 分压决定，而与温度基本无关。

此时

$$U_{BE} = U_B - U_E = U_B - I_E R_E$$

若使 $U_B \gg U_{BE}$

则

$$I_C \approx I_E = \frac{U_B - U_{BE}}{R_E} \approx \frac{U_B}{R_E}$$

也可认为 I_C 不受温度影响，基本稳定。

因此，只要满足 $I_2 \gg I_B$ 和 $U_B \gg U_{BE}$ 两个条件，U_B 和 I_E 或 I_C 就与晶体管的参数几乎无关，不受温度变化的影响，从而静态工作点能得以基本稳定。

实际设计电路时，I_2 不能取得太大，否则，R_{B1} 和 R_{B2} 就要取得较小。这不但要增加功率损耗，而且会使放大电路的输入电阻减小，从信号源取用较大的电流，使信号源的内阻压降增加，加在放大电路输入端的电压 u_i 减小。一般 R_{B1} 和 R_{B2} 为几十千欧。基极电位 U_B 也不能太高，否则，由于发射极点位 $U_E(\approx U_B)$ 增高而使 U_{CE} 相对地减小(U_{CC} 一定)，因而减小了放大电路输出电压的变化范围。根据经验，一般可按以下范围选取 I_2 和 U_B：

$$I_2 = (5 \sim 10) I_B$$

$$U_B = (5 \sim 10) U_{BE}$$

当温度发生变化，比如温度升高时，I_C 和 I_E 会增大，由于发射极电阻 R_E 的作用，发射极电位 U_E 随之升高，但因基极电位 U_B 基本恒定，故发射结正向压降 U_{BE} 必然随之减小，从而导致基极电流 I_B 减小，使 I_C 也减小。这就对集电极电流 I_C 随温度的升高而增大起了削弱作用，使 I_C 基本稳定。上述自动调节过程可表示为：

温度 $t \uparrow \rightarrow I_C \uparrow \rightarrow I_E \uparrow \rightarrow U_E(=I_E R_E) \uparrow \rightarrow U_{BE}(=U_B - I_E R_E) \downarrow \rightarrow I_B \downarrow$

$I_C \downarrow \leftarrow$

调节过程显然与 R_E 有关，R_E 越大，调节效果越显著。但 R_E 的存在，同样会对变化的交流信号产生影响，使电压放大倍数大大下降。若用电容 C_E 与 R_E 并联，对直流(静态值)无影响，但对交流信号而言，R_E 被短路，发射极相当于接地，便可消除 R_E 对交流信号的影响。C_E 称为旁路电容。

(1)静态分析。用估算法计算静态工作点。当满足 $I_2 \gg I_B$ 时，$I_1 = I_2 + I_B \approx I_2$。由图 2-13(b)所示的直流通路，得三极管基极电位的静态值为：

$$U_B = \frac{R_{B2}}{R_{B1} + R_{B2}} U_{CC}$$

集电极电流的静态值为：

$$I_C \approx I_E = \frac{U_B - U_{BE}}{R_E}$$

基极电流的静态值为：

$$I_B = \frac{I_C}{\beta}$$

集电极与发射极之间电压的静态值为：

$$U_{CE} = U_{CC} - I_C(R_C + R_E)$$

(2)动态分析。图 2-14 为图 2-13(a)所示分压式偏置放大电路的微变等效电路。因为在交流通路中电阻 R_{B1} 与 R_{B2} 并联，可等效为电阻 R_B，所以固定偏置电路的动态分析结果对分压式偏置电路同样适用。即有：

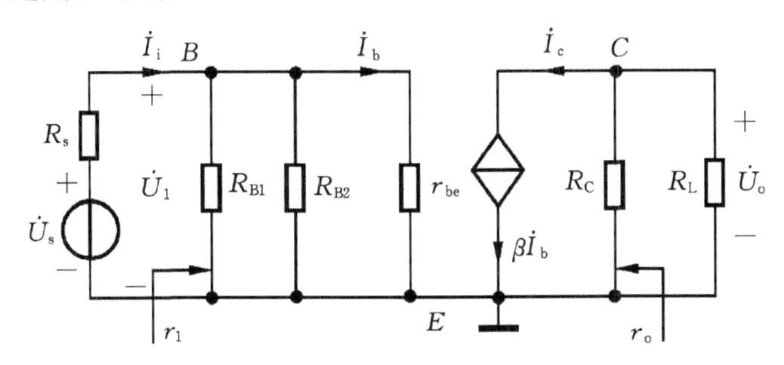

图 2-14　分压式偏置放大电路的微变等效电路

电压放大倍数：

$$\dot{A}_u = -\frac{\beta R'_L}{r_{be}}$$

输入电阻：

$$r_i = R_{B1}//R_{B2}//r_{be}$$

输出电阻：

$$r_o = R_C$$

例 2-3　在图 2-13 所示的分压式偏置放大电路中(接 C_E)，已知 $U_{CC}=12$ V，$R_{B1}=20$ kΩ，$R_{B2}=10$ kΩ，$R_C=3$ kΩ，$R_E=2$ kΩ，$R_L=3$ kΩ，$\beta=50$。试估算静态工作点，并求电压放大倍数 $\dot{A}_u$、输入电阻 r_i 和输出电阻 r_o。

解：(1)用估算法计算静态工作点，即

$$U_B = \frac{R_{B2}}{R_{B1}+R_{B2}}U_{CC} = \frac{10}{20+10}\times 12 = 4(\text{V})$$

$$I_C \approx I_E = \frac{U_B - U_{BE}}{R_E} = \frac{4-0.7}{2} = 1.65(\text{mA})$$

$$I_B = \frac{I_C}{\beta} = \frac{1.65}{50} = 33(\mu\text{A})$$

$$U_{CE} = U_{CC} - I_C(R_C + R_E) = 12 - 1.65\times(3+2) = 3.75(\text{V})$$

(2)求电压放大倍数

$$r_{be} = 300 + (1+\beta)\frac{26}{I_E} = 300 + (1+\beta)\frac{26}{1.65} = 1100(\text{k}\Omega)$$

$$\dot{A}_u = -\frac{\beta R'_L}{r_{be}} = -\frac{50\times\frac{3\times 3}{3+3}}{1.1} = -68$$

(3)求输入电阻和输出电阻

$$r_i = R_{B1}//R_{B2}//r_{be} = 20//10//1.1 = 0.994(k\Omega)$$

$$r_o = R_C = 3(k\Omega)$$

三、任务实施——分压式射极偏置电路的组装与调试

1. 实训目的

(1)学会放大器静态工作点的调试方法,分析静态工作点对放大器性能的影响;

(2)掌握放大器电压放大倍数、输入电阻、输出电阻及最大不失真输出电压的测试方法;

(3)熟悉常用电子仪器(低频信号发生器、双踪示波器等)及实训设备的使用。

2. 实训器材

+12 V 直流电源、函数信号发生器、双踪示波器、交流毫伏表、直流电压表、直流毫安表、频率计、万用表、晶体三极管 3DG6×1(β=50～100)或 9011×1、电阻器、电容器若干。

3. 实训原理

图 2-15 为电阻分压式工作点稳定单管放大器实训电路图。它的偏置电路采用 R_{B1} 和 R_{B2} 组成的分压电路,并在发射极中接有电阻 R_E,以稳定放大器的静态工作点。当在放大器的输入端加入输入信号 u_i 后,在放大器的输出端便可得到一个与 u_i 相位相反、幅值被放大了的输出信号 u_o,从而实现了电压放大。

在图 2-15 电路中,当流过偏置电阻 R_{B1} 和 R_{B2} 的电流远大于晶体管 T 的基极电流 I_B 时(一般 5～10 倍),则它的静态工作点可用下式估算:

$$U_B \approx \frac{R_{B1}}{R_{B1}+R_{B2}}U_{CC}$$

$$I_E \approx \frac{U_B - U_{BE}}{R_E} \approx I_C$$

$$U_{CE} = U_{CC} - I_C(R_C + R_E)$$

电压放大倍数

$$A_V = -\beta\frac{R_C//R_L}{r_{be}}$$

输入电阻

$$R_i = R_{B1}//R_{B2}//r_{be}$$

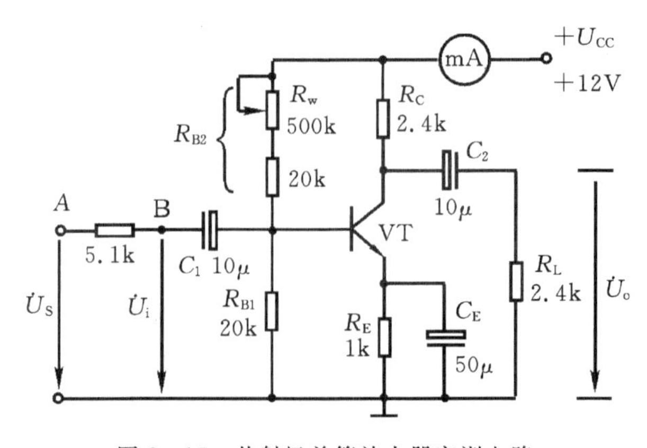

图 2-15 共射极单管放大器实训电路

输出电阻

$$R_O \approx R_C$$

由于电子器件性能的分散性比较大，因此在设计和制作晶体管放大电路时，离不开测量和调试技术。在设计前应测量所用元器件的参数，为电路设计提供必要的依据，在完成设计和装配以后，还必须测量和调试放大器的静态工作点和各项性能指标。一个优质放大器，必定是理论设计与实训调整相结合的产物。因此，除了学习放大器的理论知识和设计方法外，还必须掌握必要的测量和调试技术。

放大器的测量和调试一般包括：放大器静态工作点的测量与调试，消除干扰与自激振荡及放大器各项动态参数的测量与调试等。

(1)放大器静态工作点的测量与调试如下：

①静态工作点的测量。测量放大器的静态工作点，应在输入信号 $u_i=0$ 的情况下进行，即将放大器输入端与地端短接，然后选用量程合适的直流毫安表和直流电压表，分别测量晶体管的集电极电流 I_C 以及各电极对地的电位 U_B、U_C 和 U_E。一般实训中，为了避免断开集电极，所以采用测量电压 U_E 或 U_C，然后算出 I_C 的方法，例如，只要测出 U_E，即：

$$I_C \approx I_E = \frac{U_E}{R_E}\text{ 算出 }I_C\text{（也可根据 }I_C = \frac{U_{CC}-U_C}{R_C}\text{，由 }U_C\text{ 确定 }I_C\text{），}$$

同时也能算出 $U_{BE}=U_B-U_E$，$U_{CE}=U_C-U_E$。

为了减小误差，提高测量精度，应选用内阻较高的直流电压表。

②静态工作点的调试。放大器静态工作点的调试是指对管子集电极电流 I_C（或 U_{CE}）的调整与测试。

静态工作点是否合适，对放大器的性能和输出波形都有很大影响。如工作点偏高，放大器在加入交流信号以后易产生饱和失真，此时 u_o 的负半周将被削底，如图 2-16(a)所示；如工作点偏低则易产生截止失真，即 u_o 的正半周被缩顶（一般截止失真不如饱和失真明显），如图 2-16(b)所示。这些情况都不符合不失真放大的要求。所以在选定工作点以后还必须进行动态调试，即在放大器的输入端加入一定的输入电压 u_i，检查输出电压 u_o 的大小和波形是否满足要求。如不满足，则应调节静态工作点的位置。

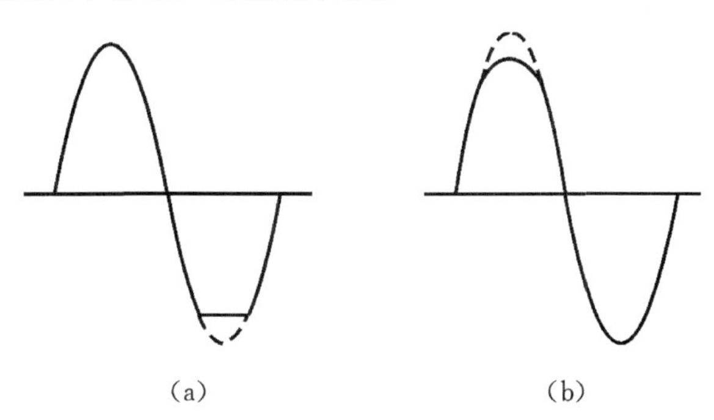

图 2-16　静态工作点对 u_o 波形失真的影响

改变电路参数 U_{CC}、R_C、R_B（R_{B1}、R_{B2}）都会引起静态工作点的变化。但通常多采用调节偏置电阻 R_{B2} 的方法来改变静态工作点，如减小 R_{B2}，则可使静态工作点提高等。

(2)放大器动态指标测试。放大器动态指标包括电压放大倍数、输入电阻、输出电阻、最大不失真输出电压(动态范围)和通频带等。

①电压放大倍数 A_u 的测量。调整放大器到合适的静态工作点,然后加入输入电压 u_i,在输出电压 u_o 不失真的情况下,用交流毫伏表测出 u_i 和 u_o 的有效值 U_i 和 U_o,则:

$$A_u = \frac{U_0}{U_i}$$

②输入电阻 R_i 的测量。为了测量放大器的输入电阻,按图 2-17 电路在被测放大器的输入端与信号源之间串入一已知电阻 R,在放大器正常工作的情况下,用交流毫伏表测出 U_s 和 U_i,则根据输入电阻的定义可得:

$$R_i = \frac{U_i}{I_i} = \frac{U_i}{\frac{U_R}{R}} = \frac{U_i}{U_S - U_i}R$$

测量时应注意下列几点:

(a) 由于电阻 R 两端没有电路公共接地点,所以测量 R 两端电压 U_R 时必须分别测出 U_s 和 U_i,然后按 $U_R = U_s - U_i$ 求出 U_R 值。

(b)电阻 R 的值不宜取得过大或过小,以免产生较大的测量误差,通常取 R 与 R_i 为同一数量级为好,本实训可取 $R = 1 \sim 2\ \text{k}\Omega$。

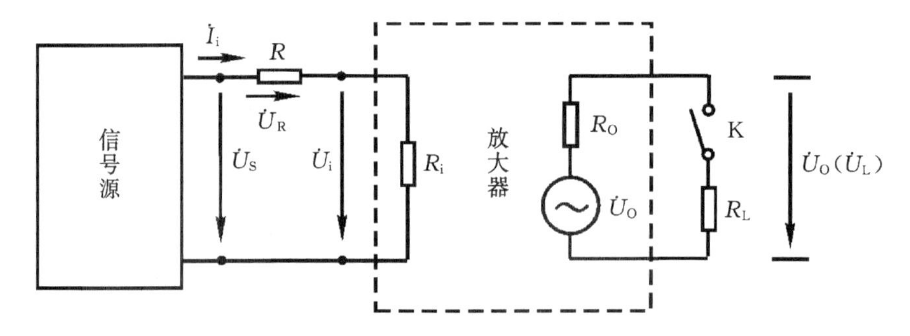

图 2-17 输入、输出电阻测量电路

③输出电阻 R_o 的测量。按图 2-17 电路,在放大器正常工作条件下,测出输出端不接负载 R_L 的输出电压 U_o 和接入负载后的输出电压 U_L,根据:

$$U_L = \frac{R_L}{R_O + R_L}U_O$$

即可求出:

$$R_O = (\frac{U_O}{U_L} - 1)R_L$$

在测试中应注意,必须保持 R_L 接入前后输入信号的大小不变。

④最大不失真输出电压 U_{OPP} 的测量(最大动态范围)。如上所述,为了得到最大动态范围,应将静态工作点调在交流负载线的中点。为此在放大器正常工作情况下,逐步增大输入信号的幅度,并同时调节 R_w(改变静态工作点),用示波器观察 u_o,当输出波形同时出现削底和缩顶现象时,说明静态工作点已调在交流负载线的中点。然后反复调整输入信号,使波形输出幅度最大,且无明显失真时,用交流毫伏表测出 U_o(有效值),则动态范围等于 $2\sqrt{2}U_o$。或用示波器直接读出 U_{OPP} 来。

⑤放大器幅频特性的测量。放大器的幅频特性是指放大器的电压放大倍数 A_u 与输入信号频率 f 之间的关系曲线。单管阻容耦合放大电路的幅频特性曲线如图 2－18 所示，A_{um} 为中频电压放大倍数，通常规定电压放大倍数随频率变化下降到中频放大倍数的 $1/\sqrt{2}$ 倍，即 0.707 A_{um} 所对应的频率分别称为下限频率 f_L 和上限频率 f_H，则通频带 $f_{BW}=f_H-f_L$。

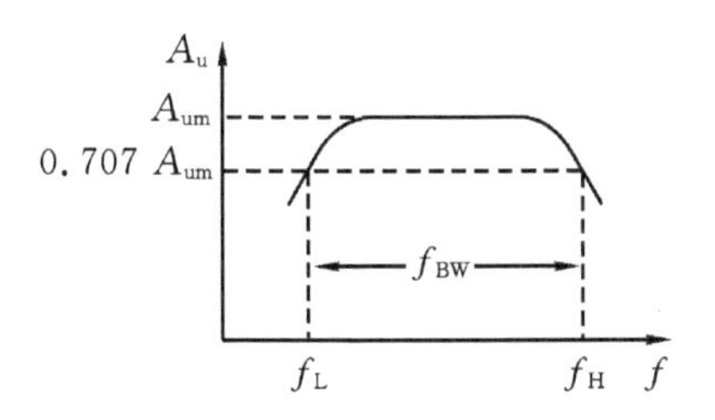

图 2－18　幅频特性曲线

放大器的幅频特性就是测量不同频率信号时的电压放大倍数 A_u。为此，可采用前述测 A_u 的方法，每改变一个信号频率，测量其相应的电压放大倍数，测量时应注意取点要恰当，在低频段与高频段应多测几点，在中频段可以少测几点。此外，在改变频率时，要保持输入信号的幅度不变，且输出波形不得失真。

4. 实训内容及步骤

实训电路如图 2－15 所示。为防止干扰，各仪器的公共端必须连在一起，同时信号源、交流毫伏表和示波器的引线应采用专用电缆线或屏蔽线，如使用屏蔽线，则屏蔽线的外包金属网应接在公共接地端上。

(1)调试静态工作点。接通直流电源前，先将 R_w 调至最大，函数信号发生器输出旋钮旋至零。接通＋12 V 电源、调节 R_w，使 $I_C=2.0$ mA(即 $U_E=2.0$ V)，用直流电压表测量 U_B、U_E、U_C 及用万用电表测量 R_{B2} 值。记入表 2－1。

表 2－1　静态工作点的调试($I_C=2$ mA)

测量值				计算值		
U_B/V	U_E/V	U_C/V	R_{B2}/kΩ	U_{BE}/V	U_{CE}/V	I_C/mA

(2)测量电压放大倍数。在放大器输入端加入频率为 1 kHz 的正弦信号 u_s，调节函数信号发生器的输出旋钮使放大器输入电压 $U_i\approx10$ mV，同时用示波器观察放大器输出电压 u_o 波形，在波形不失真的条件下用交流毫伏表测量下述三种情况下的 U_o 值，并用双踪示波器观察 u_o 和 u_i 的相位关系，记入表 2－2。

表 2－2　电压放大倍数测量($I_c=2.0$ mA、$U_i=10$ mV)

R_C/kΩ	R_L/kΩ	U_o/V	A_V	观察记录一组 u_O 和 u_I 波形
2.4	∞			u_i　t　　u_o　t
1.2	∞			
2.4	2.4			

(3)观察静态工作点对电压放大倍数的影响。置 $R_c=2.4\ k\Omega$,$R_w=\infty$,U_i 适量,调节 R_w,用示波器监视输出电压波形,在 u_o 不失真的条件下,测量数组 I_c 和 U_o 值,记入表 2-3。

表 2-3　静态工作点对电压放大倍数的影响($R_C=2.4\ k\Omega$、$R_L=\infty$、$U_i=$　mV)

I_C/mA			2.0		
U_O/V					
A_V					

测量 I_c 时,要先将信号源输出旋钮旋至零(即使 $U_i=0$)。

(4)观察静态工作点对输出波形失真的影响。置 $R_c=2.4\ k\Omega$,$R_L=2.4\ k\Omega$,$u_i=0$,调节 R_w 使 $I_c=2.0\ mA$,测出 U_{CE}值,再逐步加大输入信号,使输出电压 u_o 足够大但不失真。然后保持输入信号不变,分别增大和减小 R_w,使波形出现失真,绘出 u_o 的波形,并测出失真情况下的 I_c 和 U_{CE}值,记入表 2-4 中。每次测 I_c 和 U_{CE}值时都要将信号源的输出旋钮旋至零。

表 2-4　静态工作点对输出波形失真的影响($R_C=2.4\ k\Omega$、$R_L=\infty$、$U_i=$　mV)

I_C/mA	U_{CE}/V	u_o 波形	失真情况	管子工作状态
		u_o / t		
2.0		u_o / t		
		u_o / t		

(5)测量最大不失真输出电压

置 $R_c=2.4\ k\Omega$,$R_L=2.4\ k\Omega$,按照实训原理中所述方法,同时调节输入信号的幅度和电位器 R_w,用示波器和交流毫伏表测量 U_{OPP}及 U_o 值,记入表 2-5。

表 2-5　最大不失真输出电压的测量($R_C=2.4\ k$、$R_L=2.4\ k$)

I_C/mA	U_{im}/mV	U_{om}/V	U_{OPP}/V

(6)测量输入电阻和输出电阻

置 $R_c=2.4\ k\Omega$,$R_L=2.4\ k\Omega$,$I_c=2.0\ mA$。输入 $f=1\ kHz$ 的正弦信号,在输出电压 u_o 不失真的情况下,用交流毫伏表测出 U_s,U_i 和 U_L 记入表 2-6。

保持 U_s 不变,断开 R_L,测量输出电压 U_o,记入表 2-6。

表 2-6　输入电阻和输出电阻的测量($I_c=2\ mA$、$R_c=2.4\ k\Omega$、$R_L=2.4\ k\Omega$)

U_S/mv	U_i/mv	R_i(kΩ)		U_L/V	U_O/V	R_0(kΩ)	
		测量值	计算值			测量值	计算值

(7)测量幅频特性曲线

取 $I_c=2.0\ \text{mA}$,$R_c=2.4\ \text{k}\Omega$,$R_L=2.4\ \text{k}\Omega$。保持输入信号 u_i 的幅度不变,改变信号源频率 f,逐点测出相应的输出电压 U_o,记入表 2-7。

表 2-7　幅频特性的测量($U_i=$　mV)

	f_L	f_o	f_H
f/kHz			
U_O/V			
$A_V=U_O/U_i$			

为了信号源频率 f 取值合适,可先粗测一下,找出中频范围,然后再仔细读数。

5. 实训总结

①列表整理测量结果,并把实测的静态工作点、电压放大倍数、输入电阻、输出电阻值与理论计算值比较(取一组数据进行比较),分析产生误差原因。

②总结 R_c,R_L 及静态工作点对放大器电压放大倍数、输入电阻、输出电阻的影响。

③讨论静态工作点变化对放大器输出波形的影响。

④分析讨论在调试过程中出现的问题。

任务二　射极输出器和场效应管放大电路及测试

一、任务导入

射极输出器又叫射极跟随器,电路如图 2-19(a)所示。在电路结构上射极输出器与共发射极放大电路不同,输出电压 u_o 从发射极取出,而集电极直接接电源 U_{CC}。对交流信号而言,集电极相当于接地,因此是一种共集电极放大电路。

二、相关知识

(一)射极输出器

1. 静态分析

射极跟随器的直流通路如图 2-19(b) 所示。由图可得:

$$U_{CC}=I_BR_B+U_{BE}+I_ER_E=I_BR_B+U_{BE}+(1+\beta)I_BR_E$$

基极电流的静态值为:

$$I_B=\frac{U_{CC}-U_{BE}}{R_B+(1+\beta)R_E}$$

集电极电流的静态值为:

$$I_C=\beta I_B$$

集电极与发射极之间电压的静态值为:

$$U_{CE}=U_{CC}-I_ER_E\approx U_{CC}-I_CR_E$$

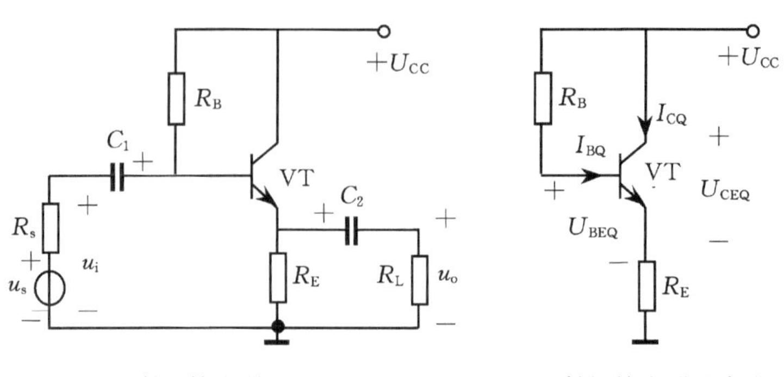

(a) 射极输出器原理图　　(b) 射极输出器的直流通路

图 2 - 19　射极输出器

2. 动态分析

(1)电压放大倍数。图 2 - 20 是图 2 - 19(a)所示射极输出器的交流通路和微变等效电路。

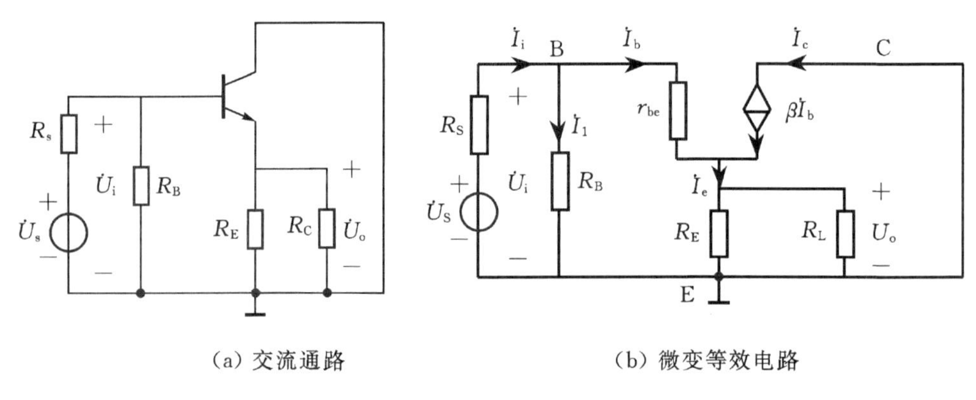

(a) 交流通路　　(b) 微变等效电路

图 2 - 20　射极输出器的交流通路和微变等效电路

由图 2 - 20 可得：

$$\dot{U}_o = \dot{I}_e R'_L = (1+\beta)\dot{I}_b R'_L$$

$$\dot{U}_i = \dot{I}_b r_{be} + \dot{U}_O = \dot{I}_b r_{be} + (1+\beta)\dot{I}_b R'_L$$

式中，$R'_L = R_E // R_L$。电压放大倍数为：

$$\dot{A}_u = \frac{\dot{U}_o}{\dot{U}_i} = \frac{(1+\beta)R'_L}{r_{be}+(1+\beta)R'_L}$$

一般 $r_{be} \ll (1+\beta)R'_L$，因此 $\dot{A}_u$ 近似等于 1，但总小于 1，也就是说输出电压 u_o 近似等于输入电压 u_i，射极跟随器由此而得名。

(2)输入电阻。由图 2 - 20 可得：

$$\dot{I}_i = \dot{I}_1 + \dot{I}_b = \frac{\dot{U}_i}{R_B} + \frac{\dot{U}_i}{r_{be}+(1+\beta)R'_L}$$

所以输入电阻为：

$$r_i = \frac{\dot{U}_i}{\dot{I}_i} = R_B//[r_{be}+(1+\beta)R'_L]$$

远远大于共发射极放大电路的输入电阻(r_{be})。

(3)输出电阻。将图 2－20 电路中的信号源 $\dot{U}_s$ 短接，断开负载电阻 R_L，在输出端外加电压 $\dot{U}$，产生电流 $\dot{I}$，如图 2－21 所示。由图 2－21 可得：

$$\dot{I}=\dot{I}_b+\beta\dot{I}_b+\dot{I}_e=\frac{\dot{U}}{r_{be}+R'_s}+\beta\frac{\dot{U}}{r_{be}+R'_s}+\frac{\dot{U}}{R_E}$$

所以输出电阻为：

$$r_o=\frac{\dot{U}}{\dot{I}}=R_E//\frac{r_{be}+R'_s}{1+\beta}$$

式中，$R'_s=R_s//R_B$。通常 $R_E\gg\frac{r_{be}+R'_s}{1+\beta}$，所以：

$$r_o\approx\frac{r_{be}+R'_s}{1+\beta}\approx\frac{r_{be}+R'_s}{\beta}$$

远远小于共发射极放大电路的输出电阻(R_c)

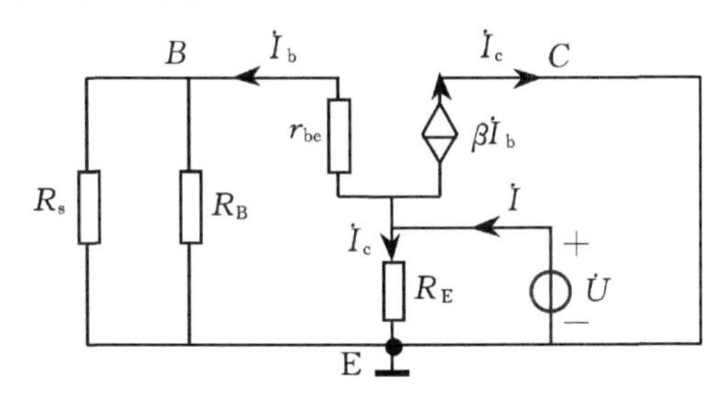

图 2－21　计算射极输出器输出电阻的等效电路

射极跟随器具有较高的输入电阻和较低的输出电阻，这是射极跟随器最突出的优点。射极跟随器常用作多级放大器的第一级或最末级，也可用于中间隔离级。用作输入级时，其高的输入电阻可以减轻信号源的负担，提高放大器的输入电压。用作输出级时，其低的输出电阻可以减小负载变化对输出电压的影响，并易于与低阻负载相匹配，向负载传送尽可能大的功率。

例 2－4　在图 2－19 所示的射极输出器中，已知 $U_{CC}=12\ V$，$R_B=200\ k\Omega$，$R_E=2\ k\Omega$，$R_L=3\ k\Omega$，$R_S=100\ \Omega$，$\beta=50$。试估算静态工作点，并求电压放大倍数、输入电阻和输出电阻。

解：(1)用估算法计算静态工作点。

$$I_B=\frac{U_{CC}-U_{BE}}{R_B+(1+\beta)R_E}=\frac{12-0.7}{200+(1+50)\times2}=37.4\ \mu A$$

$$I_C=\beta I_B=50\times0.0374=1.87\ mA$$

$$U_{CE}\approx U_{CC}-I_CR_E=12-1.87\times2=8.26\ V$$

(2)求电压放大倍数 $\dot{A}_u$、输入电阻 r_i 和输出电阻 r_o。

$$r_{be}=300+(1+\beta)\frac{26}{I_{EQ}}=300+(1+50)\frac{26}{1.87}=1\ k\Omega$$

$$\dot{A}_u=\frac{\dot{U}_o}{\dot{U}_i}=\frac{(1+\beta)R'_L}{r_{be}+(1+\beta)R'_L}=\frac{(1+50)\times1.2}{1+(1+50)\times1.2}=0.98$$

式中，$R'_L=R_E//R_L=2//3=1.2\ k\Omega$

$$r_i=R_B//[r_{be}+(1+\beta)R'_L]=200//[1+(1+50)\times1.2]=47.4\ k\Omega$$

$$r_o\approx\frac{r_{be}+R'_s}{\beta}=\frac{1000+100}{50}=22\ \Omega$$

式中，$R'_s = R_B // R_s = 200 \times 10^3 // 100 \approx 100\ \Omega$

(二)场效应管放大电路

由于场效应管具有很高的输入电阻，适用于对高内阻信号源的放大，通常用在多级放大电路的输入级。与双极型晶体管相比，场效应管的源极、漏极和栅极分别相当于双极型晶体管的发射极、集电极和基极。两者的放大电路也相似。双极型晶体管放大电路是用 i_B 控制 i_C，当 U_{CC} 和 R_c 确定后，其静态工作点由 I_B 决定。场效应管放大电路是用 u_{GS} 控制 i_D，当 U_{DD} 和 R_D、R_S 确定后，其静态工作点由 U_{GS} 决定。

1. 静态分析

场效应管放大电路有共源极放大电路、共漏极放大电路等。图 2-22 所示为分压式偏置共源极放大电路，与分压式偏置的共发射极放大电路十分相似，图中各元件的作用如下：

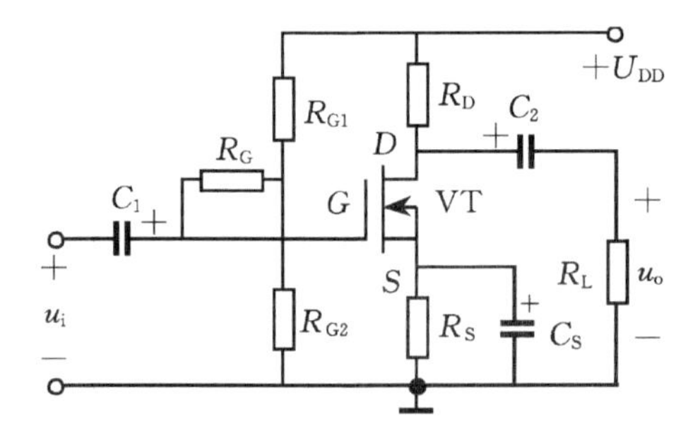

图 2-22　场效应管分压式偏置共源极放大电路

VT：场效应管，电压控制元件，用栅、源电压控制漏极电流。

R_D：漏极负载电阻，获得随 u_i 变化的电压。

R_S：源极电阻，稳定工作点。

R_{G1}、R_{G2}：分压电阻，与 R_S 配合获得合适的偏压 U_{GS}。

C_S：旁路电容，消除 R_S 对交流信号的影响。

C_1、C_2：耦合电容，起隔直和传递信号的作用。

U_{DD}：电源，提供能量。

由于栅极电流为零，所以栅极电位为：

$$U_G = \frac{R_{G2}}{R_{G1} + R_{G2}} U_{DD}$$

源极电位为：

$$U_S = R_S I_S = R_S I_D$$

栅-源电压为：

$$U_{GS} = U_G - U_S$$

对于 N 沟道耗尽型场效应管，通常应用在 $U_{GS} < 0$ 的区域；对于 N 沟道增强型场效应晶体管，应使 $U_{GS} > 0$。

静态分析（求 I_D、U_{DS}）可采用估算法，即设 $U_{GS} = 0$，则 $U_G = U_S$，因此可得：

$$I_D = \frac{U_S}{R_S} = \frac{U_G}{R_S}$$

$$U_{DS} = U_{DD} - I_D(R_D + R_S)$$

N 沟道耗尽型场效应晶体管也可采用称为自给偏压的放大电路，如图 2－23 所示。

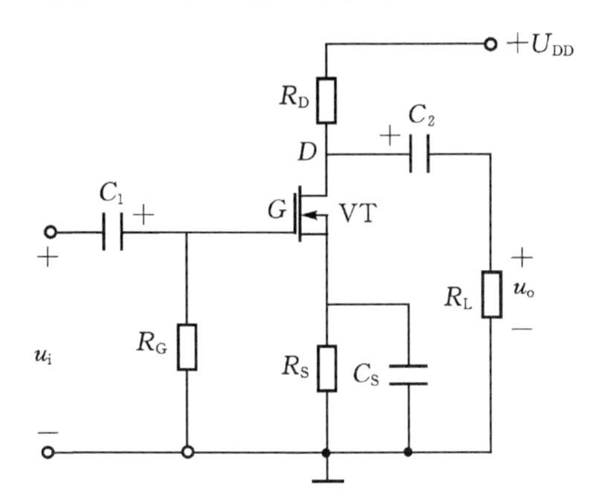

图 2－23　场效应管自给偏压共源极放大电路

在静态时 R_G 上无电流，则：

$$U_G = 0$$

$$U_{GS} = U_G - U_S = -I_S R_S = -I_D R_S$$

为耗尽型场效应晶体管提供一个正常工作所需要的负偏压。应该指出，由 N 沟道增强型绝缘栅场效应管组成的放大电路工作时 U_{GS} 为正，所以无法采用自给偏压偏置电路。

2. 动态分析

图 2－24 所示为图 2－22 电路的微变等效电路。其中栅极 G 与源极 S 之间的动态电阻 r_{gs} 可认为无穷大，相当于开路。漏极电流 $\dot{I}_d$ 只受 $\dot{U}_{gs}$ 控制，而与 $\dot{U}_{ds}$ 无关，因而漏极 D 与源极 S 之间相当于一个受 $\dot{U}_{gs}$ 控制的电流源 $g_m\dot{U}_{gs}$。

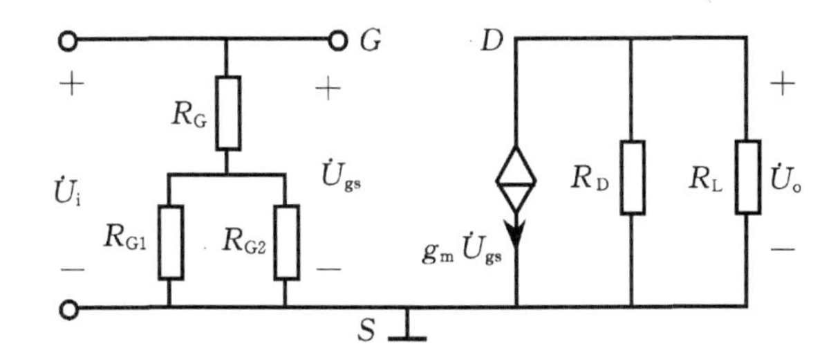

图 2－24　场效应管分压式偏置共源极放大电路的微变等效电路

(1)电压放大倍数：

$$\dot{A}_u = \frac{\dot{U}_o}{\dot{U}_i} = \frac{-\dot{I}_d R'_L}{\dot{U}_{gs}} = \frac{-g_m\dot{U}_{gs}R'_L}{\dot{U}_{gs}} = -g_m R'_L$$

式中，$R'_L = R_D // R_L$ 称为交流负载电阻。可见电压放大倍数与跨导及交流负载电阻成正比，且输出电压 u_o 与输入电压 u_i 反相。

(2)输入电阻：

$$r_i = R_G + R_{G1} // R_{G2}$$

R_G 一般取几兆欧。可见 R_G 的接入可使输入电阻大大提高。

(3)输出电阻:

$$r_o = R_D$$

R_D 一般在几千欧到几十千欧,输出电阻较高。

例 2-5 在图 2-22 电路中,已知 $U_{DD}=20\ V$,$R_D=5\ k\Omega$,$R_S=5\ k\Omega$,$R_L=5\ k\Omega$,$R_G=1\ M\Omega$,$R_{G1}=300\ k\Omega$,$R_{G2}=100\ k\Omega$,$g_m=5\ mA/V$。求静态工作点及电压放大倍数 $\dot{A}_u$、输入电阻 r_i 和输出电阻 r_o。

解:(1)求静态工作点。

$$U_G = \frac{R_{G2}}{R_{G1}+R_{G2}}U_{DD} = \frac{100}{300+100} \times 20 = 5\ V$$

$$I_D = \frac{U_S}{R_S} = \frac{U_G}{R_S} = \frac{5}{5} = 1\ mA$$

$$U_{DS} = U_{DD} - I_D(R_D + R_S) = 20 - 1 \times (5+5) = 10\ V$$

(2)求电压放大倍数 $\dot{A}_u$、输入电阻 r_i 和输出电阻 r_o。

$$R'_L = R_D // R_L = 5//5 = 2.5\ k\Omega$$

$$\dot{A}_u = -g_m R'_L = -5 \times 2.5 = -12.5$$

$$r_i = R_G + R_{G1}//R_{G2} = 1000 + 300//100 = 1075\ k\Omega$$

$$r_o = R_D = 5\ k\Omega$$

三、任务实施——射极输出器的组装与测试

1. 实训目的

(1) 掌握射极跟随器的特性及测试方法;

(2) 进一步学习放大器各项参数测试方法。

2. 实训器材

+12 V 直流电源、函数信号发生器、双踪示波器、交流毫伏表、直流电压表、频率计、3DG12×1 (β=50~100)或 9013、电阻器、电容器若干。

3. 实训原理

射极跟随器的原理图如图 2-25 所示。它是一个电压串联负反馈放大电路,它具有输入电阻高,输出电阻低,电压放大倍数接近于 1,输出电压能够在较大范围内跟随输入电压作线性变化以及输入、输出信号同相等特点。

射极跟随器的输出取自发射极,故称其为射极输出器。

(1)输入电阻 R_i。由图 2-25 可得

$$R_i = r_{be} + (1+\beta)R_E$$

如考虑偏置电阻 R_B 和负载 R_L 的影响,则

$$R_i = R_B \mathbin{//} [r_{be} + (1+\beta)(R_E \mathbin{//} R_L)]$$

由上式可知射极跟随器的输入电阻 R_i 比共射极单管放大器的输入电阻 $R_i = R_B \mathbin{//} r_{be}$ 要高得多,但由于偏置电阻 R_B 的分流作用,输入电阻难以进一步提高。

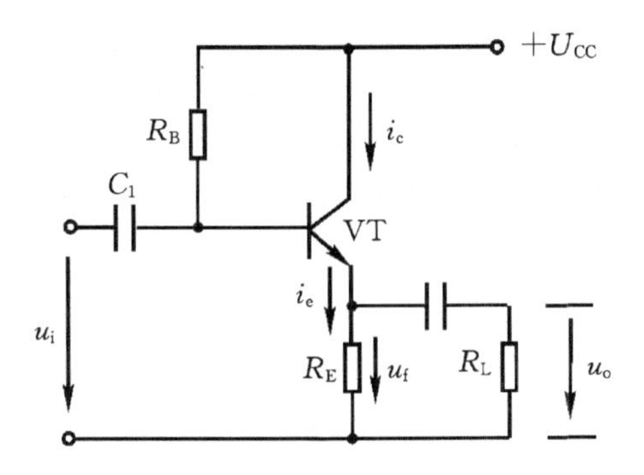

图 2-25　射极跟随器

输入电阻的测试方法同单管放大器,实训线路如图 2-26 所示。

$$R_i = \frac{U_i}{I_i} = \frac{U_i}{U_s - U_i}R$$

即只要测得 A、B 两点的对地电位即可计算出 R_i。

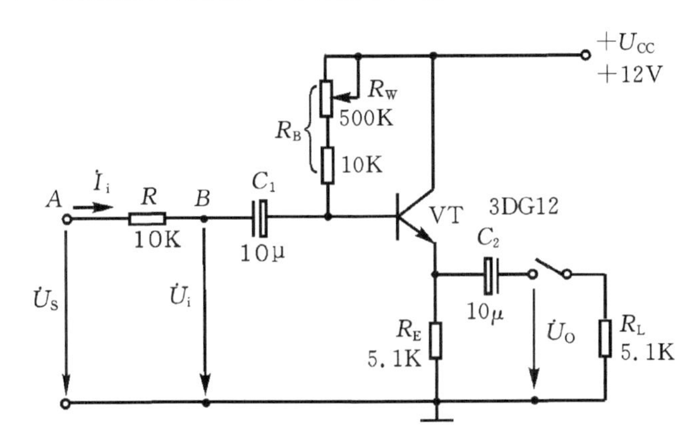

图 2-26　射极跟随器实训电路

(2)输出电阻 R_O。由图 2-25 可得

$$R_O = \frac{r_{be}}{\beta} /\!/ R_E \approx \frac{r_{be}}{\beta}$$

如考虑信号源内阻 R_S,则

$$R_O = \frac{r_{be} + (R_S /\!/ R_B)}{\beta} /\!/ R_E \approx \frac{r_{be} + (R_S /\!/ R_B)}{\beta}$$

由上式可知射极跟随器的输出电阻 R_0 比共射极单管放大器的输出电阻 $R_O \approx R_C$ 低得多。三极管的 β 愈高,输出电阻愈小。

输出电阻 R_O 的测试方法亦同单管放大器,即先测出空载输出电压 U_O,再测接入负载 R_L 后的输出电压 U_L,根据

$$U_L = \frac{R_L}{R_O + R_L}U_O$$

即可求出 R_O

$$R_O=(\frac{U_O}{U_L}-1)R_L$$

(3)电压放大倍数。由图 2-25 可得

$$A_V=\frac{(1+\beta)(R_E /\!/ R_L)}{r_{be}+(1+\beta)(R_E /\!/ R_L)}\leqslant 1$$

上式说明射极跟随器的电压放大倍数小于近于 1,且为正值。这是深度电压负反馈的结果。但它的射极电流仍比基流大(1+β)倍,所以它具有一定的电流和功率放大作用。

(4)电压跟随范围。电压跟随范围是指射极跟随器输出电压 u_o 跟随输入电压 u_i 作线性变化的区域。当 u_i 超过一定范围时,u_o 便不能跟随 u_i 作线性变化,即 u_o 波形产生了失真。为了使输出电压 u_o 正、负半周对称,并充分利用电压跟随范围,静态工作点应选在交流负载线中点,测量时可直接用示波器读取 u_o 的峰峰值,即电压跟随范围;或用交流毫伏表读取 u_o 的有效值,则电压跟随范围

$$U_{OPP}=2\sqrt{2}U_O$$

4. 实训内容及步骤

按图 2-26 组接电路。

(1)静态工作点的调整。接通+12 V 直流电源,在 B 点加入 f=1 kHz 正弦信号 u_i,输出端用示波器监视输出波形,反复调整 R_W 及信号源的输出幅度,使在示波器的屏幕上得到一个最大不失真输出波形,然后置 u_i=0,用直流电压表测量晶体管各电极对地电位,将测得数据记入表 2-8。

表 2-8 静态工作点的测试

U_E/V	U_B/V	U_C/V	I_E/mA

在下面整个测试过程中应保持 R_W 值不变(即保持静工作点 I_E 不变)。

(2)测量电压放大倍数 A_v。接入负载 R_L=1 kΩ,在 B 点加 f=1 kHz 正弦信号 u_i,调节输入信号幅度,用示波器观察输出波形 u_o,在输出最大不失真情况下,用交流毫伏表测 U_i、U_L 值。记入表 2-9。

表 2-9 电压放大倍数的测量

U_i/V	U_L/V	A_V

(3)测量输出电阻 R_0。接上负载 R_L=1 kΩ,在 B 点加 f=1 kHz 正弦信号 u_i,用示波器监视输出波形,测空载输出电压 U_O,有负载时输出电压 U_L,记入表 2-10。

表 2-10 输出电阻的测量

U_0/V	U_L/V	R_O/kΩ

(4)测量输入电阻 R_i。在 A 点加 $f=1$ kHz 的正弦信号 u_i，用示波器监视输出波形，用交流毫伏表分别测出 A、B 点对地的电位 U_S、U_i，记入表 2-11。

表 2-11 输入电阻的测量

U_S/V	U_i/V	R_i/kΩ

(5)测试跟随特性。接入负载 $R_L=1$ kΩ，在 B 点加入 $f=1$ kHz 正弦信号 u_i，逐渐增大信号 u_i 幅度，用示波器监视输出波形直至输出波形达最大不失真，测量对应的 U_L 值，记入表2-12。

表 2-12 跟随特性的测试

U_i/V	
U_L/V	

(6)测试频率响应特性。保持输入信号 u_i 幅度不变，改变信号源频率，用示波器监视输出波形，用交流毫伏表测量不同频率下的输出电压 U_L 值，记入表 2-13。

表 2-13 频率响应特性的测试

f/kHz	
U_L/V	

5. 实训报告

(1) 整理实训数据，并画出曲线 $U_L=f(U_i)$ 及 $U_L=f(f)$ 曲线。

(2)分析射极跟随器的性能和特点。

思考与练习

2-1 基本放大电路如图 2-27 所示，已知 $U_{CC}=12$V，$R_B=300$ kΩ，$R_C=4$ kΩ，$\beta=40$，U_{BE} 可忽略不计。

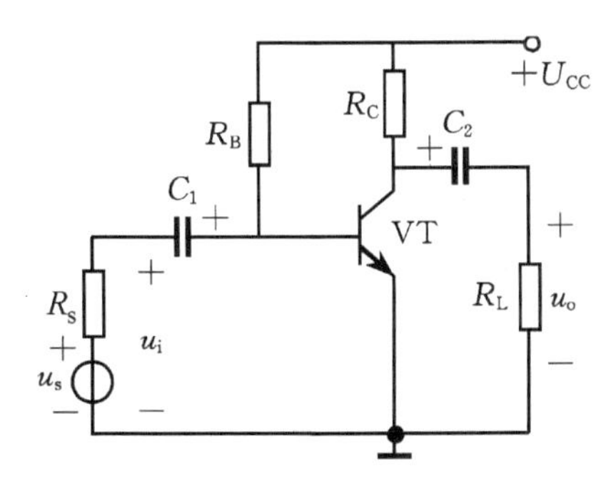

图 2-27 题 2-1 的图

(1)求静态工作点。

(2)画出微变等效电路。

(3)求输入电阻和输出电阻。

(4)求 $R_S=0, R_L=\infty$ 时的电压放大倍数 $\dot{A}_u$。

(5)求 $R_S=0.5\ k\Omega, R_L=4\ k\Omega$ 时的源电压放大倍数 $\dot{A}_{us}$。

2-2　在图 2-27 所示的放大电路中(接 C_E),已知 $U_{CC}=15\ V, R_{B1}=60\ k\Omega, R_{B2}=30\ k\Omega, R_C=3\ k\Omega, R_E=2\ k\Omega, R_L=3\ k\Omega, \beta=50, U_{BE}=0.6\ V$。

(1)求静态工作点;

(2)求电压放大倍数 $\dot{A}_u$、输入电阻 r_i 和输出电阻 r_o;

(3)电容 C_E 开路时的电压放大倍数 $\dot{A}_u$、输入电阻 r_i 和输出电阻 r_o。

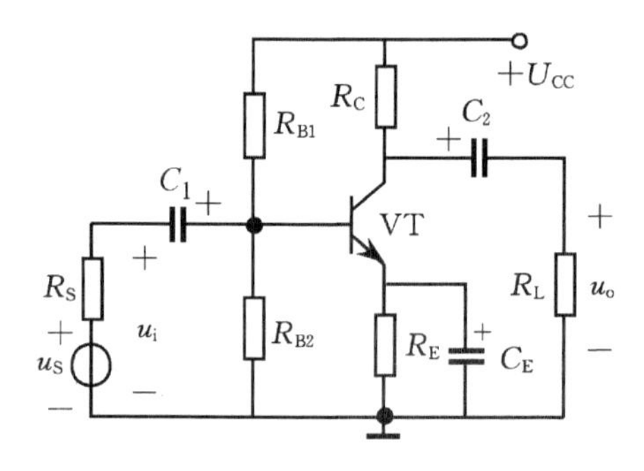

图 2-28　题 2-2 的图

2-3　共集电极放大电路如图 2-29 所示,已知 $U_{CC}=12\ V, R_B=100\ k\Omega, R_E=2\ k\Omega, R_L=2\ k\Omega, R_S=1\ k\Omega, \beta=50, U_{BE}=0.7\ V$。

(1)求静态工作点;

(2)画出微变等效电路;

(3)求电压放大倍数;

(4)求输入电阻和输出电阻。

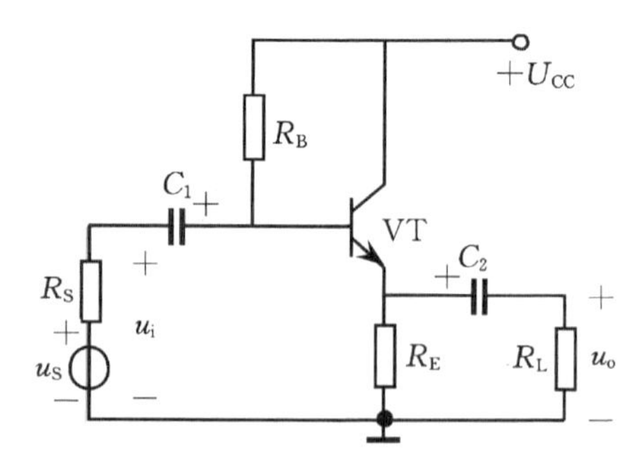

图 2-29　题 2-3 的图

2-4　在图 2-30 所示的场效应管共源极放大电路中,已知 $U_{DD}=12\ V, R_D=5\ k\Omega, R_S=5\ k\Omega, R_L=5\ k\Omega, R_{G1}=2\ M\Omega, R_{G2}=1\ M\Omega, g_m=5\ mA/V$。

(1)求静态工作点;

(2)画出微变等效电路;

(3)求电压放大倍数 $\dot{A}_u$、输入电阻 r_i 和输出电阻 r_o。

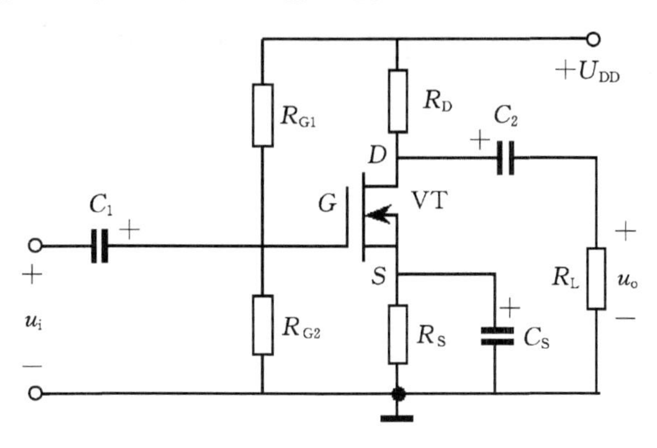

图 2-30　题 2-4 的图

项目三　多级放大电路及测试

【学习目标】

1. 知识目标

(1)了解多级放大电路的结构特点、耦合方式和分析方法;

(2)掌握差动放大电路的结构、工作原理和性能特点,理解差模、共模的概念;

(3)熟悉反馈的各种类型,理解负反馈对放大电路性能的影响;

(4)掌握功率放大电路的分类、结构及特点。

2. 能力目标

(1)能够判别反馈的极性和类型;

(2)学习使用集成功率放大器。

任务一　负反馈放大电路及测试

一、任务导入

几乎在所有情况下,放大电路的输入信号都很微弱,一般为毫伏或微伏级,输入功率常在1 mW以下。从单级放大电路的放大倍数来看,仅几十倍到一百多倍,输出的电压和功率都不大。为推动负载工作,必须由多级放大电路对微弱信号进行连续放大,方可在输出端获得必要的电压幅值或足够的功率。一般多级放大电路的组成如图3-1所示。

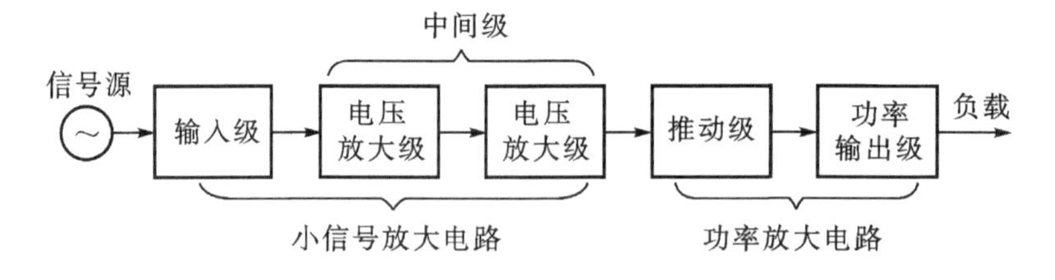

图3-1　多级放大电路的组成方框图

根据信号源和负载性质的不同,对各级电路有不同要求。各级放大电路的第一级称为输入级(或前置级),一般要求有尽可能高的输入电阻和低的静态工作电流,后者用以减小输入级的噪声;中间级主要提高电压放大倍数,但级数过多易产生自激振荡;推动级(或称激励级)输出一定信号幅度推动功率放大电路工作;功率放大电路则以一定功率驱动负载工作。

二、相关知识

(一)多级放大电路的耦合方式

1. 多级放大电路的耦合方式

既然多级放大电路由若干个基本放大电路级联构成,那么它们之间必须传递信号,级与级之间传递信号的方式称为耦合方式。电路的耦合方式一般有以下三种,如图 3-2 所示。

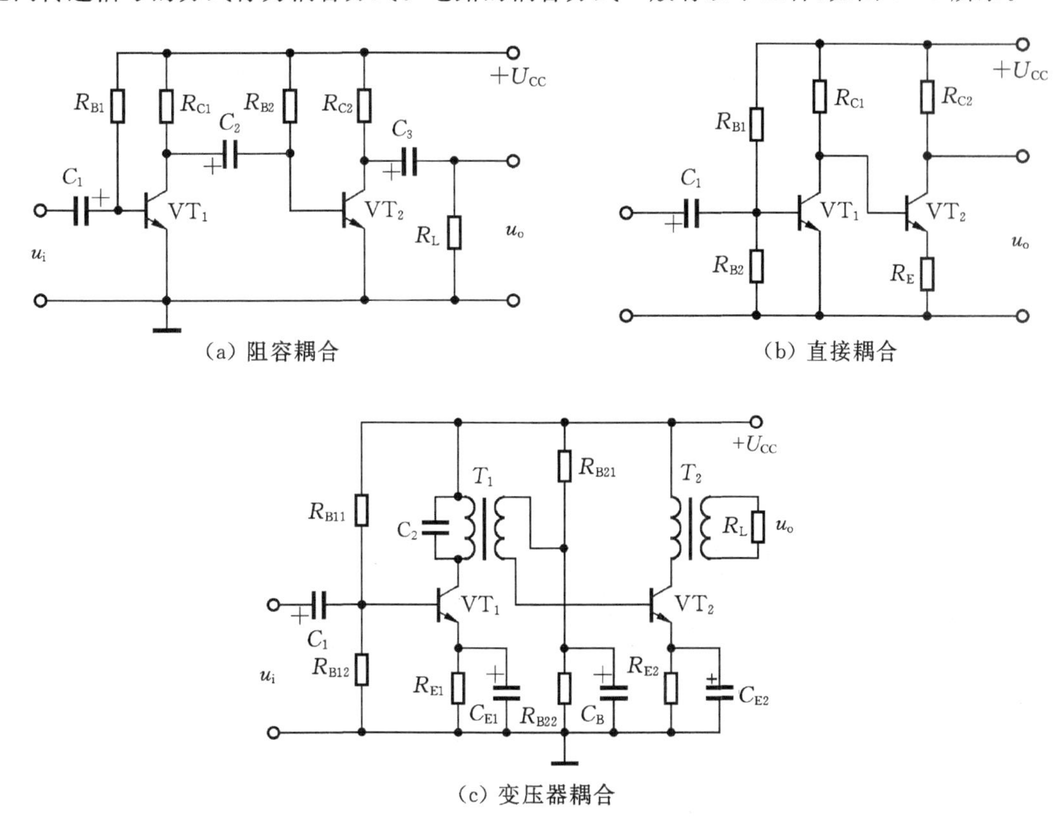

图 3-2　3 种耦合形式的电路

(1)阻容耦合

阻容耦合是指各级之间通过耦合电容和下一级的输入电阻连接。优点是各级静态工作点互不影响,可单独调整、计算,且不存在零点漂移问题;缺点是不能用来放大变化很缓慢的信号和直流分量变化的信号,且不能用在集成电路中。

(2)直接耦合

直接耦合是指各级之间直接用导线连接。优点是可放大变化很缓慢的信号和直流分量变化的信号,且宜于集成;缺点是各级静态工作点互相影响,且存在零点漂移问题,即当 $u_i=0$ 时,$u_o\neq0$(有静态电位)。引起零点漂移的原因主要是三极管参数(I_{CBO}、U_{BE}、β)随温度的变化、电源电压的波动、电路元件参数的变化等。

(3)变压器耦合

采用变压器耦合可以隔除直流,传递一定频率的交流信号,因此各放大级的静态工作点互相独立。变压器耦合的优点是可以实现输出级与负载的阻抗匹配,以获得有效的功率传输。

2. 阻容耦合放大电路

阻容耦合放大电路的各级之间通过耦合电容及下级输入电阻联接。图 3-3 所示为两级阻容耦合放大电路,两级之间通过耦合电容 C_2 及下级输入电阻联接。耦合电容对交流信号的容抗必须很小,其交流分压作用可以忽略不计,以使前级输出信号电压差不多无损失地传送到后级输入端。信号频率愈低,电容值应愈大。耦合电容通常取几微法到几十微法。图 3-3 所示电路中,C_1 为信号源与第一级放大电路之间的耦合电容,C_3 是第二级放大电路与负载(或下一级放大电路)之间的耦合电容。信号源或前级放大电路的输出信号在耦合电阻上产生压降,作为后级放大电路的输入信号。

阻容耦合放大电路在一般多级分立元件交流放大电路中得到广泛应用。阻容耦合方式的优点是各级放大电路的静态工作点互不影响,可以单独调整到合适位置,且不存在直接耦合放大电路的零点漂移问题。其缺点是不能用来放大变化很缓慢的信号和直流分量变化的信号,且在集成电路中,由于难于制造容量较大的电容器,因此不能在集成电路中采用阻容耦合方式。

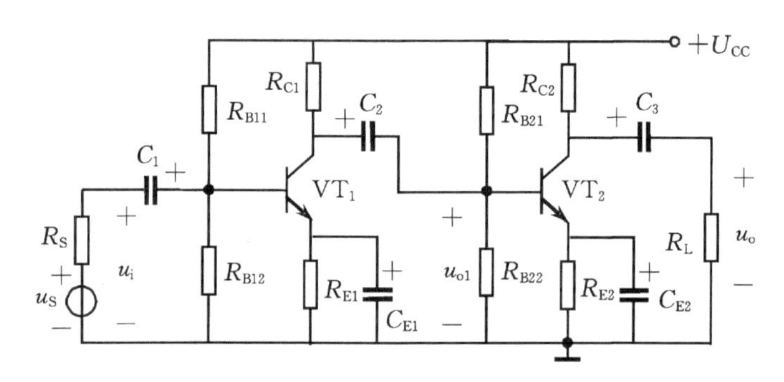

图 3-3 阻容耦合放大电路

由于阻容耦合放大电路级与级之间由电容隔开,静态工作点互不影响,故其静态工作点的分析计算方法与单级放大电路完全一样,各级分别计算即可。

多级放大电路的动态分析一般采用微变等效电路法。至于两级放大电路的电压放大倍数,从图 3-3 可以看出,第一级的输出电压 $\dot{U}_{o1}$ 即为第二级的输入电压 $\dot{U}_{i2}$,所以两级放大电路的电压放大倍数为:

$$\dot{A}_u = \frac{\dot{U}_o}{\dot{U}_i} = \frac{\dot{U}_{o1}}{\dot{U}_i}\frac{\dot{U}_o}{\dot{U}_{o1}} = \dot{A}_{u1}\dot{A}_{u2}$$

式中,$\dot{A}_{u1}=\frac{\dot{U}_{o1}}{\dot{U}_i}$为第一级的电压放大倍数,$\dot{A}_{u2}=\frac{\dot{U}_o}{\dot{U}_{o1}}=\frac{\dot{U}_o}{\dot{U}_{i2}}$为第二级的电压放大倍数。

一般地,多级放大电路的电压放大倍数等于各级电压放大倍数的乘积。

计算多级放大电路的电压放大倍数时应注意,计算前级的电压放大倍数时必须把后级的输入电阻考虑到前级的负载电阻之中。如计算第一级的电压放大倍数 $\dot{A}_{u1}$ 时,其负载电阻就是第二级的输入电阻,即 $R_{L1}=r_{i2}$。

多级放大电路的输入电阻就是第一级的输入电阻，输出电阻就是最后一级的输出电阻。

例 3-1　在图 3-3 所示的两级阻容耦合放大电路中，已知 $U_{CC}=12\ V$，$R_{B11}=30\ k\Omega$，$R_{B12}=15\ k\Omega$，$R_{C1}=3\ k\Omega$，$R_{E1}=3\ k\Omega$，$R_{B21}=20\ k\Omega$，$R_{B22}=10\ k\Omega$，$R_{C2}=2.5\ k\Omega$，$R_{E2}=2\ k\Omega$，$R_L=5\ k\Omega$，$\beta_1=\beta_2=50$，$U_{BE1}=U_{BE2}=0.7\ V$。求：

(1)各级电路的静态值；

(2)各级电路的电压放大倍数 $\dot{A}_{u1}$、$\dot{A}_{u2}$ 和总电压放大倍数 $\dot{A}_u$；

(3)各级电路的输入电阻和输出电阻。

解：(1)静态值的估算。

第一级：

$$U_{B1}=\frac{R_{B12}}{R_{B11}+R_{B12}}U_{CC}=\frac{15}{30+15}\times 12=4\ V$$

$$I_{C1}\approx I_{E1}=\frac{U_{B1}-U_{BE1}}{R_{E1}}=\frac{4-0.7}{3}=1.1\ mA$$

$$I_{B1}=\frac{I_{C1}}{\beta_1}=\frac{1.1}{50}(mA)=22\ \mu A$$

$$U_{CE1}=U_{CC}-I_{C1}(R_{C1}+R_{E1})=12-1.1\times(3+3)=5.4\ V$$

第二级：

$$U_{B2}=\frac{R_{B22}}{R_{B21}+R_{B22}}U_{CC}=\frac{10}{20+10}\times 12=4\ V$$

$$I_{C2}\approx I_{E2}=\frac{U_{B2}-U_{BE2}}{R_{E2}}=\frac{4-0.7}{2}=1.65\ mA$$

$$I_{B2}=\frac{I_{C2}}{\beta_2}=\frac{1.65}{50}\ mA=33\ \mu A$$

$$U_{CE2}=U_{CC}-I_{C2}(R_{C2}+R_{E2})=12-1.65\times(2.5+2)=4.62\ V$$

(2)求各级电路的电压放大倍数 $\dot{A}_{u1}$、$\dot{A}_{u2}$ 和总电压放大倍数 $\dot{A}_u$。首先画出图 3-3 电路的微变等效电路。如图 3-4 所示。

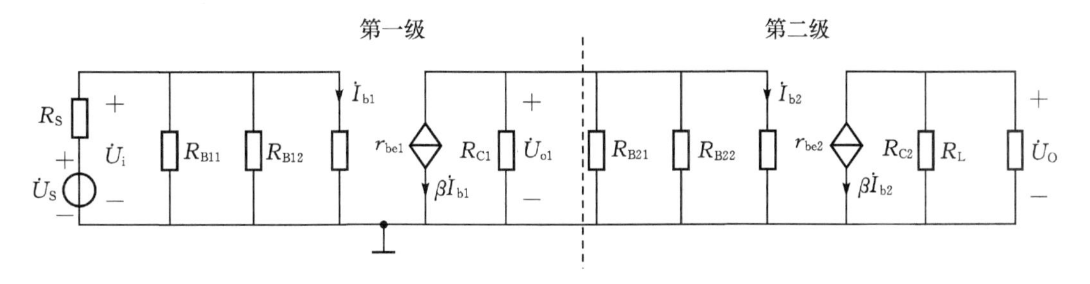

图 3-4　图 3-3 电路的微变等效电路

三极管 V_1 的动态输入电阻为：

$$r_{be1}=300+(1+\beta_1)\frac{26}{I_{E1}}=300+(1+50)\times\frac{26}{1.1}=1500\ \Omega=1.5\ k\Omega$$

三极管 V_2 的动态输入电阻为：

$$r_{be2}=300+(1+\beta_2)\frac{26}{I_{E2}}=300+(1+50)\times\frac{26}{1.65}=1100\ \Omega=1.1\ k\Omega$$

第二级输入电阻为：

$$r_{i2} = R_{B21}//R_{B22}//r_{be2} = 20//10//1.1 = 0.94\ k\Omega$$

第一级等效负载电阻为：

$$R'_{L1} = R_{C1}//r_{i2} = 3//0.94 = 0.72\ k\Omega$$

第二级等效负载电阻为：

$$R'_{L2} = R_{C2}//R_L = 2.5//5 = 1.67\ k\Omega$$

第一级电压放大倍数为：

$$\dot{A}_{u1} = -\frac{\beta_1 R'_{L1}}{r_{be1}} = -\frac{50 \times 0.72}{1.5} = -24$$

第二级电压放大倍数为：

$$\dot{A}_{u2} = -\frac{\beta_2 R'_{L2}}{r_{be2}} = -\frac{50 \times 1.67}{1.1} = -76$$

两级总电压放大倍数为：

$$\dot{A}_u = \dot{A}_{u1}\dot{A}_{u2} = (-24) \times (-76) = 1824$$

(3)求各级电路的输入电阻和输出电阻。

第一级输入电阻为：

$$r_{i1} = R_{B11}//R_{B12}//r_{be1} = 30//15//1.5 = 1.3\ k\Omega$$

第二级输入电阻已在上面求出，为 $r_{i2}=0.94\ k\Omega$。

第一级输出电阻为：

$$r_{o1} = R_{C1} = 3\ k\Omega$$

第二级输出电阻为：

$$r_{o2} = R_{C2} = 2.5\ k\Omega$$

第二级的输出电阻就是两级放大电路的输出电阻。

前面对放大电路的讨论仅限于中频范围，即信号频率不太高也不太低的情况。在所讨论的频段内，放大电路中所有电容的影响都可以忽略。因此，放大电路的各项指标均与信号频率无关，如电压放大倍数为一常数，输出信号对输入信号的相位偏移恒定(为 π 的整倍数)等。但随着信号频率的降低，耦合电容和发射极旁路电容的容抗增大，以致不可视为短路因而造成电压放大倍数减小；而随着信号频率的增高，晶体管的结电容以及电路中的分布电容等的容抗减小，以致不可视为开路，也会使电压放大倍数降低。此外，在低频和高频段，输出信号对输入信号的相位移也要随信号频率而改变。所以，在整个频率范围内，电压放大倍数和相位移都将是频率的函数。电压放大倍数与频率的函数关系称为幅频特性，相位移与频率的函数关系称为相频特性，二者统称为频率特性或频率响应。阻容耦合单级放大电路的幅频特性曲线如图3－5所示，可见放大电路呈现带通特性。图中 f_H 和 f_L 为电压放大倍数下降到中频段电压放大倍数的0.707倍时所对应的两个频率，分别称为上限频率和下限频率。上限频率和下限频率的差称为通频带，用 BW 表示，即：

$$BW = f_H - f_L$$

一般情况下，放大电路的输入信号都是非正弦信号，其中包含有许多不同频率的谐波成分。由于放大电路对不同频率的正弦信号放大倍数不同，相位移也不一样，所以当输入信号为包含多种谐波分量的非正弦信号时，若谐波频率超出通频带，输出信号 u_o 波形将产生失真。

这种失真与放大电路的频率特性有关，故称为频率失真。

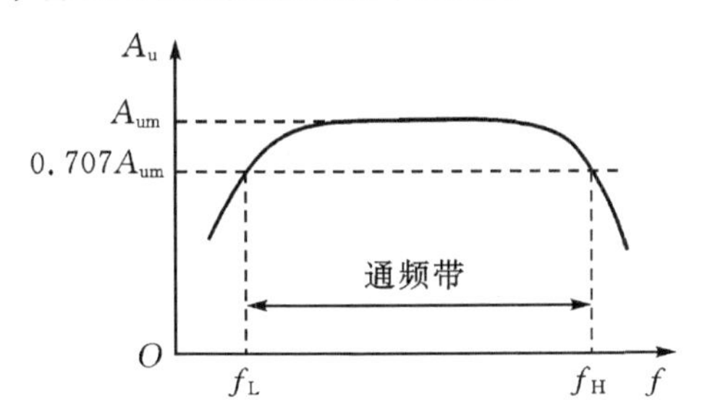

图 3-5　阻容耦合单级放大电路的幅频特性

为了尽可能减小输出信号的频率失真，这就要求放大电路的幅频特性在相当宽的频率范围内近似保持一致，即放大电路的通频带要尽可能宽。根据分析表明，旁路电容 C_E 对低频特性的影响远大于耦合电容。所以，要改善低频特性，特别要增大 C_E。但受到成本体积等因素的限制，C_E 不可能选的太大，因此一般放大电路的下限频率 f_L 主要由 C_E 决定。放大电路的高频特性主要受晶体管结电容及分布电容的影响，上限频率 f_H 主要由这些电容的大小决定。

(二)差动放大电路

直接耦合电路结构简单，广泛应用于集成电路中，由于没有了电容容抗，因此它的低频特性好。但是直接耦合存在两个问题：前后级静态工作点相互影响和零点漂移。

零点漂移是指输入信号电压为零时($u_i=0$，可以理解为输入接地)，输出电压发生缓慢地无规则地变化的现象。产生的原因有晶体管参数随温度变化、电源电压波动、电路元件参数的变化等。

零点漂移现象直接影响对输入信号的测量准确程度和分辨能力。严重时，可能淹没有效信号电压，无法区分有效信号电压和漂移电压。一般用输出漂移电压折合到输入端的等效漂移电压作为衡量零点漂移的指标，即：

$$u_{id}=\frac{u_{od}}{A_u}$$

式中，u_{od} 为输出端漂移电压，A_u 为电压放大倍数，u_{id} 为输入端等效漂移电压。很明显，u_{id} 越小，说明零点漂移现象越弱，电路特性越好。

只有输入端的等效漂移电压比输入信号小许多时，放大后的有用信号才能被很好地区分出来。抑制零点漂移是制作高质量直接耦合放大电路需要解决的重要问题。抑制零漂的方法有多种，如采用温度补偿电路、稳压电源以及精选电路元件等方法。最有效且广泛采用的方法是输入级采用差动放大电路。

1. 抑制零点漂移的原理

基本差动放大电路的结构如图 3-6 所示，它由完全相同的两个共发射极单管放大电路组成。要求两个晶体管特性一致，两侧电路参数对称。电路有两个输入端和两个输出端，输入信号 u_i 加在两个输入端之间，输出信号 u_o 由两个输出端之间取出，它们分别是两个单管放大电路输入电压和输出电压的差值，即：

$$u_i=u_{i1}-u_{i2}$$

$$u_o=u_{o1}-u_{o2}$$

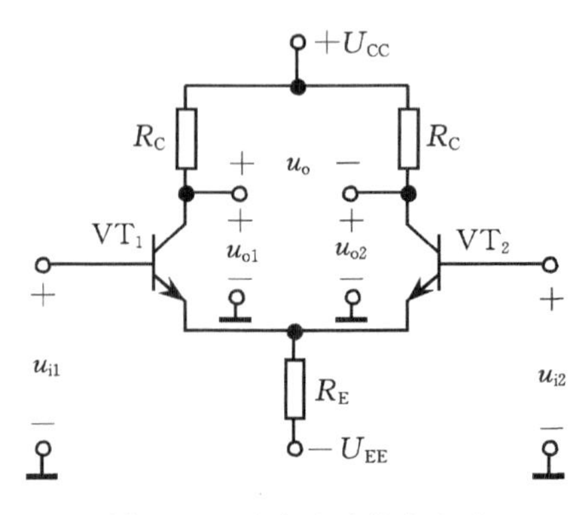

图 3-6　基本差动放大电路

在静态时，$u_{i1}=u_{i2}=0$，即在图 3-6 中将两个输入端短路，此时由负电源 U_{EE} 通过电阻 R_E 和两管发射极提供两管的基极电流。由于电路的对称性，两管的集电极电流相等，集电极电位也相等，即：

$$I_{C1}=I_{C2}$$
$$U_{C1}=U_{C2}$$

故输出电压

$$u_o=U_{C1}-U_{C2}=0$$

当温度发生变化时，例如当温度升高时，两管的集电极电流都会增大，集电极电位都会下降。由于电路是对称的，所以两管的变化量相等。即：

$$\Delta I_{C1}=\Delta I_{C2}$$
$$\Delta U_{C1}=\Delta U_{C2}$$

虽然每个管都产生了零点漂移，但是，由于两管集电极电位的变化是互相抵消的，所以输出电压依然为零，即：

$$u_o=(U_{C1}+\Delta U_{C1})-(U_{C2}+\Delta U_{C2})=\Delta U_{C1}-\Delta U_{C2}=0$$

可见零点漂移完全被抑制了。对称差动放大电路对两管所产生的同向漂移(不管是什么原因引起的)都具有抑制作用，这是它的突出优点。

2. 信号输入

当有信号输入时，对称差动放大电路(图 3-6)的工作情况可以分为下列几种输入方式来分析。

(1)共模输入

若两个输入信号电压 u_{i1} 和 u_{i2} 的大小相等、极性相同，即 $u_{i1}=u_{i2}=u_{ic}$，这样的输入称为共模输入。

在共模输入信号作用下，对于完全对称的差动放大电路来说，显然两管的集电极电位变化相同，即 $u_{o1}=u_{o2}$，因而输出电压为：

$$u_o=u_{o1}-u_{o2}=0$$

可见，差动放大电路对共模信号没有放大能力，共模电压放大倍数为：

$$A_c=\frac{u_o}{u_{ic}}=0$$

实际上，差动放大电路对零点漂移的抑制就是该电路抑制共模信号的一个特例。因为折合到两个输入端的等效漂移电压如果相同，就相当于给放大电路加了一对共模信号。所以，差动放大电路抑制共模信号能力的大小，也反映出它对零点漂移的抑制水平。

(2)差模输入

若两个输入信号电压 u_{i1} 和 u_{i2} 的大小相等、极性相反，即 $u_{i1}=-u_{i2}=\frac{1}{2}u_{id}$，这样的输入称为差模输入。

设 $u_{i1}>0$，$u_{i2}<0$，则 VT_1 管集电极电流的增加量等于 VT_2 管集电极电流的减小量。这样，两个集电极电位一增一减，呈现异向变化，因而 VT_1 管集电极输出电压 u_{o1} 与 VT_2 管集电极输出电压 u_{o2} 大小相等、极性相反，即 $u_{o1}=-u_{o2}$，输出电压为：

$$u_o = u_{o1} - u_{o2} = 2u_{o1} \neq 0$$

可见在差模输入信号的作用下，差动放大电路的输出电压为两管各自输出电压变化量的两倍，即差动放大电路对差模信号有放大能力。差模电压放大倍数为：

$$A_d = \frac{u_o}{u_{id}} = \frac{2u_{o1}}{2u_{i1}} = A_{d1}$$

与共发射极单管放大电路的电压放大倍数相同。

(3)比较输入

两个输入信号电压的大小和相对极性是任意的，既非共模，又非差模，这种输入称为比较输入。比较输入在自动控制系统中是常见的。

比较输入可以分解为一对共模信号和一对差模信号的组合，即：

$$u_{i1} = u_{ic} + u_{id}$$
$$u_{i2} = u_{ic} - u_{id}$$

式中：u_{ic}——共模信号；

u_{id}——差模信号。

由以上两式可解得：

$$u_{ic} = \frac{1}{2}(u_{i1} + u_{i2})$$

$$u_{id} = \frac{1}{2}(u_{i1} - u_{i2})$$

例如，比较输入信号为 $u_{i1}=10\ \text{mV}$，$u_{i2}=-4\ \text{mV}$，则共模信号为 $u_{ic}=3\ \text{mV}$，差模信号为 $u_{id}=7\ \text{mV}$。

对于线性差动放大电路，可用叠加定理求得输出电压：

$$u_{o1} = A_c u_{ic} + A_d u_{id}$$
$$u_{o2} = A_c u_{ic} - A_d u_{id}$$
$$u_o = u_{o1} - u_{o2} = 2A_d u_{id} = A_d(u_{i1} - u_{i2})$$

上式表明，输出电压的大小仅与输入电压的差值有关，而与信号本身的大小无关，这就是差动放大电路的差值特性。

对于差动放大电路来说，差模信号是有用信号，要求对差模信号有较大的放大倍数；而共模信号是干扰信号，因此对共模信号的放大倍数越小越好。对共模信号的放大倍数越小，就意味着零点漂移越小，抗共模干扰的能力越强，当用作差动放大时，就越能准确、灵敏地反映出信号的偏差值。

上面讨论的是理想情况，在一般情况下，电路不可能绝对对称，$A_c \neq 0$。为了全面衡量差动放大电路放大差模信号和抑制共模信号的能力，引入共模抑制比，以 K_{CMR} 表示。共模抑制比定义为 A_d 与 A_c 之比的绝对值，即：

$$K_{CMR} = \left| \frac{A_d}{A_c} \right|$$

或用对数形式表示：

$$K_{CMR} = 20\lg \left| \frac{A_d}{A_c} \right| (\text{dB})$$

用对数形式表示的共模抑制比的单位为分贝(dB)。

显然，共模抑制比越大，表示电路放大差模信号和抑制共模信号的能力越强。

发射极电阻 R_E 的作用是为了提高整个电路以及单管放大电路对共模信号的抑制能力。例如，当温度升高时，两个晶体管发射极电流同时增大，流过发射极电阻 R_E 的电流增加，发射极电位升高，使两管发射结压降同时减小，基极电流也都减小，从而阻止了两管集电极电流随温度而增大。这就稳定了两个单管放大电路的静态工作点，使它们的输出电压漂移减小，即减小了差动放大电路的零点漂移。而在差模信号输入时，由于两个单管放大电路的输入信号大小相等而极性相反，若输入信号使一个晶体管发射极电流增加多少，则必然会使另一个晶体管发射极电流减小多少。因此，流过发射极电阻的电流保持不变，发射极电位恒定，故 R_E 对差模信号而言相当于短路，不影响差模放大倍数。由于零点漂移等效于共模输入，所以发射极电阻 R_E 对于共模信号必然也有很强的抑制能力。

显然，发射极电阻 R_E 越大，对于零点漂移和共模信号的抑制作用越显著。但 R_E 越大，产生的直流压降就越大。为了补偿 R_E 上的直流压降，使发射极基本保持零电位，故增加负电压 U_{EE}。

当 R_E 选得较大时，维持正常工作电流所需的负电源将很高，这显然是不可取的。为了解决这个矛盾，常常采用晶体管恒流源电路代替电阻 R_E，如图 3－7(a)所示。

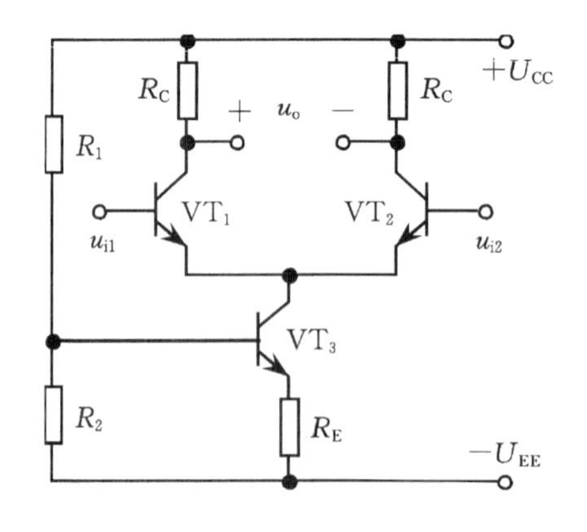

(a) 具有恒流源的差动放大电路

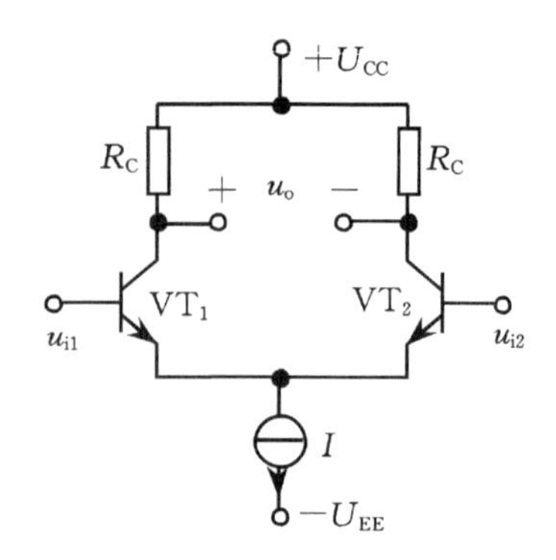

(b) 图(a)的简化电路

图 3－7　具有恒流源的差动放大电路

恒流源的静态电阻很小，U_{EE}不需要太高就可以得到合适的工作电流。但恒流源的动态电阻极大，当共模输入或温度变化引起发射极电流改变时，将呈现极大的动态电阻，对零点漂移和共模信号将产生极强的抑制作用。为了简便起见，通常将恒流源电路用电流源符号表示，如图 3-7(b)所示。

3. 差动放大电路的输入输出方式

差动放大电路有两个输入端和两个输出端，除了前面讨论的双端输入双端输出式电路以外，还经常采用单端输入方式和单端输出方式。共有 4 种输入输出方式的差动放大电路，其中图 3-8(a)为双端输入双端输出方式，图 3-8(b)为双端输入单端输出方式，图 3-8(c)为单端输入双端输出方式，图 3-8(d)为单端输入单端输出方式。

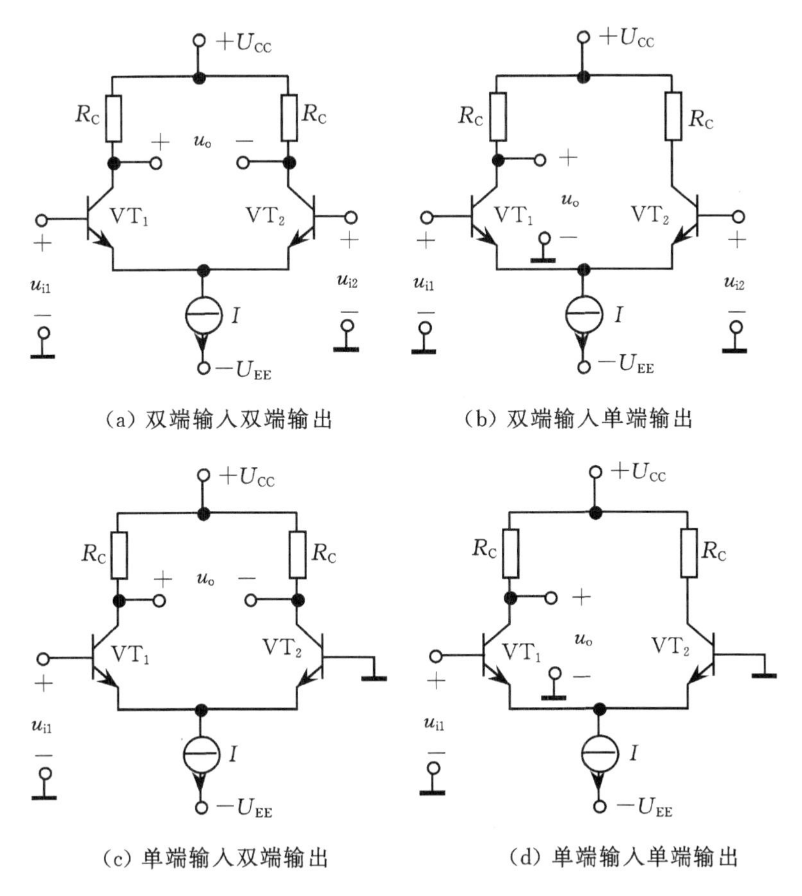

(a) 双端输入双端输出　(b) 双端输入单端输出

(c) 单端输入双端输出　(d) 单端输入单端输出

图 3-8　差动放大电路的输入输出方式

图 3-8(b)所示的双端输入单端输出式电路，输出信号 u_o 与输入信号 u_{i1} 极性(或相位)相反，而与 u_{i2} 极性(或相位)相同。所以 u_{i1} 输入端称为反相输入端，而 u_{i2} 输入端称为同相输入端。双端输入单端输出方式是集成运算放大器的基本输入输出方式。

图 3-8(c)、(d)所示的单端输入式差动放大电路，输入信号只加到放大电路的一个输入端，另一个输入端接地。由于两个晶体管发射极电流之和恒定，所以当输入信号使一个晶体管发射极电流改变时，另一个晶体管发射极电流必然随之作相反的变化，情况和双端输入时相同。此时由于恒流源等效电阻或发射极电阻 R_E 的耦合作用，两个单管放大电路都得到了输

入信号的一半,但极性相反,即为差模信号。所以,单端输入属于差模输入。

3-8(b)、(d)所示的单端输出式差动电路,输出减小了一半,所以差模放大倍数亦减小为双端输出时的二分之一。此外,由于两个单管放大电路的输出漂移不能互相抵消,所以,零漂比双端输出时大一些。由于恒流源或射极电阻 R_E 对零点漂移有极强的抑制作用,零漂仍然比单管放大电路小得多。所以,单端输出时仍常采用差动放大电路,而不采用单管放大电路。

(三)放大电路中的负反馈

反馈现象在自然界中普遍存在,反馈在电子系统中的定义是:把输出量(电流量或电压量)的一部分或全部以某种方式送回输入端,使原输入信号变化并影响放大电路某些性能的过程。

按反馈的增减方式,反馈有正反馈和负反馈两种,正反馈是指输出量送回输入端时,使原输入信号增大,而负反馈则相反,使输入信号减小。在电子技术领域中,这两种反馈各有用途,负反馈一般用于稳定系统,有减小失真、扩宽频带等作用;而正反馈则多用于振荡电路,用于起振。

1. 反馈放大电路的组成与基本关系式

图 3-9 所示为负反馈放大电路的原理框图,它由基本放大电路、反馈网络和比较环节 3 部分组成。基本放大电路由单级或多级组成,完成信号从输入端到输出端的正向传输。反馈网络一般由电阻元件组成,完成信号从输出端到输入端的反向传输,即通过它来实现反馈。图中箭头表示信号的传输方向,x_i、x_o、x_f 和 x_d 分别表示外部输入信号、输出信号、反馈信号和基本放大电路的净输入信号,它们既可以是电压,也可以是电流。比较环节实现外部输入信号与反馈信号的叠加,以得到净输入信号 x_d。

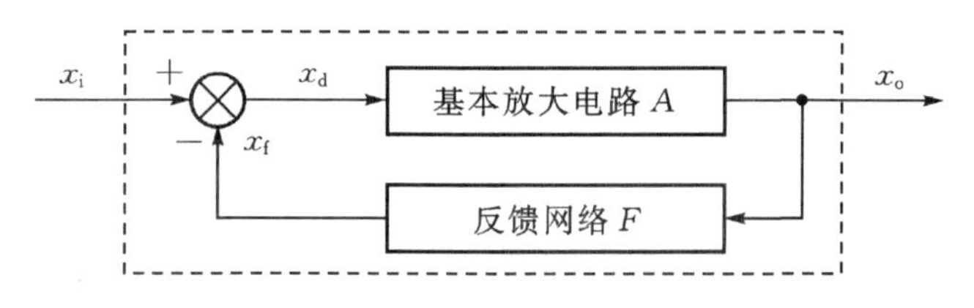

图 3-9　负反馈放大电路的原理框图

设基本放大电路的放大倍数为 A,反馈网络的反馈系数为 F,则由图 3-9 可得:

$$A=\frac{x_o}{x_d}$$

$$F=\frac{x_f}{x_o}$$

$$x_d=x_i-x_f$$

反馈放大电路的放大倍数为:

$$A_f=\frac{x_o}{x_i}=\frac{x_o}{x_d+x_f}=\frac{\dfrac{x_o}{x_d}}{1+\dfrac{x_f}{x_d}}=\frac{\dfrac{x_o}{x_d}}{1+\dfrac{x_o}{x_d}\dfrac{x_f}{x_o}}=\frac{A}{1+AF}$$

通常称 A_f 为反馈放大电路的闭环放大倍数,A 为开环放大倍数,$|1+AF|$ 为反馈深度。从上式可知,若 $|1+AF|>1$,则 $A_f<A$,说明引入反馈后,由于净输入信号的减小,使放大倍数降低了,引入的是负反馈,且反馈深度的值越大(即反馈深度越深),负反馈的作用越强,A_f

也越小。若$|1+AF|<1$，则$A_f>A$，说明引入反馈后，由于净输入信号的增强，使放大倍数增大了，引入的是正反馈。

2. 负反馈的判断与分类

(1)交、直流负反馈及其判断

按反馈信号的对象不同，负反馈可以分为直流反馈、交流反馈和交直流反馈。比如前面学习的带分压式偏置的共射极放大电路就是一种负反馈，如图 3-10 所示。当温度升高时，因为U_B恒定，会有如下负反馈过程出现。

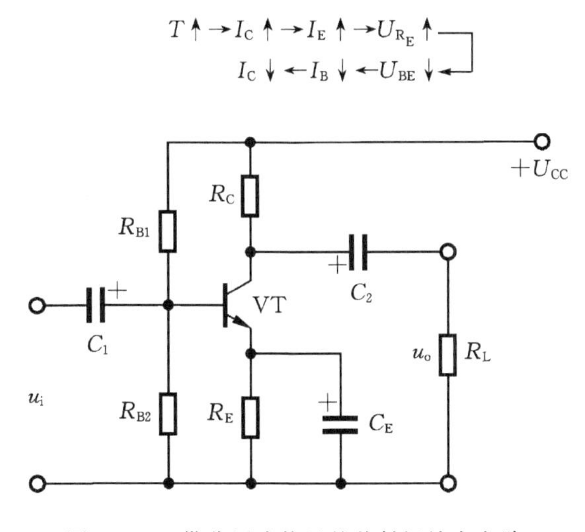

图 3-10　带分压式偏置的共射极放大电路

以上现象是在直流状态下的，电阻R_E起到了负反馈的作用，用以稳定三极管的静态工作点，以减少温度对三极管静态的影响。由于有电容C_E的存在，交流信号相当于短路，因此交流信号在发射极相当于接地，不流经电阻R_E，即R_E在交流通路中不起任何作用。这样的负反馈称为直流负反馈，交流不存在负反馈。若要使R_E起到交流反馈的作用，可以将C_E去掉，如果瞬间在基极输入正极性信号，此时R_E的存在使得发射极电位升高，从而使得u_{be}电压变小，根据三极管输入特性可知，i_b将减少，即输出回路上的发射极电流使得输入量变小，因此R_E起到了负反馈的作用。这时R_E属于交直流负反馈。

反馈的正、负极性通常采用瞬时极性法判别。瞬时极性法的关键在于要清晰地判断放大电路的组态，是共发射极、共集电极还是共基极放大。每一种组态放大电路的信号输入点和输出点都不一样，其瞬时极性也不一样。基本放大电路的 3 种组态见表 3-1。相位差 180°则瞬时极性相反，相位差 0°则瞬时极性相同。

表 3-1　不同组态放大电路的相位差

电路类型	输入极	公共极	输出极	相位差
共发射极放大电路	基极	发射极	集电极	180°
共集电极放大电路	基极	集电极	发射极	0°
共基极放大电路	发射极	基极	集电极	0°

图 3-11 中有两个反馈元件 R_f 和 R_{E2}，其中 R_{E2} 只在第二级 VT_2 作用，是个本级反馈。从上面的分析可知 R_{E2} 是一个交直流负反馈。R_f 从第二级 VT_2 的输出反馈回第一级 VT_1 的基极，是个级间反馈，由于没有电容，交直流均经过 R_f，因此它是交直流反馈。对 R_f 的判断可采用瞬时极性法，首先，假设在第一级的输入端（VT_1 的基极）输入一个"＋"的信号，第一级的输出在 VT_1 的集电极，根据共射极放大电路的输出极性特点，应该为反相，集电极输出一个"－"极性信号作为 VT_2 的基极输入，由三极管的输入输出特性可知，VT_2 的发射极极性与基极一致，因此 VT_2 发射极输出一个"－"极性信号，反馈回 VT_1 基极时，根据叠加定理可以证明这一对"＋"极性与"－"极性信号是相互削弱的，因此 R_f 返回的信号属于负反馈。

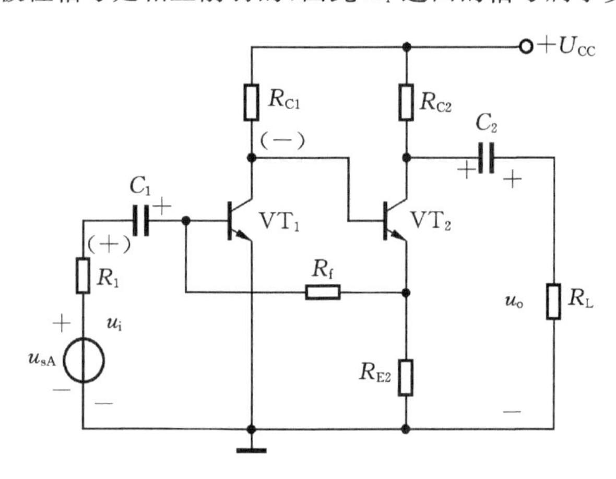

图 3-11　负反馈电路的瞬时极性法

(2)负反馈放大电路的基本类型

在放大电路中广泛引入负反馈来改善放大电路的性能，但不同类型的负反馈对放大电路性能的影响各不相同。根据反馈信号是取自输出电压还是取自输出电流，可将反馈分为电压反馈和电流反馈。根据反馈网络与基本放大电路在输入端的联接方式，可将反馈分为串联反馈和并联反馈。综合以上两种情况，可构成电压串联、电压并联、电流串联和电流并联 4 种不同类型的负反馈放大电路。

①电压反馈与电流反馈

如图 3-12(a)所示，电压反馈指的是反馈信号取自输出电压的部分或全部。其特征是：将负载 R_L 短路（即令 $u_o=0$）时，反馈信号 X_f 消失（反馈电压或者电流为零）。电压反馈能稳定输出电压，其原理是：当输入电压不变时，假如负载 R_L 变化导致输出电压 u_o 增大，则通过反馈使得增大 X_f，由 $X_{di}=X_i-X_f$ 可知，净输入 X_{di} 变小，从而使得 u_o 减小，输出电压得以稳定。所以电压负反馈电路具有恒压输出的特性。

如图 3-12(b)所示，反馈网络与负载 R_L 串联，反馈信号取自输出电流，称为电流反馈。它的特征是：将负载 R_L 短路（即令 $u_o=0$）时，反馈信号 X_f 依然存在（反馈电压或者电流不为零）。电流反馈能稳定输出电流，其原理是：当输入电压不变时，假如负载 R_L 变化导致输出电流 i_o 增大，则通过反馈使得增大 X_f，由 $X_{di}=X_i-X_f$ 可知，净输入 X_{di} 变小，从而使得 i_o 减小，输出电流得以稳定。所以电流负反馈电路具有恒流输出的特性。

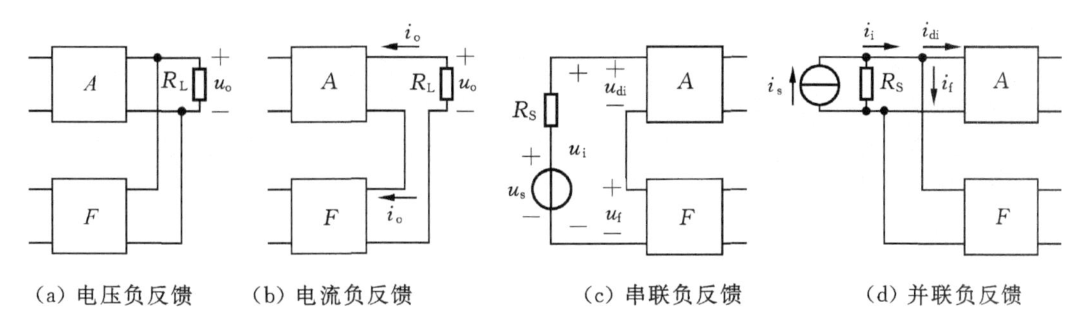

(a) 电压负反馈　(b) 电流负反馈　(c) 串联负反馈　(d) 并联负反馈

图 3-12　负反馈电路的 4 种组态

②串联反馈和并联反馈。如图 3-12(c)所示，在输入端，反馈网络与基本放大电路串联，使得输入电压 u_i 与反馈电压 u_f 相减，即 $u_{di}=u_i-u_f$，称为串联反馈。由于反馈电压 u_f 经过信号源内阻 R_s 到净输入电压 u_{di} 上，R_s 越小对 u_f 的影响越小，反馈效果越好，因此，串联负反馈宜采用低内阻的电压源型信号源作为输入。

如图 3-12(d)所示，在输入端，反馈网络与基本放大电路并联，使得输入电流 i_i 与反馈电流 i_f 相减，即 $i_{di}=i_i-i_f$，称为并联反馈。由于反馈电压 i_f 经过信号源内阻 R_s 到净输入电流 i_{di} 上，R_s 越大对 i_f 的影响越小，反馈效果越好，因此，并联负反馈宜采用高内阻的电流源型信号源作为输入。

例 3-2　试判断图 3-13 所示的各放大电路中的反馈环节，并判别其反馈极性和类型。

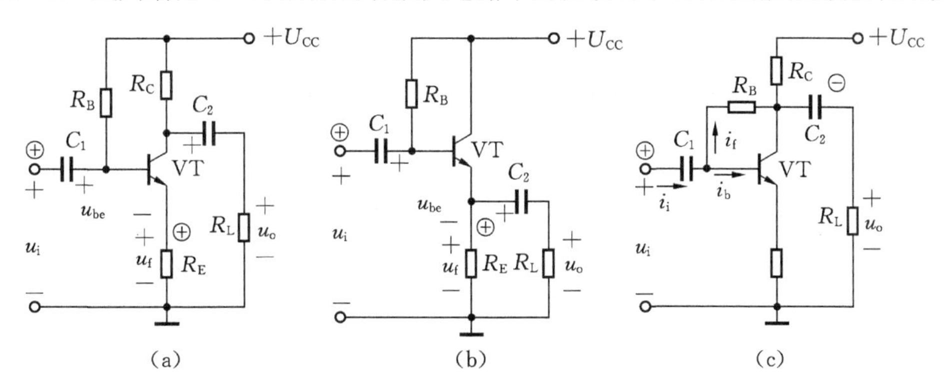

(a)　(b)　(c)

图 3-13　例 3-2 的图

解：如图 3-13(a)所示，引入反馈的是电阻 R_E，设 u_i 为正，则 u_f 亦为正，净输入信号 $u_{be}=u_i-u_f$，与没有反馈时相比减小了，故为负反馈。其次，由于反馈电路不是直接从输出端引出的，若输出端交流短路(即 $u_o=0$)，反馈信号 u_f 仍然存在($u_f=i_eR_E\neq0$)，故为电流反馈。此外，由于反馈信号与输入信号加在两个不同的输入端，两者以电压串联方式叠加，故为串联反馈。因此，该电路为电流串联负反馈。

如图 3-13(b)所示，引入反馈的是电阻 R_E，设 u_i 为正，则 u_f 亦为正，净输入信号 $u_{be}=u_i-u_f$，与没有反馈时相比减小了，故为负反馈。其次，由于反馈电路是直接从输出端引出的，若输出端交流短路(即 $u_o=0$)，反馈信号 u_f 消失($u_f=u_o=0$)，故为电压反馈。此外，由于反馈信号与输入信号加在两个不同的输入端，两者以电压串联方式叠加，故为串联反馈。因此，该电路为电压串联负反馈。

如图 3－13(c)所示，引入反馈的是电阻 R_B，设 u_i 为正，则 i_i 为正，u_o 为负，i_f 为正，净输入信号 $i_b=i_i-i_f$，与没有反馈时相比减小了，故为负反馈。其次，由于反馈电路是直接从输出端引出的，若输出端交流短路(即 $u_o=0$)，反馈信号 i_f 消失($i_f=0$)，故为电压反馈。此外，由于反馈信号与输入信号加在同一个输入端，两者以电流并联方式叠加，故为并联反馈。因此，该电路为电压并联负反馈。

3. 负反馈对放大电路性能的影响

在放大电路中引入负反馈，虽然会导致闭环增益的下降，但能使放大电路的许多性能得到改善，例如，可以提高增益的稳定性，扩展通频带，减小非线性失真，改变输入电阻和输出电阻等。

(1)提高放大倍数的稳定性

为讨论方便，设放大电路在中频段工作，反馈网络由电阻组成，则 A、F 和 A_f 均为实数。即：

$$A_f=\frac{A}{1+AF}$$

上式对 A 求导数

$$\frac{dA_f}{dA}=\frac{1+AF-AF}{(1+AF)^2}=\frac{1}{(1+AF)^2}=\frac{1}{1+AF}\frac{A_f}{A}$$

整理得：

$$\frac{dA_f}{A_f}=\frac{1}{1+AF}\frac{dA}{A}$$

式中：$\frac{dA_f}{A_f}$——闭环放大倍数的相对变化率

$\frac{dA}{A}$——开环放大倍数的相对变化率

对负反馈放大电路，由于 $1+AF>1$，所以$\frac{dA_f}{A_f}<\frac{dA}{A}$。上述结果表明，由于外界因素的影响，使开环放大倍数 A 有一个较大的相对变化率时，由于引入负反馈，闭环放大倍数的相对变化率为开环放大倍数相对变化率的$\frac{1}{1+AF}$，所以闭环放大倍数的稳定性优于开环放大倍数。

例如，某放大电路的开环放大倍数 $A=1000$，由于外界因素(如温度、电源波动、更换元件等)使其相对变化了$\frac{dA}{A}=10\%$，若反馈系数 $F=0.009$，则闭环放大倍数的相对变化为$\frac{dA_f}{A_f}=1\%$。可见放大倍数的稳定性大大提高了。但此时的闭环放大倍数为 $A_f=100$，比开环放大倍数显著降低，即用降低放大倍数的代价换取提高放大倍数的稳定性。

负反馈越深，放大倍数越稳定。在深度负反馈条件下，即 $1+AF\gg1$ 时，有：

$$A_f=\frac{A}{1+AF}\approx\frac{1}{F}$$

上式表明深度负反馈时的闭环放大倍数仅取决于反馈系数 F，而与开环放大倍数 A 无关。通常反馈网络仅由电阻构成，反馈系数 F 十分稳定。所以，闭环放大倍数必然是相对稳定的，诸如温度变化、参数改变、电源电压 波动等明显影响开环放大倍数的因素，都不会对闭环放大倍数产生多大影响。

(2)减小非线性失真

一个无负反馈的放大电路，即使设置了合适的静态工作点，由于存在三极管等非线性元件，也会产生非线性失真。当输入信号为正弦波时，输出信号不是正弦波，比如产生了正半周大负半周小的非线性失真，如图 3-14(a)所示。

引入负反馈可以使非线性失真减小。因为引入负反馈后，这种失真了的信号经反馈网络又送回到输入端，与输入信号反相叠加，得到的净输入信号为正半周小而负半周大。这样正好弥补了放大器的缺陷，使输出信号比较接近于正弦波，如图 3-14(b)所示。

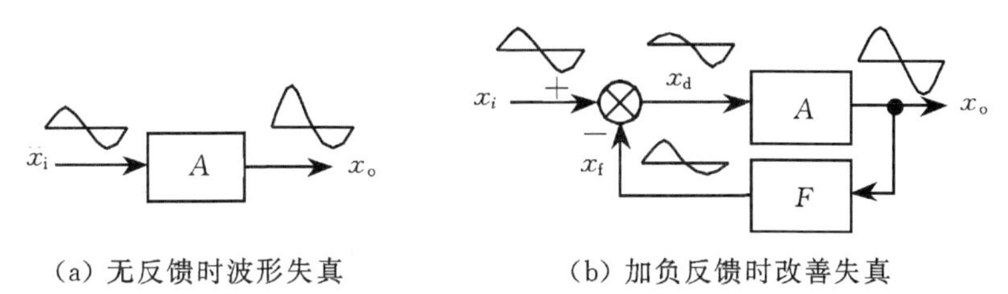

(a) 无反馈时波形失真　　(b) 加负反馈时改善失真

图 3-14　负反馈对非线性失真的改善

(3)扩展带宽

根据前面对放大电路频率特性的分析可知，由于电路中电容因素的影响，在高频段和低频段放大电路的电压放大倍数都要随频率的增大或减小而下降。如果我们把信号频率的变化看作变动因素，当频率的变动引起放大倍数下降时，引入负反馈，则负反馈具有抑制放大倍数下降的作用。这样可使放大倍数在高频段或低频段下降的速度变缓，意味着闭环放大倍数比中频时下降 $3dB$ 所对应的上限频率将增大，下限频率将减小，因而使放大电路的带宽扩展。

图 3-15 所示是放大电路的频率特性曲线，放大电路的频率特性表明，在某一频率范围内，放大电路的放大倍数 A_u 是个常数，频率太低或太高都会使得放大倍数明显下降，在放大倍数下降到 $0.707A_u$ 的时候所对应的两个频率值称为上限频率和下限频率，分别是放大电路所能处理信号的最高和最低频率，它们之间的差称为通频带，即 $BW_{0.7}=f_H-f_L$。

理论证明，反馈放大电路的上限频率 f_{Hf} 为开环时上限频率的 $|1+AF|$ 倍，反馈放大电路的下限频率 f_{Lf} 为开环时下限频率的 $\left|\frac{1}{1+AF}\right|$。上限频率增大，下限频率减小，因此，反馈放大电路的带宽展宽了。

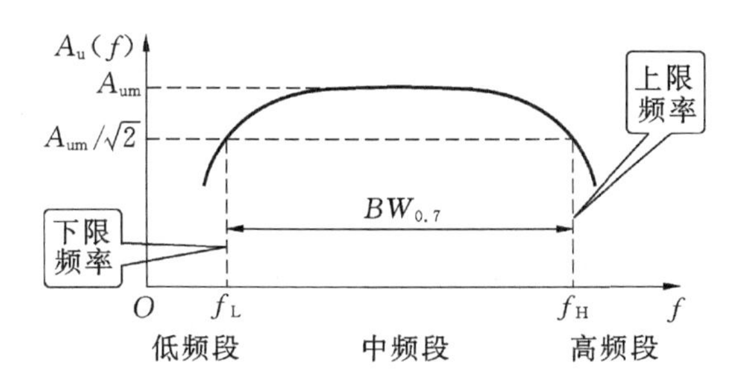

图 3-15　放大电路的通频带

(4)改变输入电阻和输出电阻

负反馈对输入电阻和输出电阻的影响，因反馈方式而异。

对输入电阻的影响仅与输入端反馈的联接方式有关。对于串联负反馈，由于反馈网络和输入回路串联，总输入电阻为基本放大电路本身的输入电阻与反馈网络的等效电阻两部分串联相加，故可使放大电路的输入电阻增大。对于并联负反馈，由于反馈网络和输入回路并联，总输入电阻为基本放大电路本身的输入电阻与反馈网络的等效电阻两部分并联，故可使放大电路的输入电阻减小。

对输出电阻的影响仅与输出端反馈的联接方式有关。对于电压负反馈，由于反馈信号正比于输出电压，反馈的作用是使输出电压趋于稳定，使其受负载变动的影响减小，也就是使放大电路的输出特性接近理想电压源特性，故而使输出电阻减小。对于电流负反馈，由于反馈信号正比于输出电流，反馈的作用是使输出电流趋于稳定，使其受负载变动的影响减小，也就是使放大电路的输出特性接近理想电流源特性，故而使输出电阻增大。

在电路设计中，可根据对输入电阻和输出电阻的具体要求，引入适当的负反馈。例如，若希望减小放大器的输出电阻，可引入电压负反馈；若希望提高输入电阻，可引入串联负反馈等。

引入负反馈可以稳定放大倍数，减小非线性失真，展宽通频带，按需要改变输入电阻和输出电阻等。一般来说，反馈越深，效果越显著。但是，也并非反馈越深越好，因为性能的改善是以牺牲放大倍数为代价的，反馈越深，放大倍数下降越多。

三、任务实施——负反馈放大电路的组装与测试

1. 实训目的

(1)进一步熟悉两级放大电路的构成与测试方法；

(2)加深理解负反馈对放大电路的影响。

2. 实训器材

+12 V直流电源、、函数信号发生器、双踪示波器、频率计、交流毫伏表、直流电压表、晶体三极管3DG6×2($\beta=50\sim100$)或9011×2、电阻器、电容器若干。

3. 实训原理

本实训以电压串联负反馈为例，分析负反馈对放大器各项性能指标的影响。

①图3-16为带有负反馈的两级阻容耦合放大电路，在电路中通过R_f把输出电压u_o引回到输入端，加在晶体管T_1的发射极上，在发射极电阻R_{F1}上形成反馈电压u_f。根据反馈的判断法可知，它属于电压串联负反馈。

主要性能指标如下：

(a)闭环电压放大倍数

$$A_{Vf}=\frac{A_V}{1+A_VF_V}$$

式中：$A_V=U_O/U_i$—— 基本放大器(无反馈)的电压放大倍数，即开环电压放大倍数。

$1+A_VF_V$——反馈深度，它的大小决定了负反馈对放大器性能改善的程度。

(b)反馈系数

$$F_V=\frac{R_{F1}}{R_f+R_{F1}}$$

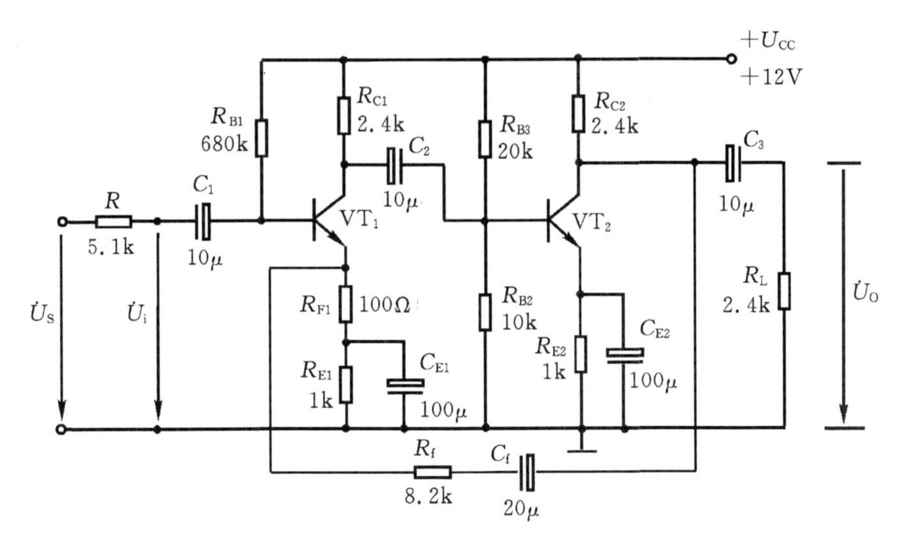

图 3-16　带有电压串联负反馈的两级阻容耦合放大器

(c)输入电阻

$$R_{if} = (1 + A_V F_V) R_i$$

R_i——基本放大器的输入电阻。

(d)输出电阻

$$R_{Of} = \frac{R_O}{1 + A_{VO} F_V}$$

R_O——基本放大器的输出电阻；

A_{VO}——基本放大器 $R_L = \infty$时的电压放大倍数。

②本实训还需要测量基本放大器的动态参数，怎样实现无反馈而得到基本放大器呢？不能简单地断开反馈支路，而是要去掉反馈作用，但又要把反馈网络的影响(负载效应)考虑到基本放大器中去。为此：

(a)在画基本放大器的输入回路时，因为是电压负反馈，所以可将负反馈放大器的输出端交流短路，即令 $u_O = 0$，此时 R_f 相当于并联在 R_{F1}上。

(b)在画基本放大器的输出回路时，由于输入端是串联负反馈，因此需将反馈放大器的输入端(T_1管的射极)开路，此时$(R_f + R_{F1})$相当于并接在输出端。可近似认为 R_f 并接在输出端。

根据上述规律，就可得到所要求的如图 3-17 所示的基本放大器。

4. 实训内容及步骤

(1)测量静态工作点

按图 3-16 连接实训电路，取 $U_{CC} = +12$ V，$U_i = 0$，用直流电压表分别测量第一级、第二级的静态工作点，记入表 3-2。

表 3-2　静态工作点的测量

	U_B/V	U_E/V	U_C/V	I_C/mA
第一级				
第二级				

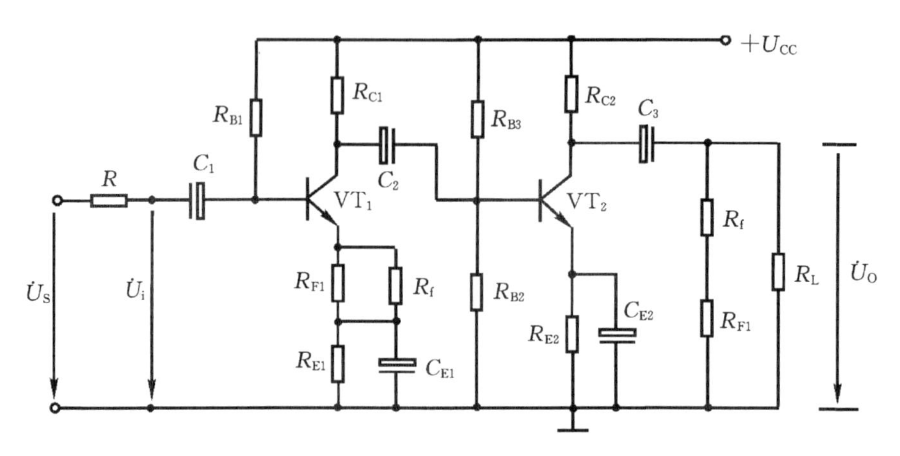

图 3－17 基本放大器

(2)测试基本放大器的各项性能指标

将实训电路按图 3－17 改接，即把 R_f 断开后分别并在 R_{F1} 和 R_L 上，其它连线不动。

1)测量中频电压放大倍数 A_V，输入电阻 R_i 和输出电阻 R_O。

①以 $f=1$ kHz，U_S 约 5 mV 正弦信号输入放大器，用示波器监视输出波形 u_O，在 u_O 不失真的情况下，用交流毫伏表测量 U_S、U_i、U_L，记入表 3－3。

②保持 U_S 不变，断开负载电阻 R_L(注意，R_f 不要断开)，测量空载时的输出电压 U_O，记入表 3－3。

2)测量通频带

接上 R_L，保持 1)中的 U_S 不变，然后增加和减小输入信号的频率，找出上、下限频率 f_H 和 f_L，记入表 3－4。

表 3－3 放大器的各项性能指标测试

基本放大器	U_S/mV	U_i/mV	U_L/V	U_O/V	A_V	R_i/kΩ	R_O/kΩ
负反馈放大器	U_S/mV	U_i/mV	U_L/V	U_O/V	A_{Vf}	R_{if}/kΩ	R_{Of}/kΩ

(3)测试负反馈放大器的各项性能指标

将实训电路恢复为图 3－16 的负反馈放大电路。适当加大 U_S(约 10 mV)，在输出波形不失真的条件下，测量负反馈放大器的 A_{Vf}、R_{if} 和 R_{Of}，记入表 3－2；测量 f_{Hf} 和 f_{Lf}，记入表 3－4。

表 3－4 通频带的测量

基本放大器	f_L/kHz	f_H/kHz	Δf/kHz
负反馈放大器	f_{Lf}/kHz	f_{Hf}/kHz	Δf_f/kHz

(4)观察负反馈对非线性失真的改善

①实训电路改接成基本放大器形式，在输入端加入 $f=1$ kHz 的正弦信号，输出端接示波器，逐渐增大输入信号的幅度，使输出波形开始出现失真，记下此时的波形和输出电压的幅度。

②再将实训电路改接成负反馈放大器形式，增大输入信号幅度，使输出电压幅度的大小与①相同，比较有负反馈时，输出波形的变化。

5. 实训总结

(1)将基本放大器和负反馈放大器动态参数的实测值和理论估算值列表进行比较；

(2)根据实训结果，总结电压串联负反馈对放大器性能的影响。

任务二　功率放大电路及测试

一、任务导入

功率放大电路通常位于多级放大电路的末级，其作用是将前级电路已放大的电压信号进行功率放大，以推动执行机构。例如，让扬声器发音，使偏转线圈扫描，令继电器动作等。功率放大电路着重于电流的驱动放大，从能量控制的观点来看，功率放大电路与电压放大电路并没有本质区别，实质上都是能量转换电路，只是各自要完成的任务不同。

集成功率放大电路是集成了输入级、中间放大级和驱动级(功率放大级)的集成电路，集成度高，不需要搭载太多的外围电路，使用方便。

二、相关知识

(一)功率放大电路的概念

1. 功率放大电路的特点

功率放大电路的任务是向负载提供足够大的功率，这就要求功率放大电路不仅要有较高的输出电压，还要有较大的输出电流。因此功率放大电路中的晶体管通常工作在高电压大电流状态，晶体管的功耗也较大。对晶体管的各项指标必须认真选择，且尽可能使其得到充分利用。因为功率放大电路中的晶体管处在大信号极限运用，非线性失真也要比小信号的电压放大电路严重得多。此外，功率放大电路从电源取用的功率较大，为提高电源的利用率，必须尽可能提高功率放大电路的效率。放大电路的效率是指负载得到的交流信号功率与直流电源供出功率的比值。

2. 功率放大电路的类型

根据工作状态的不同，功率放大电路可分为甲类、乙类和甲乙类 3 种不同的类型，如图 3-18所示。

甲类功率放大电路的静态工作点设置在交流负载线的中点，如图 3-18(a)所示。在工作过程中，晶体管始终处于导通状态。由于静态工作点较高，晶体管的功率损耗较大，放大电路的效率较低，最高只能达到 50%。

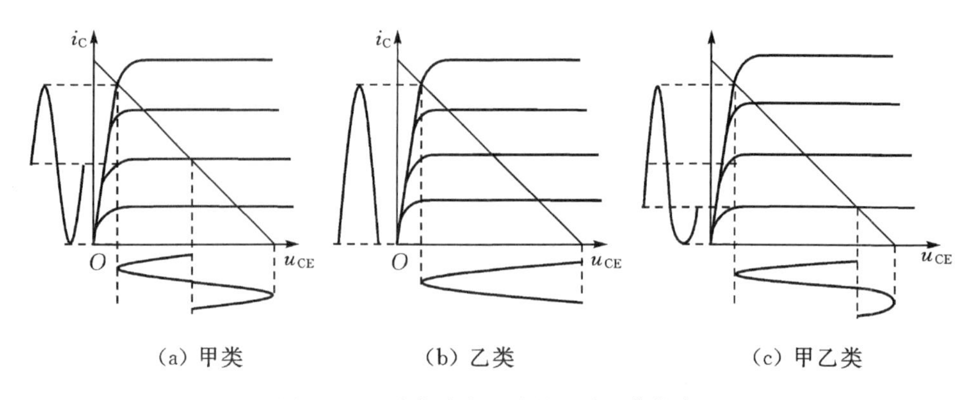

(a) 甲类　　(b) 乙类　　(c) 甲乙类

图 3-18　功率放大电路的 3 种工作状态

乙类功率放大电路的静态工作点设置在交流负载线的截止点，如图 3-18(b)所示。晶体管仅在输入信号的半个周期导通。由于静态工作点设置在截止点，功率损耗减到最少，使效率大大提高。

甲乙类功率放大电路的静态工作点介于甲类和乙类之间，如图 3-18(c)所示。晶体管有不大的静态偏流。其失真情况和效率介于甲类和乙类之间。

3. 功率放大电路的要求

功率放大电路作为放大电路的输出级，必须满足如下要求。

(1)尽可能大的输出功率

输出功率等于输出交变电压和交变电流的乘积。为了获得最大的输出功率，担任功率放大任务的三极管的工作参数往往接近极限状态，这样在允许的失真范围内才能得到最大的输出功率。

(2)尽可能高的效率

从能量的观点看，功率放大电路是将集电极电源的直流功率转换成交流功率输出。放大器向负载所输出的交流功率与从电源吸收的直流功率之比，用 η 表示，即：

$$\eta=\frac{P_o}{P_V}\times100\%$$

式中，P_V 为集电极电源提供的直流功率；P_o 为负载获得的交流功率。该比值越大，效率越高。

(3)较小的非线性失真

功率放大电路往往在大动态范围内工作，电压、电流变化幅度大，这样就有可能超越输出特性曲线的放大区，进入饱和区和截止区而造成非线性失真。因此必须将功率放大电路的非线性失真限制在允许的范围内。

(4)较好的散热装置

功率放大管工作时，在功率放大管的集电结上将有较大的功率损耗，使管子温度升高，严重时可能毁坏三极管。因此多采用散热板或其他散热措施降低管子温度，保证足够大的功率输出。

总之，只有在保证晶体管安全工作的条件下和允许的失真范围内，功率放大电路才能充分发挥其潜力，输出尽量大的功率，同时减小功率放大管的损耗以提高效率。

(二)互补对称功率放大电路

互补对称功率放大电路按电源供给的不同,分为双电源互补对称电路(OCL 电路)和单电源互补对称电路(OTL 电路)。

1. OCL 功率放大电路

由双电源供电的互补对称功率放大电路又称无输出电容的功率放大电路,简称 OCL 电路,其原理电路如图 3-19(a)所示。图中 VT_1 为 NPN 管,VT_2 为 PNP 管,两管特性基本上相近,两管的发射极相连接到负载上,基极相连作为输入端。

静态($u_i=0$)时,$U_B=0$,由于 VT_1、VT_2 两管对称,因此 $U_E=0$,故偏置电压为零,VT_1、VT_2 均处于截止状态,负载中没有电流,电路工作在乙类状态。

动态($u_i\neq0$)时,在 u_i 的正半周 VT_1 导通而 VT_2 截止,VT_1 以射极输出器的形式将正半周信号输出给负载;在 u_i 的负半周 VT_2 导通而 VT_1 截止,VT_2 以射极输出器的形式将负半周信号输出给负载。可见在输入信号 u_i 的整个周期内,VT_1、VT_2 两管轮流交替地工作,互相补充,使负载获得完整的信号波形,故称为互补对称电路。由于 VT_1、VT_2 都工作在共集电极接法,输出电阻极小,可与低阻负载 R_L 直接匹配。电路的工作波形如图 3-19(b)所示。

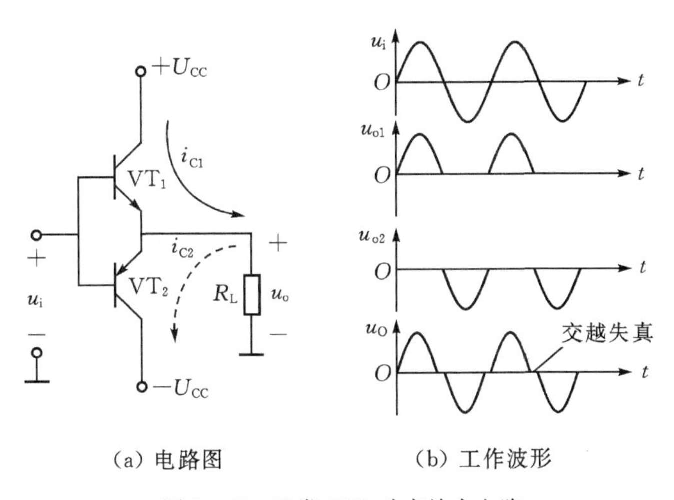

(a) 电路图　　(b) 工作波形

图 3-19　乙类 OCL 功率放大电路

从图 3-19(b)的工作波形可以看到,在波形过零的一个小区域内输出波形产生了失真,这种失真称为交越失真。产生交越失真的原因,是由于 VT_1、VT_2 发射结静态偏压为零,放大电路工作在乙类状态。当输入信号 u_i 小于晶体管的发射结死区电压时,两个晶体管都截止,在这一区域内输出电压为零,使波形失真。

为减小交越失真,可给 VT_1、VT_2 发射结加适当的正向偏压,以便产生一个不大的静态偏流,使 VT_1、VT_2 导通时间稍微超过半个周期,即工作在甲乙类状态,如图 3-20 所示。图中二极管 VD_1、VD_2 用来提供偏置电压。静态时三极管 VT_1、VT_2 虽然都已基本导通,但因它们对称,U_E 仍为零,负载中仍无电流流过。

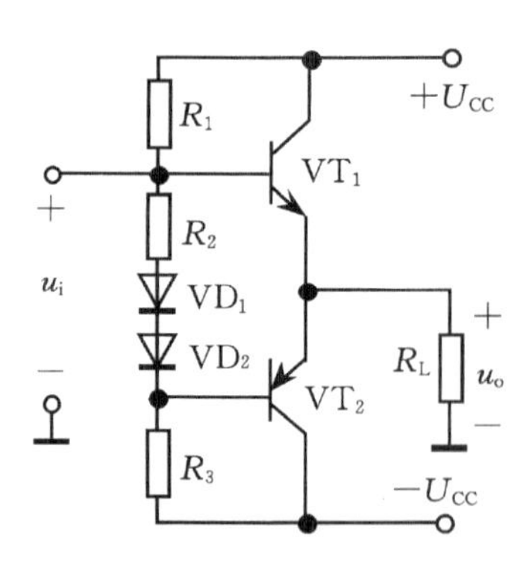

图 3-20　甲乙类 OCL 电路

2. OTL 功率放大电路

OCL 功率放大电路需要正、负两个电源。但实际电路多采用单电源供电，如收音机、扩音机等。为此，可用一个大容量的电容器代替 OCL 电路中的负电源，组成所谓无输出变压器的功率放大电路，简称 OTL 电路。图 3-21 所示为工作在甲乙类状态的 OTL 功率放大电路。

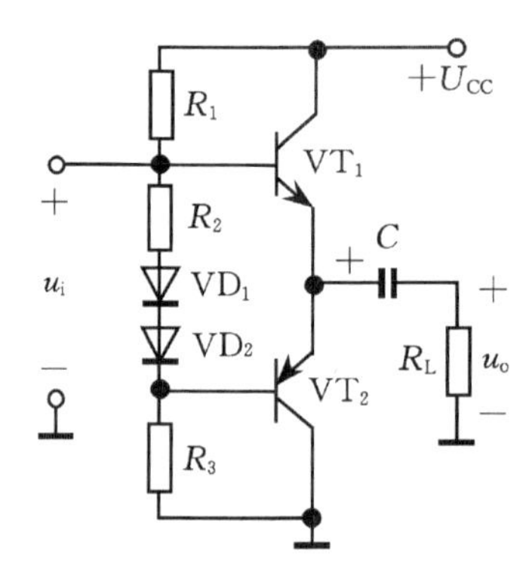

图 3-21　甲乙类 OTL 电路

因电路对称，静态时两个晶体管发射极连接点电位为电源电压的一半，负载中没有电流。动态时，在 u_i 的正半周 VT_1 导通而 VT_2 截止，VT_1 以射极输出器的形式将正半周信号输出给负载，同时对电容 C 充电；在 u_i 的负半周 VT_2 导通而 VT_1 截止，电容 C 通过 VT_2、R_L 放电，VT_2 以射极输出器的形式将负半周信号输出给负载，电容 C 在这时起到负电源的作用。为了使输出波形对称，必须保持电容 C 上的电压基本维持在 $U_{CC}/2$ 不变，因此 C 的容量必须足够大。

在输出功率较大时，由于大功率管的电流放大系数 β 较小，而且很难找到特性接近的 PNP 型和 NPN 型大功率三极管，因此实际电路中采用复合管来解决这个问题。把两个或两个以上的三极管的电极适当地连接起来，等效为一个使用，即为复合管。复合管的类型取决于第一只三极管，如图 3-22 所示。其电流放大系数近似等于各只三极管 β 值的乘积。由 NPN-NPN 或 PNP-PNP 复合而成的一般称为达林顿管。

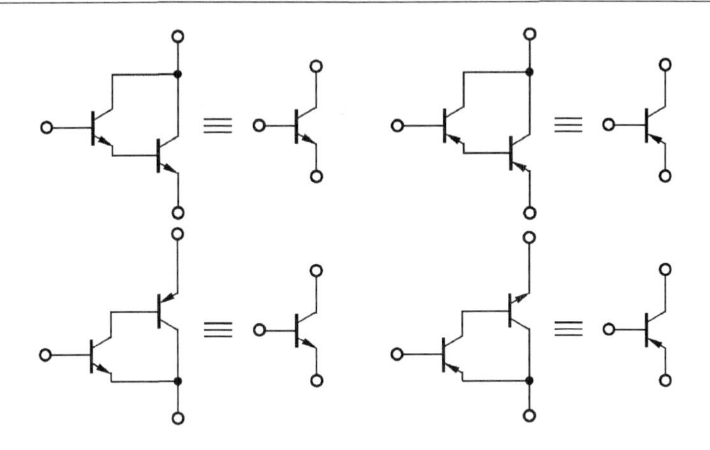

图 3-22　由若干个三极管复合成的达林顿管

(三)集成功率放大电路

目前集成功率放大电路已大量涌现，其内部电路一般均为 OTL 或 OCL 电路，它除了具有分立元件 OTL 或 OCL 电路的优点外，还具有体积小、工作稳定可靠、使用方便等优点，因而获得了广泛的应用。低频集成功放的种类很多，美国国家半导体公司生产的 LM386 就是一种小功率音频放大集成电路。该电路功耗低、允许的电源电压范围宽、通频带宽、外接元件少，广泛应用于收音机、对讲机、电视伴音等系统中，LM386 的引脚图如图 3-23 所示。

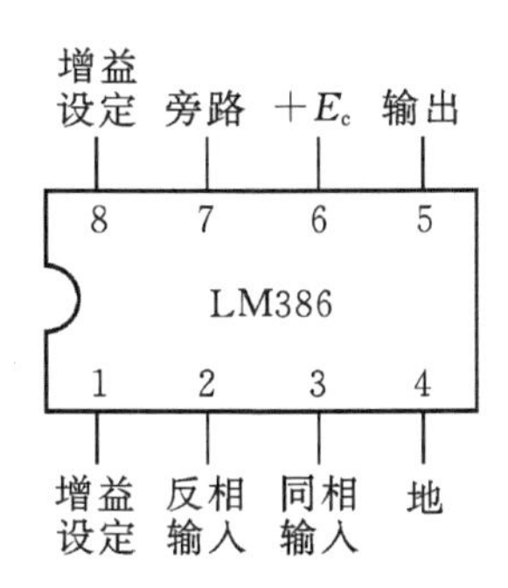

图 3-23　LM386 的引脚图

用 LM386 制作的单片收音机的电路如图 3-24 所示。L 和 C_1 构成调谐回路，可选择要收听的电台信号；C_2 为耦合电容，将电台高频信号送至 LM386 的同相输入端；由 LM386 进行检波及功率放大，放大后信号第 5 脚输出推动扬声器发声。电位器 R_P 用来调节功率放大的增益，即可调节扬声器的音量大小。当 R_P 值调至最小时，电路增益最大，所以扬声器的音量最大。R_1、C_5 构成串联补偿网络，与呈感性的负载(扬声器)并联，最终使等效负载近似呈纯阻性，以防止高频自激和过电压现象。C_4 为去耦电容，用以提高纹波抑制能力，消除低频自激。

DG4100 集成功率放大器具有输出功率大、噪声小、频带宽、工作电源范围宽、保护电路等优点，是经常使用的标准集成音频功率放大器。它由输入级、中间级、输出级、偏置电路及过电压、过热保护电路等构成。DG4100 的典型应用电路如图 3-25 所示。

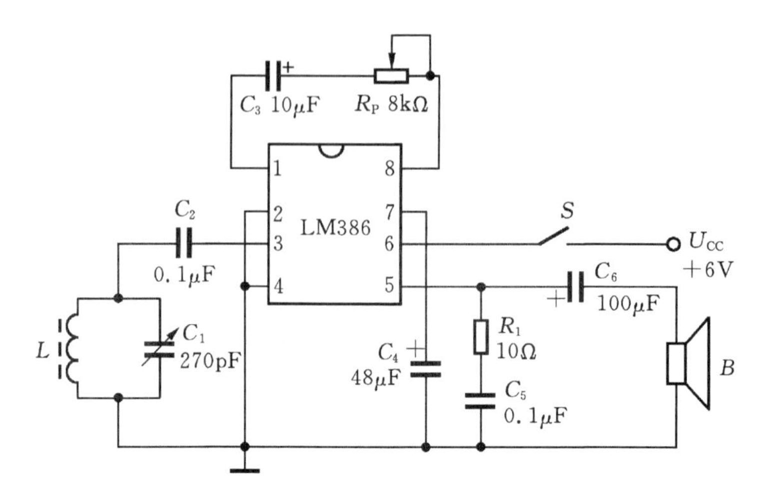

图 3-24　用 LM386 制作的单片收音机的电路

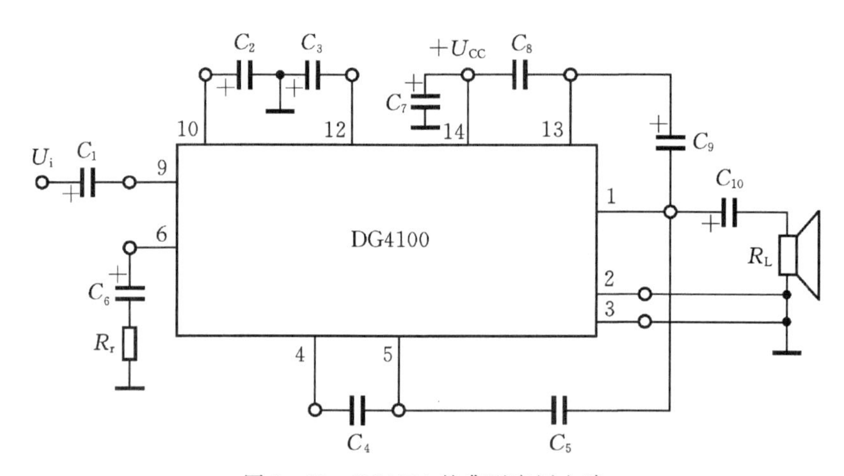

图 3-25　DG4100 的典型应用电路

三、任务实施——功率放大电路的组装与测试

1. 实训目的

①进一步理解 OTL 功率放大器的工作原理；

②学会 OTL 电路的调试及主要性能指标的测试方法。

2. 实训器材

+5 V 直流电源、直流电压表、函数信号发生器、直流毫安表、双踪示波器、频率计、交流毫伏表、晶体三极管 3DG6(9011)、3DG12(9013)、3CG12(9012)、晶体二极管 IN4007、8 Ω 扬声器、电阻器、电容器若干。

3. 实训原理

图 3-26 所示为 OTL 低频功率放大器。其中由晶体三极管 VT_1 组成推动级(也称前置放大级)，VT_2、VT_3 是一对参数对称的 NPN 和 PNP 型晶体三极管，它们组成互补推挽 OTL

功放电路。由于每一个管子都接成射极输出器形式，因此具有输出电阻低，负载能力强等优点，适合于作功率输出级。VT_1 管工作于甲类状态，它的集电极电流 I_{C1} 由电位器 R_{W1} 进行调节。I_{C1} 的一部分电流经电位器 R_{W2} 及二极管 D，给 VT_2、VT_3 提供偏压。调节 R_{W2}，可以使 VT_2、VT_3 得到合适的静态电流而工作于甲、乙类状态，以克服交越失真。静态时要求输出端中点 A 的电位 $U_A=\frac{1}{2}U_{CC}$，可以通过调节 R_{W1} 来实现，又由于 R_{W1} 的一端接在 A 点，因此在电路中引入交、直流电压并联负反馈，一方面能够稳定放大器的静态工作点，同时也改善了非线性失真。

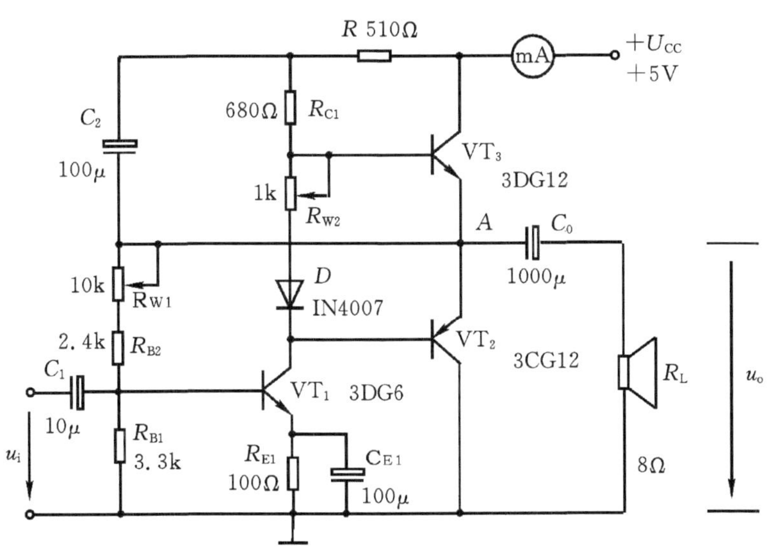

图 3-26　OTL 功率放大器实训电路

当输入正弦交流信号 u_i 时，经 VT_1 放大、倒相后同时作用于 VT_2、VT_3 的基极，u_i 的负半周使 VT_2 管导通（VT_3 管截止），有电流通过负载 R_L，同时向电容 C_0 充电，在 u_i 的正半周，VT_3 导通（VT_2 截止），则已充好电的电容器 C_0 起着电源的作用，通过负载 R_L 放电，这样在 R_L 上就得到完整的正弦波。

C_2 和 R 构成自举电路，用于提高输出电压正半周的幅度，以得到大的动态范围。

OTL 电路的主要性能指标

（1）最大不失真输出功率 P_{0m}

理想情况下，$P_{om}=\frac{1}{8}\frac{U_{CC}^2}{R_L}$，在实训中可通过测量 R_L 两端的电压有效值，来求得实际的 $P_{om}=\frac{U_o^2}{R_L}$。

（2）效率 η

$$\eta=\frac{P_{om}}{P_E}100\%$$

P_E——直流电源供给的平均功率。

理想情况下，$\eta_{max}=78.5\%$。在实训中，可测量电源供给的平均电流 I_{dC}，从而求得 $P_E=U_{CC}\cdot I_{dC}$，负载上的交流功率已用上述方法求出，因而也就可以计算实际效率了。

（3）输入灵敏度

输入灵敏度是指输出最大不失真功率时，输入信号 U_i 之值。

4. 实训内容及步骤

在整个测试过程中，电路不应有自激现象。

(1) 静态工作点的测试

按图 3-26 连接实训电路，将输入信号旋钮旋至零($u_i=0$)电源进线中串入直流毫安表，电位器 R_{W2} 置最小值，R_{W1} 置中间位置。接通+5 V 电源，观察毫安表指示，同时用手触摸输出级管子，若电流过大，或管子温升显著，应立即断开电源检查原因(如 R_{W2} 开路，电路自激，或输出管性能不好等)。如无异常现象，可开始调试。

1)调节输出端中点电位 U_A

调节电位器 R_{W1}，用直流电压表测量 A 点电位，使 $U_A=\frac{1}{2}U_{CC}$。

2)调整输出极静态电流及测试各级静态工作点

调节 R_{W2}，使 T_2、T_3 管的 $I_{C2}=I_{C3}=5\sim10$ mA。从减小交越失真角度而言，应适当加大输出级静态电流，但该电流过大，会使效率降低，所以一般以 5～10 mA 左右为宜。由于毫安表是串在电源进线中，因此测得的是整个放大器的电流，但一般 VT_1 的集电极电流 I_{C1} 较小，从而可以把测得的总电流近似当作末级的静态电流。如要准确得到末级静态电流，则可从总电流中减去 I_{C1} 之值。

调整输出级静态电流的另一方法是动态调试法。先使 $R_{W2}=0$，在输入端接入 $f=1$ kHz 的正弦信号 u_i。逐渐加大输入信号的幅值，此时，输出波形应出现较严重的交越失真(注意:没有饱和和截止失真)，然后缓慢增大 R_{W2}，当交越失真刚好消失时，停止调节 R_{W2}，恢复 $u_i=0$，此时直流毫安表读数即为输出级静态电流。一般数值也应在 5～10 mA 左右，如过大，则要检查电路。

输出级电流调好以后，测量各级静态工作点，记入表 3-5。

表 3-5 各级静态工作点的测试 $I_{C2}=I_{C3}=$ mA $U_A=2.5$ V

	VT_1	VT_2	VT_3
U_B/V			
U_C/V			
U_E/V			

注意:

①在调整 R_{W2} 时，一是要注意旋转方向，不要调得过大，更不能开路，以免损坏输出管。

②输出管静态电流调好，如无特殊情况，不得随意旋动 R_{W2} 的位置。

(2) 最大输出功率 P_{0m} 和效率 η 的测试

1)测量 P_{om}

输入端接 $f=1$ kHz 的正弦信号 u_i，输出端用示波器观察输出电压 u_0 波形。逐渐增大 u_i，使输出电压达到最大不失真输出，用交流毫伏表测出负载 R_L 上的电压 U_{0m}，则

$$P_{om}=\frac{U_{0m}^2}{R_L}$$

2)测量 η

当输出电压为最大不失真输出时，读出直流毫安表中的电流值，此电流即为直流电源供给的平均电流 I_{dC}(有一定误差)，由此可近似求得 $P_E=U_{CC}I_{dc}$，再根据上面测得的 P_{0m}，即可求出

$$\eta=\frac{P_{0m}}{P_E}$$

(3)输入灵敏度测试

根据输入灵敏度的定义，只要测出输出功率 $P_0=P_{0m}$时的输入电压值 U_i 即可。

5. 实训报告

(1)整理实训数据，计算静态工作点、最大不失真输出功率 P_{0m}、效率 η 等，并与理论值进行比较。

(2)讨论实训中发生的问题及解决办法。

思考与练习

3-1　在图 3-27 所示的两级阻容耦合放大电路中，已知 $U_{CC}=12$ V，$R_{B11}=R_{B21}=20$ kΩ，$R_{C1}=R_{C2}=2$ kΩ，$R_{E1}=R_{E2}=2$ kΩ，$R_{B12}=R_{B22}=10$ kΩ，$R_L=2$ kΩ，$\beta_1=\beta_2=50$，$U_{BE1}=U_{BE2}=0.6$ V。求：

(1)求前后级放大电路的静态值；

(2)画出微变等效电路；

(3)求各级电路的电压放大倍数 $\dot{A}_{u1}$、$\dot{A}_{u2}$ 和总电压放大倍数 $\dot{A}_u$。

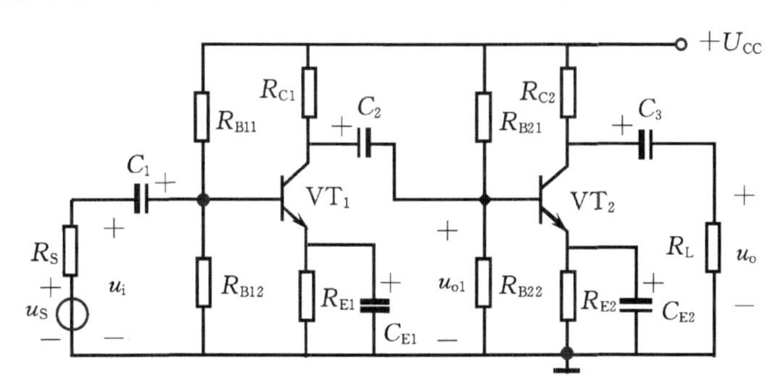

图 3-27　题 3-1 的图

3-2　指出图 3-28 所示各放大电路中的反馈环节，判别其反馈极性和类型。

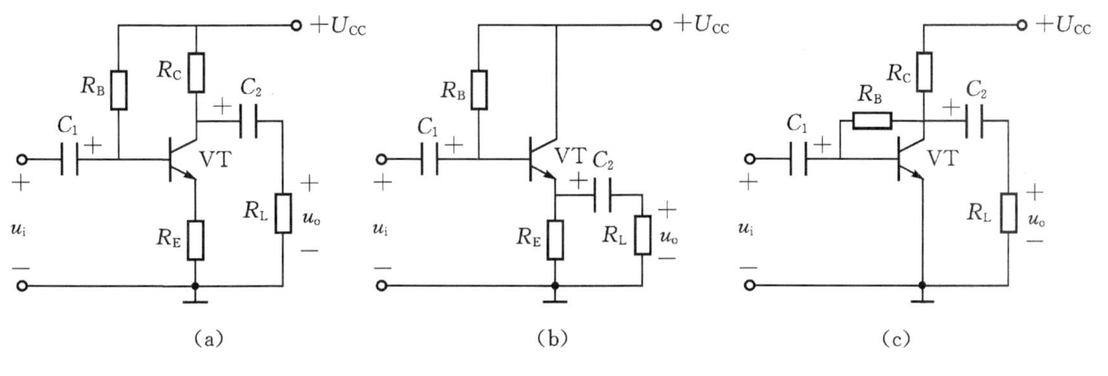

图 3-28　题 3-2 的图

3-3　OCL 电路如图 3-29 所示，若 $U_{CES}=2$ V，$U_{CC}=12$ V，$R_L=8\Omega$，求电路可能的最大输出功率。

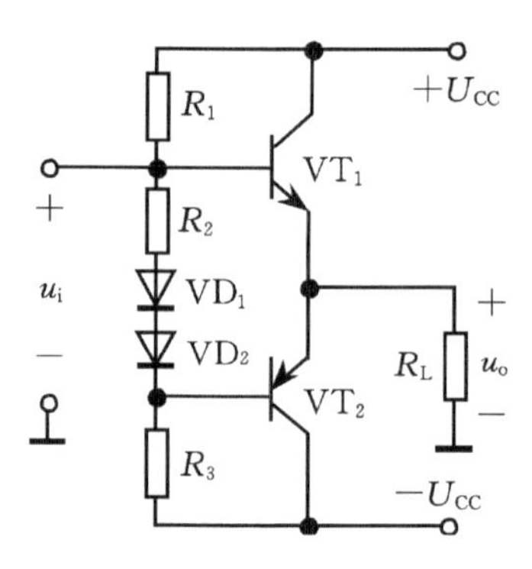

图 3-29　题 3-3 的图

项目四　集成运算放大器及测试

【学习目标】

1. 知识目标

(1)掌握集成运算放大器在线性和非线性应用时的分析方法;

(2)掌握反相、同相输入比例运算等典型电路的特点及分析方法;

(3)了解有源滤波器的滤波原理,理解电压比较器的电路特点;

(4)理解波形发生器的特点,掌握其分析方法。

2. 能力目标

(1)能够设计及计算简单的模拟运算电路;

(2)能够识别集成运算放大器的不同应用电路。

任务一　集成运算放大器基本应用电路及测试

一、任务导入

近年来,集成电路正在逐渐取代分立电路,它打破了分立元件和分立电路的设计方法,实现了材料、元件和电路及系统的统一。它与由晶体管等分立元件联成的电路比较,体积更小,重量更轻,功耗更低。集成运算放大器简称集成运放,是应用最广泛的集成放大器,最早用于模拟计算机,对输入信号进行模拟运算,并由此得名。集成运算放大器作为基本运算单元,可以完成加减、积分和微分、乘除等数学运算。随着电子技术的飞速发展,运算放大器的各项性能不断提高,目前,它的应用领域已大大超出了数学运算的范畴。集成运算放大器则是利用集成工艺,将运算放大器的所有元件集成制作在同一块硅片上,然后再封装在管壳内。使用集成运放,只需另加少数几个外部元件,就可以方便地实现很多电路功能。可以说,集成运放已经成为模拟电子技术领域中的核心器件之一。

集成运放具有可靠性高、使用方便、放大性能好(如极高的放大倍数、较宽的通频带、很低的零漂等)等特点。随着技术指标的不断提高和价格日益降低,作为一种通用的高性能放大器,目前已广泛应用于自动控制、精密测量、通信、信号运算、信号处理、波形产生及电源等电子技术应用的各个领域。

二、相关知识

(一)集成运算放大器简介

1. 集成运算放大器的组成

集成运放是一种高电压放大倍数(通常大于 10^4)的多级直接耦合放大器,内部电路通常由输入级、中间级、输出级和偏置电路4个部分组成,如图4-1(a)所示。

输入级是提高集成运放质量的关键部分,通常由具有恒流源的双端输入、单端输出的差动放大电路构成,其目的是为了减小放大电路的零点漂移、提高输入阻抗。

中间级主要用于电压放大。为获得较高的电压放大倍数,中间级通常由带有源负载(即以恒流源代替集电极负载电阻)的共发射极放大电路构成。

输出级通常采用互补对称射极输出电路,其目的是为了减小输出电阻,提高电路的带负载能力,此外输出级还附有保护电路,以防意外短路或过载时造成损坏。

偏置电路的作用是为上述各级电路提供稳定、合适的偏置电路,决定各级的静态工作点,一般由各种恒流源电路构成。

集成运放的电路符号如图4-1(b)所示。它有两个输入端,标"+"的输入端称为同相输入端,输入信号由此端输入时,输出信号与输入信号相位相同;标"-"的输入端称为反相输入端,输入信号由此端输入时,输出信号与输入信号相位相反。

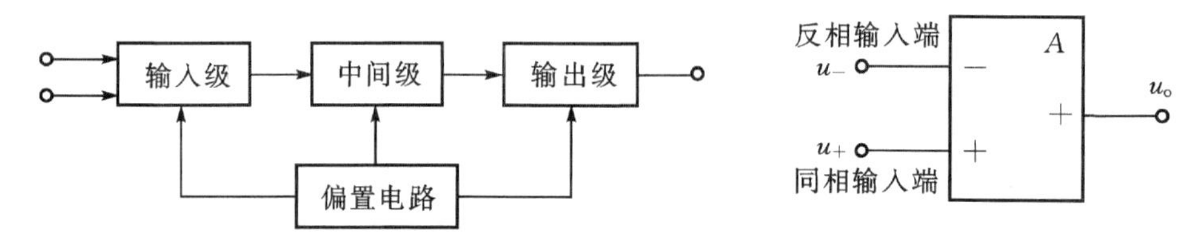

(a) 集成运算放大器的组成框图

(b) 集成运算放大器的电路符号

图4-1 集成运算放大器的组成框图和电路符号

2. 集成运放的主要参数

集成运放的性能可以用各种参数反映,主要参数如下:

(1)差模开环电压放大倍数A_{do}。指集成运放本身(无外加反馈回路)的差模电压放大倍数,即$A_{do}=\frac{u_o}{u_+-u_-}$。它体现了集成运放的电压放大能力,一般在$10^4\sim10^7$之间。$A_{do}$越大,电路越稳定,运算精度也越高。

(2)共模开环电压放大倍数A_{co}。指集成运放本身的共模电压放大倍数,它反映集成运放抗温漂、抗共模干扰的能力,优质的集成运放A_{co}应接近于零。

(3)共模抑制比K_{CMR}。用来综合衡量集成运放的放大能力和抗温漂、抗共模干扰的能力,一般应大于80 dB。

(4)差模输入电阻r_{id}。指差模信号作用下集成运放的输入电阻。

(5)输入失调电压U_{io}。指为使输出电压为零,在输入级所加的补偿电压值。它反映差动放大部分参数的不对称程度,显然越小越好,一般为毫伏级。

(6)失调电压温度系数$\Delta U_{io}/\Delta T$。是指温度变化ΔT时所产生的失调电压变化ΔU_{io}的大小,它直接影响集成运放的精确度,一般为几十微伏每度($\mu V/℃$)。

(7)转换速率S_R。衡量集成运放对高速变化信号的适应能力,一般为几伏每微秒(V/μs),若输入信号变化速率大于此值,输出波形会严重失真。

其他还有输入偏置电流、输出电阻、输入失调电流、失调电流温度系数、输入差模电压范围、输入共模电压范围、最大输出电压、静态功耗等。

3. 集成运放的理想模型

在分析计算集成运放的应用电路时，为了使问题分析简化，通常可将运放看作一个理想运算放大器，即将运放的各项参数都理想化。集成运放的理想参数主要有：

①开环电压放大倍数 $A_{do}=\infty$；

②输入电阻 $r_i=\infty$；

③输出电阻 $r_o=0$；

④共模抑制比 $K_{CMR}=\infty$。

由于集成运放的实际参数与理想运放十分接近，在分析计算时用理想运放代替实际运放所引起的误差并不严重，在工程上是允许的，但这样的处理使分析计算过程大为简化。

理想运放的电路符号如图 4-2(a)所示，图中的∞表示开环电压放大倍数为无穷大的理想化条件。图 4-2(b)所示为集成运放的电压传输特性，它描述了输出电压与输入电压之间的关系。该传输特性分为线性区和非线性区(饱和区)。当运放工作在线性区时，输出电压 u_o 和输入电压 $u_i(=u_+-u_-)$是一种线性关系，即：

$$u_o=A_{do}u_i=A_{do}(u_+-u_-)$$

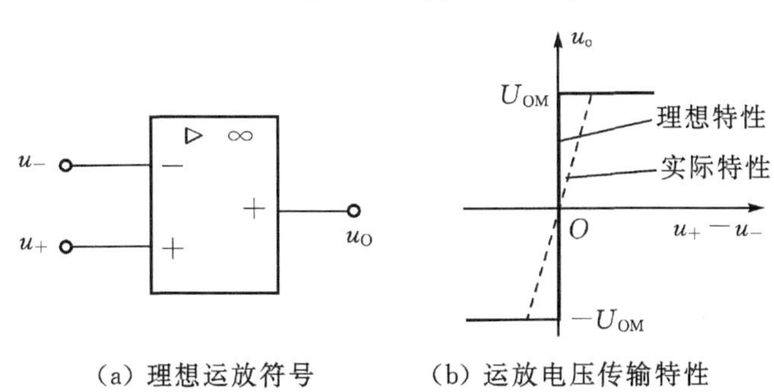

(a) 理想运放符号　　(b) 运放电压传输特性

图 4-2　理想运放的电路符号和电压传输特性

这时集成运放是一个线性放大元件。但由于集成运放的开环电压放大倍数极高，只有输入电压 $u_i=u_+-u_-$ 极小(近似为零)时，输出电压 u_o 与输入电压 u_i 之间才具有线性关系。当 u_i 稍大一点时，运放便进入非线性区。运放工作在非线性区时，输出电压为正或负饱和电压($\pm U_{OM}$)，与输入电压 $u_i=u_+-u_-$ 的大小无关。即可近似认为：

当 $u_i>0$，即 $u_+>u_-$ 时，$u_o=+U_{OM}$；

当 $u_i<0$，即 $u_+<u_-$ 时，$u_o=-U_{OM}$。

为了使运放能在线性区稳定工作，通常把外部元件如电阻、电容等跨接在运放的输出端与反相输入端之间构成闭环工作状态，即引入深度电压负反馈，以限制其电压放大倍数。工作在线性区的理想运放，利用上述理想参数可以得出以下两条重要结论：

①因 $R_{id}=\infty$，故有 $i_+=i_-=0$，即理想运放两个输入端的输入电流为零。由于两个输入端并非开路而电流为零，故称为“虚断”。

②因 $A_{do}=0$，故有 $u_+=u_-$，即理想运放两个输入端的电位相等。由于两个输入端电位相等，但又不是短路，故称为“虚短”。如果信号从反相输入端输入，而同相输入端接地，即 $u_+=0$，这时必有 $u_-=0$，即反相输入端的电位为“地”电位，通常称为“虚地”。

上述两条重要结论是分析理想运放线性运用时的基本依据。

4. 常见集成运放芯片简介

①LM324:LM324 在一个芯片上集成了 4 个通用运算放大器，适合需要使用多个运算放大器且输入电压范围相同的运算电路。主要技术参数如下:增益带宽为 1 MHz,直流电压增益为 100 dB,输入偏移电压为 2 mV,输入偏移电流为 45 nA,单电源供电电压为 32 V,双电源输入电压为±16 V,输入电流为 50 mV,输入电压为 0～30 V(单电源供电)或－15～15 V(双电源供电),工作温度 0～70 ℃。其引脚图如图 4-3 所示。

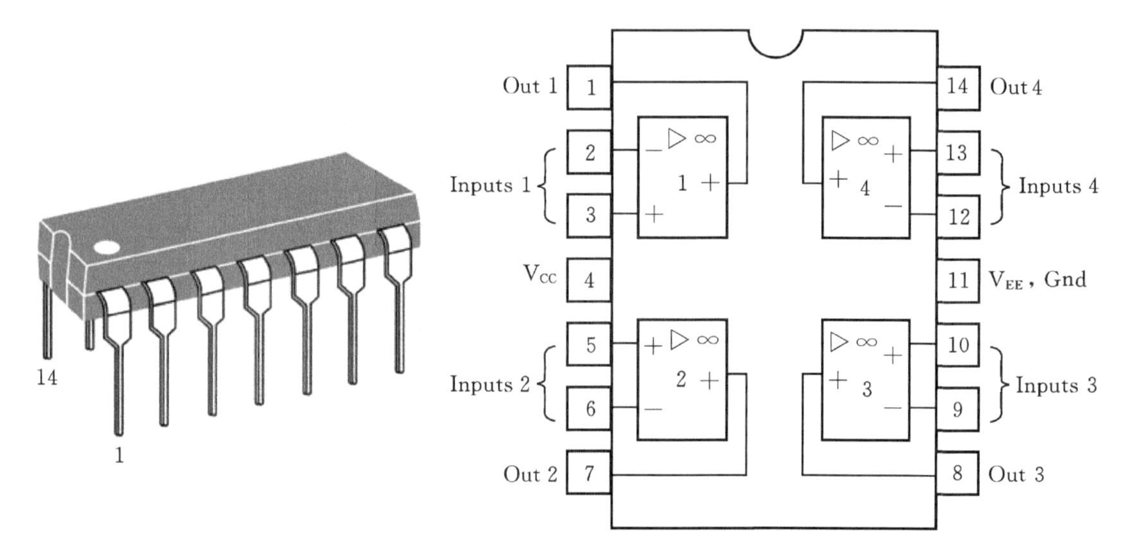

图 4-3 LM324 引脚图

②MC4558C:MC4558C 在一个芯片上集成了两个通用运算放大器。主要技术参数如下:增益带宽为 2 MHz,直流电压增益为 90 dB,输入偏移电压为 2 mV,输入偏移电流为 80 nA,电源供电电压为±18 V,输入电流为 5 mA,输入电压为－15～15 V,工作温度为 0～70 ℃。其引脚图如图 4-4 所示。

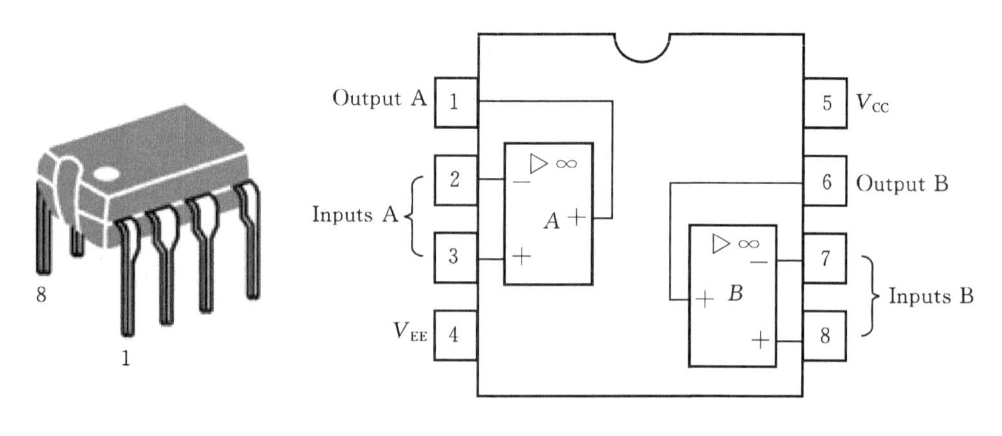

图 4-4 MC4558C 引脚图

其他常见的集成运放有 OP07、LF353、AD508 等，读者可以查询相关元器件手册，了解供电电压、输入电压、电流等参数。

(二)模拟运算电路

1. 反相输入比例运算电路

反相输入比例运算电路如图 4－5 所示，输入信号 u_i 经输入电阻 R_1 从反相输入端输入，同相输入端经电阻 R_P 接地，反馈电阻 R_F 跨接在输入端与输出端之间。根据负反馈放大电路的分析可知，这种联接方式是电压并联负反馈。

根据运放工作在线性区的两条分析依据，即 $u_-=u_+$，$i_-=i_+=0$ 可知，因 $i_+=0$，故电阻 R_P 上无电压降，于是得：$i_1=i_f$，$u_-=u_+=0$。

由图 4－5 得：

$$i_1=\frac{u_i-u_-}{R_1}=\frac{u_i}{R_1}$$

$$i_f=\frac{u_--u_o}{R_F}=-\frac{u_o}{R_F}$$

由此可得：

$$u_o=-\frac{R_F}{R_1}u_i$$

闭环电压放大倍数为：

$$A_{uf}=\frac{u_o}{u_i}=-\frac{R_F}{R_1}$$

上式表明输出电压与输入电压是一种比例运算关系，或者说是比例放大的关系，比例系数只取决于 R_F 与 R_1 的比值，而与集成运放本身的参数无关。选用不同的电阻比值，就可得到数值不同的闭环电压放大倍数。由于电阻的精度和稳定性可以做得很高，所以闭环电压放大倍数的精度和稳定性也是很高的。式中的负号表示输出电压与输入电压的相位相反，因此这种运算电路称为反相输入比例放大电路。

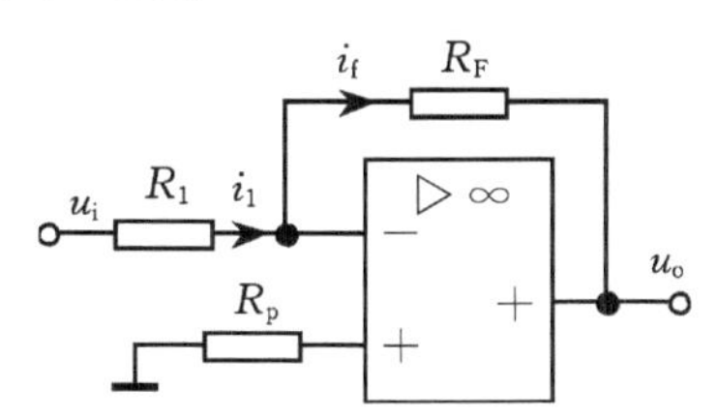

图 4－5 反相输入比例运算电路

图中同相输入端的外接电阻 R_P 称为平衡电阻，其作用是消除静态基极电流对输出电压的影响，以保证运算放大器差动输入级输入端静态电路的平衡。运算放大器工作时，两个输入端静态基极偏置电流会在各电阻上产生电压，从而影响差动输入级输入端的电位，使得运算放大器的输出端产生附加的偏移电压。亦即当外加输入电压 $u_i=0$ 时，输出电压 u_o 将不为零。平衡电阻 R_P 的作用就是当输入电压 $u_i=0$ 时，使输出电压 u_o 也为零。因为当输入电压 $u_i=0$ 时，输出电压 $u_o=0$，所以电阻 R_1 和 R_F 相当于并联，反相输入端与地之间的等效电阻为 $R_1//R_F$，因而平衡电阻 R_P 应为：

$$R_P=R_1//R_F$$

在图 4－5 所示的电路中，当 $R_1=R_F$ 时，则有：

$$u_o=-u_i$$

$$A_{uf}=\frac{u_o}{u_i}=-1$$

即输出电压 u_o 与输入电压 u_i 的绝对值相等，而两者的相位相反，这种运算放大电路称为反相器。

例 4-1 在图 4-5 中，如果 R_1 为 10 kΩ，要求输出电压 $u_o=-3u_i$，请选择正确的 R_F。

解：根据虚短原则，可知 $u_-=u_+=0$，则：$i_1=\dfrac{u_i}{R_1}$

根据虚断原则，$i_1=i_f$，可得 $u_o=-i_f\times R_F=-u_iR_F/R_1$

依据题意可得，$R_F=3R_1=30\ \text{k}\Omega$

2. 同相输入比例运算电路

同相输入比例运算电路如图 4-6 所示，输入信号 u_i 经电阻 R_2 从同相输入端输入，反相输入端经电阻 R_1 接地，反馈电阻 R_f 跨接在反相输入端与输出端之间。根据负反馈放大电路的分析可知，这种联接方式是电压串联负反馈。

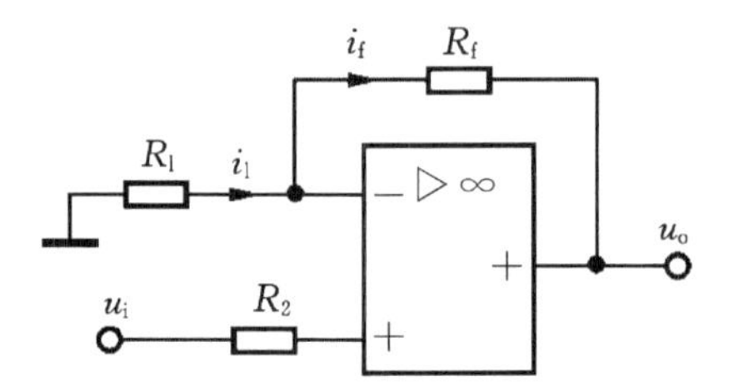

图 4-6 同相输入比例运算电路

根据运放工作在线性区的两条分析依据，即 $u_-=u_+$，$i_-=i_+=0$ 可知，因 $i_+=0$，故电阻 R_2 上无电压降，于是得：

$$i_1=i_f$$

$$u_-=u_+=u_i$$

由图 4-6 可得：

$$i_1=\frac{0-u_-}{R_1}=-\frac{u_i}{R_1}$$

$$i_f=\frac{u_- - u_o}{R_f}=\frac{u_i-u_o}{R_f}$$

由此可得：

$$u_o=(1+\frac{R_f}{R_1})u_i$$

闭环电压放大倍数为：

$$A_{uf}=\frac{u_o}{u_i}=1+\frac{R_f}{R_1}$$

上式表明，集成运放的输出电压与输入电压相位相同，大小呈比例关系。比例系数（即电压放大倍数）等于 $1+\dfrac{R_f}{R_1}$，此值与集成运放本身的参数无关。

同反相输入比例运算电路一样，为了提高差动电路的对称性，平衡电阻 $R_2=R_1//R_f$。

在图 4-6 所示的同相输入比例运算电路中，如果将反相端的外接电阻 R_1 去掉（即 $R_1=\infty$），或者再将反馈电阻 R_f 短接（即 $R_f=0$），如图 4-7 所示，则有：

$$u_o = u_i$$

$$A_{uf} = \frac{u_o}{u_i} = 1$$

输出电压与输入电压大小相等，相位相同，所以这种电路称为电压跟随器。它与射极输出器的性能相似，是同相比例放大器的一个特例，通常用作缓冲器。

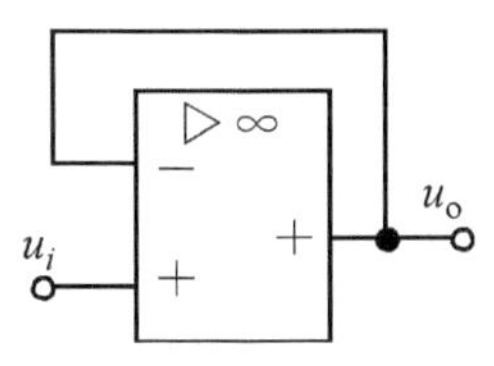

图 4-7　电压跟随器

例 4-2　在图 4-8 所示的电路中，已知 $R_1=100\ \text{k}\Omega$，$R_f=200\ \text{k}\Omega$，$u_i=1\ \text{V}$，求输出电压 u_o，并说明输入级的作用。

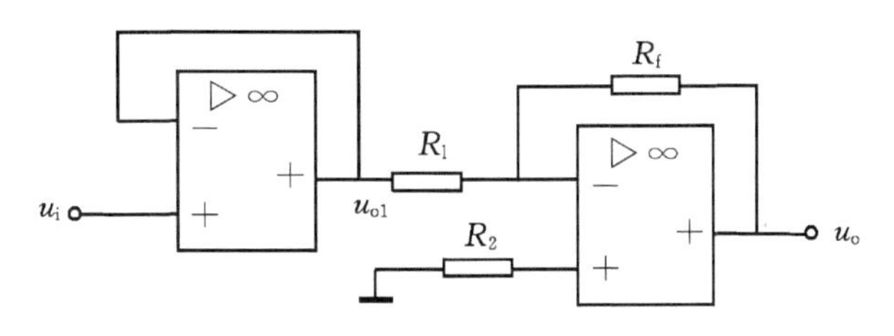

图 4-8　例 4-2 的图

解：输入级为电压跟随器，由于是电压串联负反馈，因而具有极高的输入电阻，起到减轻信号源负担的作用。且 $u_{o1}=u_i=1\ \text{V}$，作为第二级的输入。

第二级为反相输入比例运算电路，因而其输出电压为：

$$u_o = -\frac{R_f}{R_1}u_{o1} = -\frac{200}{100}\times 1 = -2\ \text{V}$$

例 4-3　在图示电路中，已知 $R_1=100\ \text{k}\Omega$，$R_f=200\ \text{k}\Omega$，$R_2=100\ \text{k}\Omega$，$R_3=200\ \text{k}\Omega$，$u_i=1\ \text{V}$，求输出电压 u_o。

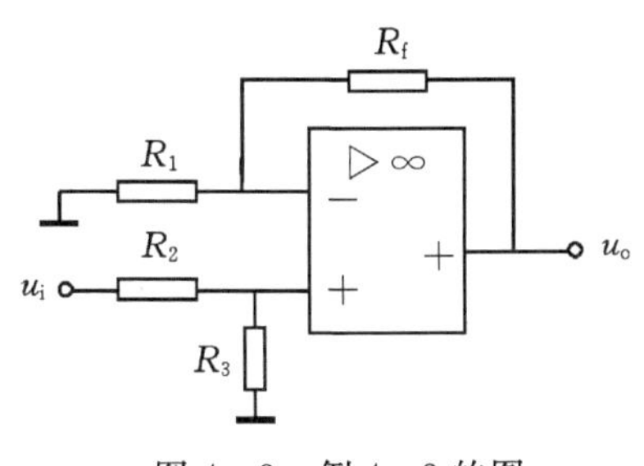

图 4-9　例 4-3 的图

解：根据虚断，由图 4-9 可得：

$$u_- = \frac{R_1}{R_1+R_f}u_o$$

$$u_+ = \frac{R_3}{R_2 + R_3} u_i$$

又根据虚短，有：$u_- = u_+$

所以：

$$\frac{R_1}{R_1 + R_f} u_o = \frac{R_3}{R_2 + R_3} u_i$$

$$u_o = (1 + \frac{R_f}{R_1}) \frac{R_3}{R_2 + R_3} u_i$$

可见图 4－9 所示电路也是一种同相输入比例运算电路。代入数据得：

$$u_o = (1 + \frac{200}{100}) \times \frac{200}{100 + 200} \times 1 = 2\ \text{V}$$

3. 加法运算电路

加法运算电路是指电路的输出电压等于各个输入电压的代数和的电路。在反相输入放大器中再增加几个支路，便组成反相加法运算电路，如图 4－10 所示。

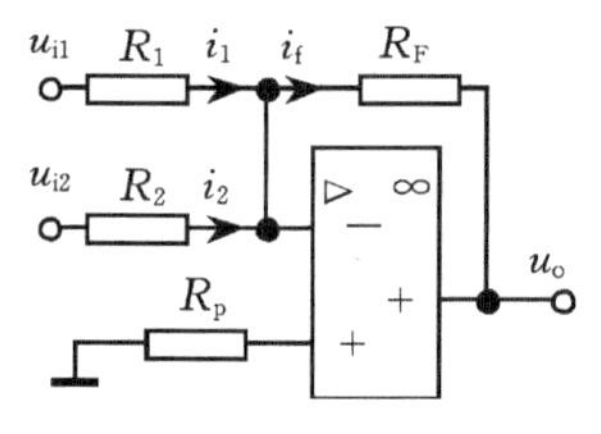

图 4－10　加法运算电路

在图 4－10 的电路中，先将输入电压转换成电流，然后在反相输入端相加。由于反相端为虚地，所以：

$$i_1 = \frac{u_{i1}}{R_1}$$

$$i_2 = \frac{u_{i2}}{R_2}$$

$$i_f = -\frac{u_o}{R_f}$$

因为：

$$i_f = i_1 + i_2$$

由此可得：

$$u_o = -(\frac{R_f}{R_1} u_{i1} + \frac{R_f}{R_2} u_{i2})$$

若 $R_1 = R_2$，则：

$$u_o = -\frac{R_f}{R_1}(u_{i1} + u_{i2})$$

若 $R_1 = R_2 = R_f$，则：

$$u_o = -(u_{i1} + u_{i2})$$

式中，负号是因反相输入引起的，由此可见输出电压与两个输入电压之间是一种反相输入加法运算关系。这一运算关系可推广到有更多个信号输入的情况。平衡电阻 $R_P = R_1 // R_2 // R_f$。

4. 减法运算电路

减法运算电路如图 4－11 所示，由叠加定理可以得到输出与输入关系。

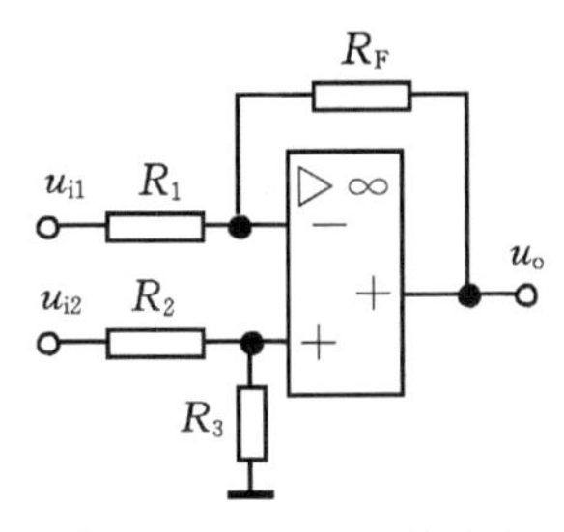

图 4－11　减法运算电路

u_{i1}单独作用时成为反相输入比例运算电路，其输出电压为：

$$u'_o = -\frac{R_f}{R_1}u_{i1}$$

u_{i2}单独作用时成为同相输入比例运算电路，其输出电压为：

$$u''_o = (1+\frac{R_f}{R_1})\frac{R_3}{R_2+R_3}u_{i2}$$

根据叠加定理，u_{i1}和 u_{i2}共同作用时，输出电压为：

$$u_o = u'_o + u''_o = -\frac{R_f}{R_1}u_{i1} + (1+\frac{R_f}{R_1})\frac{R_3}{R_2+R_3}u_{i2}$$

若 $R_3=\infty$(断开)，则：

$$u_o = -\frac{R_f}{R_1}u_{i1} + (1+\frac{R_f}{R_1})u_{i2}$$

若 $R_1=R_2$，且 $R_3=R_f$，则：

$$u_o = \frac{R_f}{R_1}(u_{i2}-u_{i1})$$

若 $R_1=R_2=R_3=R_f$，则：

$$u_o = u_{i2} - u_{i1}$$

由此可见，输出电压与两个输入电压之差成正比，实现了减法运算。该电路又称为差动输入运算电路或差动放大电路。

例 4－4　减法运算电路也可由反相器和加法运算电路级联而成，如图 4－12 所示，试推导输出电压 u_o 与输入电压 u_{i1}、u_{i2}的关系。

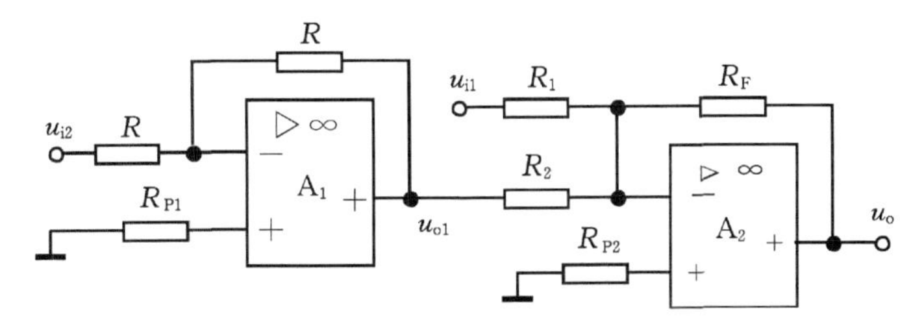

图 4－12　例 4－4 的图

解:由图 4－12 可知,第一级运放 A_1 构成反相器,故:

$$u_{o1}=-u_{i2}$$

第二级运放 A_2 构成加法运算电路,故:

$$u_o=-(\frac{R_f}{R_1}u_{i1}+\frac{R_f}{R_2}u_{o1})=\frac{R_f}{R_2}u_{i2}-\frac{R_f}{R_1}u_{i1}$$

例 4－5 写出图 4－13 所示运算电路的输出电压 u_o 与输入电压 u_{i1}、u_{i2} 的关系。

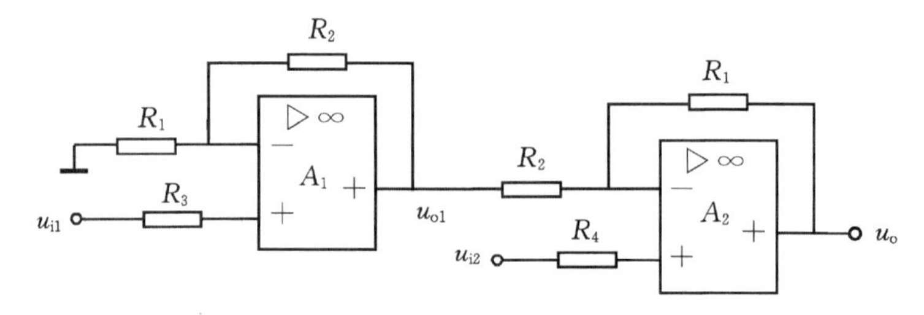

图 4－13 例 4－5 的图

解:图 4－13 中,第一级运放 A_1 构成同相比例运算电路,故:

$$u_{o1}=(1+\frac{R_2}{R_1})u_{i1}$$

第二级运放 A_2 构成减法运算电路,故:

$$u_o=-\frac{R_1}{R_2}u_{o1}+(1+\frac{R_1}{R_2})u_{i2}=-\frac{R_1}{R_2}(1+\frac{R_2}{R_1})u_{i1}+(1+\frac{R_1}{R_2})u_{i2}=(1+\frac{R_1}{R_2})(u_{i2}-u_{i1})$$

例 4－6 试用两级运算放大器设计一个加减运算电路,实现以下运算关系:

$$u_o=10u_{i1}+20u_{i2}-8u_{i3}$$

解:由题中给出的运算关系可知 u_{i3} 与 u_o 反相,而 u_{i1} 和 u_{i2} 与 u_o 同相,故可用反相加法运算电路将 u_{i1} 和 u_{i2} 相加后,其和再与 u_{i3} 反相相加,从而可使 u_{i3} 反相一次,而 u_{i1} 和 u_{i2} 反相两次。根据以上分析,可画出实现加减运算的电路图,如图 4－14 所示。

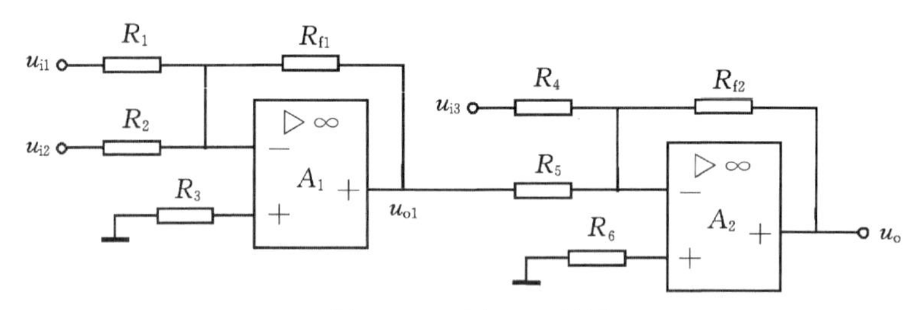

图 4－14 例 4－6 的图

由图可得:

$$u_{o1}=-(\frac{R_{f1}}{R_1}u_{i1}+\frac{R_{f1}}{R_2}u_{i2})$$

$$u_o=-(\frac{R_{f2}}{R_4}u_{i3}+\frac{R_{f2}}{R_5}u_{o1})=\frac{R_{f2}}{R_5}(\frac{R_{f1}}{R_1}u_{i1}+\frac{R_{f1}}{R_2}u_{i2})-\frac{R_{f2}}{R_4}u_{i3}$$

根据题中的运算要求设置各电阻阻值间的比例关系:

$$\frac{R_{f2}}{R_5}=1,\frac{R_{f1}}{R_1}=10,\frac{R_{f1}}{R_2}=20,\frac{R_{f2}}{R_4}=8$$

若选取 $R_{f1}=R_{f2}=100\ \mathrm{k\Omega}$，则可求得其余各电阻的阻值分别为：

$$R_1=10\ \mathrm{k\Omega}, R_2=5\ \mathrm{k\Omega}, R_4=12.5\ \mathrm{k\Omega}, R_5=100\ \mathrm{k\Omega}$$

平衡电阻 R_3、R_6 的值分别为：

$$R_3=R_1//R_2//R_{f1}=10//5//100=3.2\ \mathrm{k\Omega}$$

$$R_6=R_4//R_5//R_{f2}=12.5//100/100=10\ \mathrm{k\Omega}$$

(三)积分和微分运算电路

1. 积分运算电路

将反相输入比例运算电路的反馈电阻 R_f 用电容 C 替换，则成为积分运算电路，如图 4－15 所示。

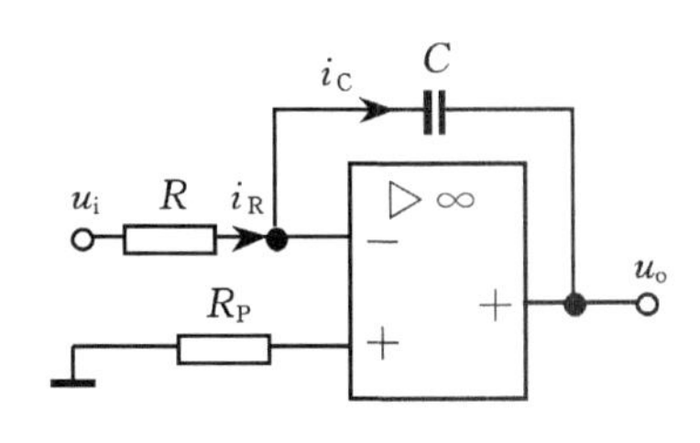

图 4－15　积分运算电路

由于反相输入端虚地，且 $i_-=i_+=0$，由图可得：

$$i_R=i_C$$

$$i_R=\frac{u_i}{R}$$

$$i_C=C\frac{du_C}{dt}=-C\frac{du_o}{dt}$$

由此可得：

$$u_o=-\frac{1}{RC}\int u_i dt$$

输出电压与输入电压对时间的积分成正比。

若 u_i 为恒定电压 U，则输出电压 u_o 为：

$$u_o=-\frac{U}{RC}t$$

输出电压与时间 t 成正比，设 $t=0$ 时的输出电压为零，则波形如图 4－16 所示。最大输出电压可达 $\pm U_{OM}$。

积分电路应用很广，除了积分运算外，还可用于方波—三角波转换、示波器显示和扫描、模数转换和波形发生等。图 4－17 是将积分电路用于方波—三角波转换时的输入电压 u_i(方波)和输出电压 u_o(三角波)的波形。

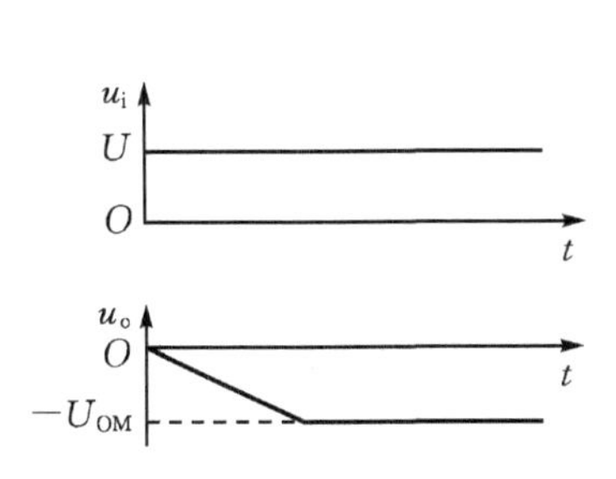

图 4－16　u_i 为恒定电压 U 时积分电路 u_o 的波形

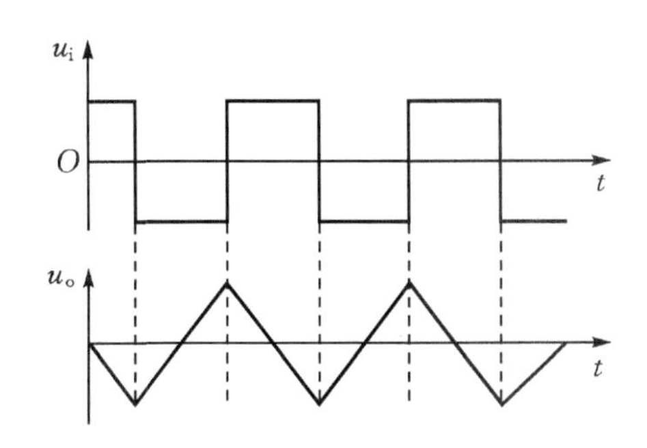

图 4－17　积分电路输入输出波形

2. 微分运算电路

将积分运算电路的 R、C 位置对调即为微分运算电路，如图 4－18 所示。由于反相输入端虚地，且 $i_{-}=i_{+}=0$，由图可得：

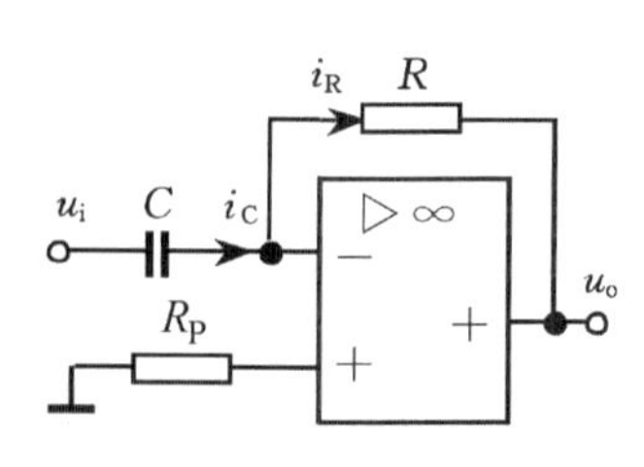

图 4－18　微分运算电路

$$i_R = i_C$$

$$i_R = -\frac{u_o}{R}$$

$$i_C = C\frac{\mathrm{d}u_C}{\mathrm{d}t} = C\frac{\mathrm{d}u_i}{\mathrm{d}t}$$

由此可得：

$$u_o = -RC\frac{\mathrm{d}u_i}{\mathrm{d}t}$$

输出电压与输入电压对时间的微分成正比。

若 u_i 为恒定电压 U，则在 u_i 作用于电路的瞬间，微分电路输出一个尖脉冲电压，波形如图 4－19 所示。

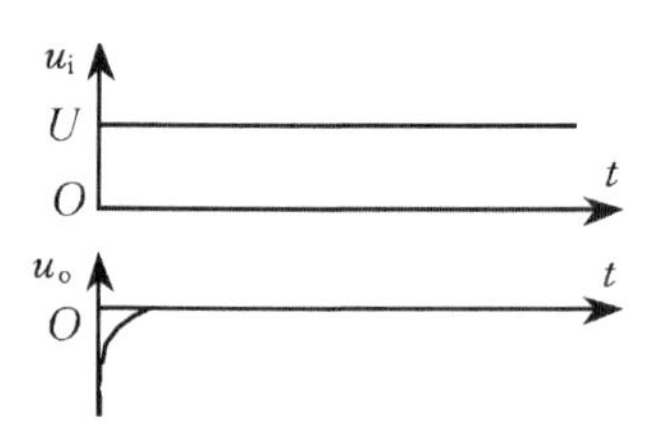

图 4－19　u_i 为恒定电压 U 时微分电路 u_o 的波形

三、任务实施——模拟运算电路的组装与测试

1. 实训目的

①研究由集成运算放大器组成的比例、加法、减法和积分等基本运算电路的功能；

②了解运算放大器在实际应用时应考虑的一些问题；

③了解集成运放芯片的结构与使用方法。

2. 实训器材

±12 V 直流电源、函数信号发生器、交流毫伏表、直流电压表、集成运算放大器 μA741×1、电阻器、电容器若干。

3. 实训原理

集成运算放大器是一种具有高电压放大倍数的直接耦合多级放大电路。当外部接入不同的线性或非线性元器件组成输入和负反馈电路时，可以灵活地实现各种特定的函数关系。在线性应用方面，可组成比例、加法、减法、积分、微分、对数等模拟运算电路。

(1)反相比例运算电路

电路如图 4－20 所示。对于理想运放，该电路的输出电压与输入电压之间的关系为：

$$U_O = \frac{R_f}{R_1}U_i$$

为了减小输入级偏置电流引起的运算误差，在同相输入端应接入平衡电阻 $R_2=R_1//R_F$。

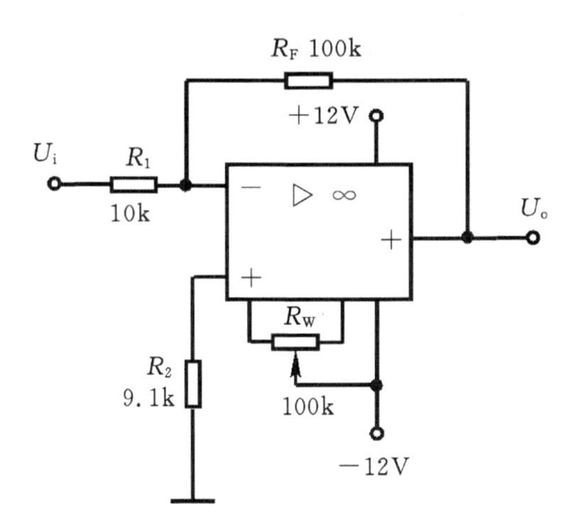

图 4-20 反相比例运算电路

(2)反相加法电路

电路如图 4-21 所示，输出电压与输入电压之间的关系为：

$$U_O=-(\frac{R_F}{R_1}U_{i1}+\frac{R_F}{R_2}U_{i2}),\quad R_3=R_1//R_2//R_F$$

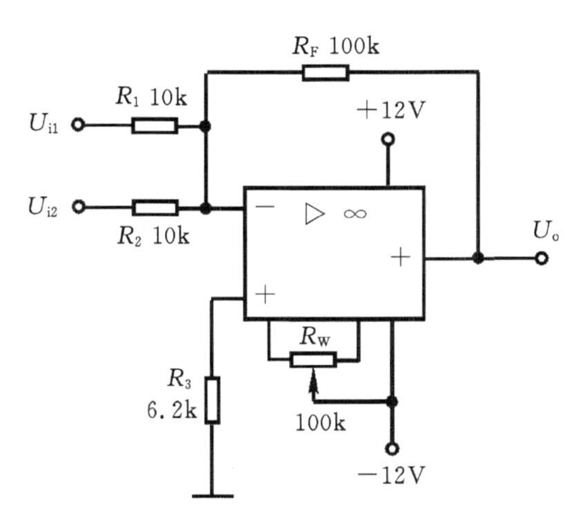

图 4-21 反相加法运算电路

(3)同相比例运算电路

图 4-22(a)是同相比例运算电路，它的输出电压与输入电压之间的关系为：

$$U_O=(1+\frac{R_F}{R_1})U_i\quad R_2=R_1//R_F$$

当 $R_1\rightarrow\infty$ 时，$U_O=U_i$，即得到如图 4-22(b)所示的电压跟随器。图中 $R_2=R_F$，用以减小漂移和起保护作用。一般 R_F 取 10 kΩ，R_F 太小起不到保护作用，太大则影响跟随性。

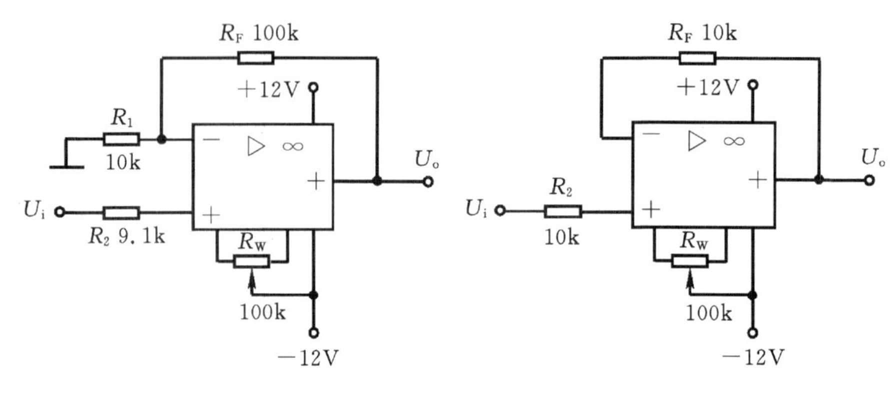

(a) 同相比例运算电路　　(b) 电压跟随器

图 4－22　同相比例运算电路

(4)差动放大电路(减法器)

对于图 4－23 所示的减法运算电路，当 $R_1=R_2$，$R_3=R_F$ 时，有如下关系式：

$$U_O=\frac{R_F}{R_1}(U_{i2}-U_{i1})$$

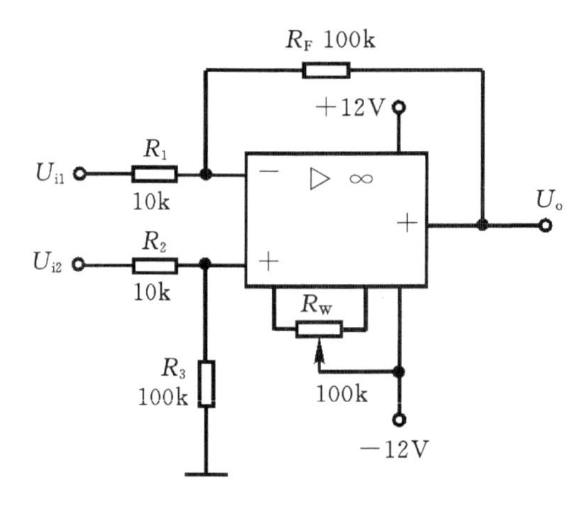

图 4－23　减法运算电路图

(5)积分运算电路

反相积分电路如图 4－24 所示。在理想化条件下，输出电压 u_0 等于

$$U_0(t)=-\frac{1}{R_1C}\int_0^t u_i\mathrm{d}t+u_C(0)$$

式中，$u_C(0)$是 $t=0$ 时刻电容 C 两端的电压值，即初始值。

如果 $u_i(t)$是幅值为 E 的阶跃电压，并设 $u_c(0)=0$，则

$$U_0(t)=-\frac{1}{R_1C}\int_0^t F\mathrm{d}t=-\frac{E}{R_1C}t$$

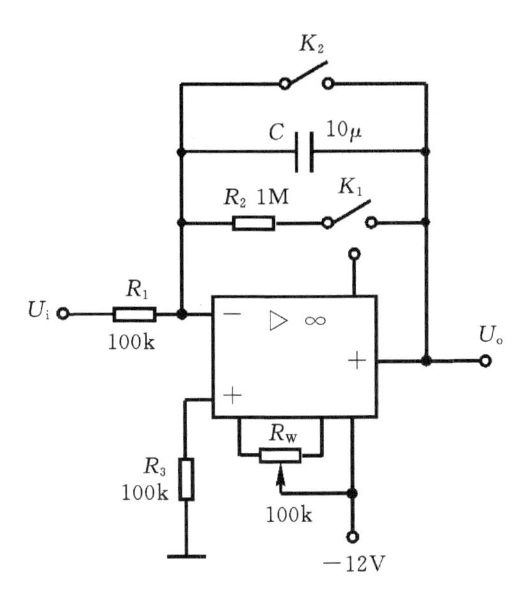

图 4-24　积分运算电路

即输出电压 $u_O(t)$ 随时间增长而线性下降。显然 RC 的数值越大，达到给定的 U_O 值所需的时间就越长。积分输出电压所能达到的最大值受集成运放最大输出范围的限值。

在进行积分运算之前，首先应对运放调零。为了便于调节，将图中 K_1 闭合，即通过电阻 R_2 的负反馈作用帮助实现调零。但在完成调零后，应将 K_1 打开，以免因 R_2 的接入造成积分误差。K_2 的设置一方面为积分电容放电提供通路，同时可实现积分电容初始电压 $u_C(0)=0$，另一方面，可控制积分起始点，即在加入信号 u_i 后，只要 K_2 一打开，电容就将被恒流充电，电路也就开始进行积分运算。

4. 实训内容及步骤

实训前要看清运放组件各管脚的位置；切忌正、负电源极性接反和输出端短路，否则将会损坏集成块。

(1)反相比例运算电路

①按图 4-20 连接实训电路，接通±12 V 电源，输入端对地短路，进行调零和消振。

②输入 $f=100$ Hz，$U_i=0.5$ V 的正弦交流信号，测量相应的 U_o，并用示波器观察 u_o 和 u_i 的相位关系，记入表 4-1。

表 4-1　$U_i=0.5$ V，$f=100$ Hz

U_i/V	U_o/V	u_i 波形	u_O 波形	A_V	
				实测值	计算值
		O t	O t		

(2)同相比例运算电路

①按图 4-22(a)连接实训电路。实训步骤同内容(3)，将结果记入表 4-2；

②将图 4－22(a)中的 R_1 断开，得图 4－22(b)电路重复内容①。

表 4－2　U_i＝0.5 V，f＝100 Hz

U_i/V	U_O/V	u_i 波形	u_O 波形	A_V	
				实测值	计算值
		O　t	O　t		

(3)反相加法运算电路

①按图 4－21 连接实训电路。调零和消振；

②输入信号采用直流信号，图 4－25 所示电路为简易直流信号源，由实训者自行完成。实训时要注意选择合适的直流信号幅度以确保集成运放工作在线性区。用直流电压表测量输入电压 U_{i1}、U_{i2}及输出电压 U_O，记入表 4－3。

表 4－3　反相加法运算电路

U_{i1}/V					
U_{i2}/V					
U_O/V					

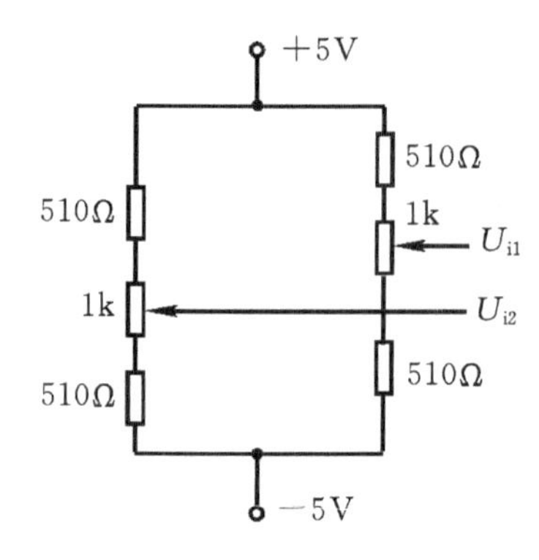

图 4－25　简易可调直流信号源

(4)减法运算电路

①按图 4－23 连接实训电路。调零和消振；

②采用直流输入信号，实训步骤同内容(3)，记入表 4－4。

表 4－4　减法运算电路

U_{i1}/V					
U_{i2}/V					
U_O/V					

(5)积分运算电路

实训电路如图 4－24 所示。

①打开 K_2，闭合 K_1，对运放输出进行调零。

②调零完成后，再打开 K_1，闭合 K_2，使 $u_C(o)=0$。

③预先调好直流输入电压 $U_i=0.5$ V，接入实训电路，再打开 K_2，然后用直流电压表测量输出电压 U_O，每隔 5 秒读一次 U_O，记入表 4－5，直到 U_O 不继续明显增大为止。

表 4－5 积分运算电路

t/s	0	5	10	15	20	25	30	……
U_0/V								

5. 实训总结

①整理实训数据，画出波形图（注意波形间的相位关系）；

②将理论计算结果和实测数据相比较，分析产生误差的原因；

③分析讨论实训中出现的现象和问题。

任务二 有源滤波器和电压比较器测试

一、任务导入

滤波器可以滤除电路中的杂波，在现代通信电路中应用非常广泛。由于集成运算放大器具有高输入阻抗、低输出阻抗的特性，使由集成运算放大器构成的滤波器输出和输入间有良好的隔离，便于级联。可以构成滤波特性好或频率特性有特殊要求的滤波器。

在实际电路应用中，除了前面介绍过的运算电路以外，另外一类用得较多的电路就是电压比较器。电压比较器最基本的结构由两个输入端和一个输出端构成，当同相输入端的电压比反相输入端高时，输出一个正（或负）电压；反之，当同相输入端电压较低时，输出一个负（或正）电压（也有输出为 0 的情况）。电压比较器在波形变换、数字通信线路的中继放大恢复、数字信号处理等方面都有广泛的应用。

二、相关知识

（一）有源滤波器

滤波器按照功能不同分为低通滤波器、高通滤波器、带通滤波器、带阻滤波器。其理想幅频特性如图 4－26 所示。

滤波器有以下几个特征参数。

①通带：能够通过的信号频率范围。

②阻带：阻止信号通过或衰减信号的频率范围。

③截止频率（转折频率）f_c：通带与阻带分界点的频率。

④A_{up}：通带的电压放大倍数。

⑤f_L：低频段的截止频率；f_H：高频段的截止频率；f_0：中心频率。

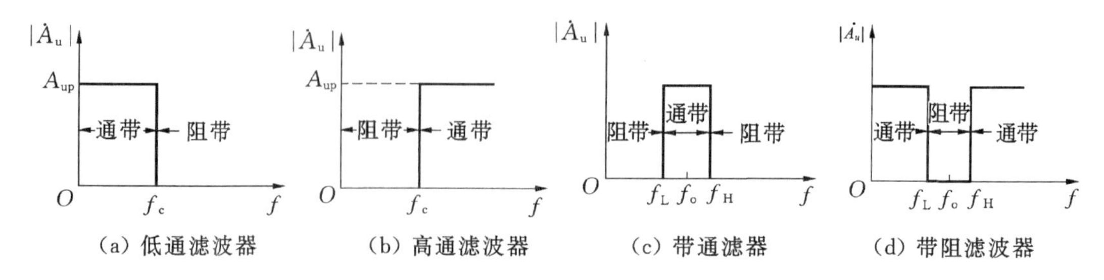

图 4-26　各种滤波器的理想幅频特性

1. 一阶低通滤波器

①电路组成。一阶低通滤波器电路如图 4-27 所示，它是由运放和 RC 网络组成的。

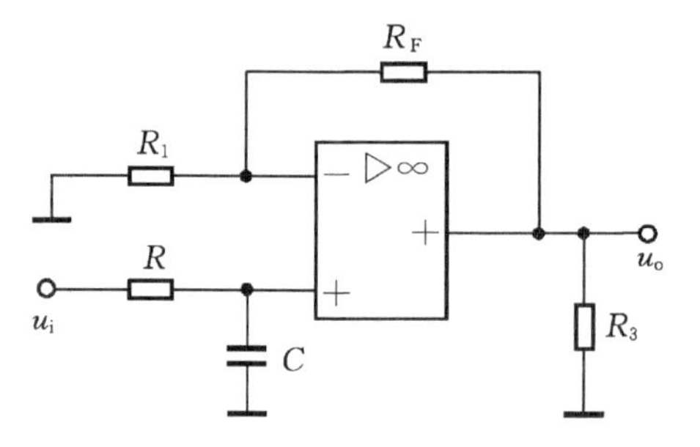

图 4-27　一阶低通滤波器

②频率特性。一阶低通滤波器的幅频特性如图 4-28 所示，它的通带截止频率 $f_H=f_0=\frac{1}{2\pi RC}$。由于一阶低通滤波器的衰减斜率为$-20$ dB/十倍频，衰减很慢，只适用于要求不高的场合。

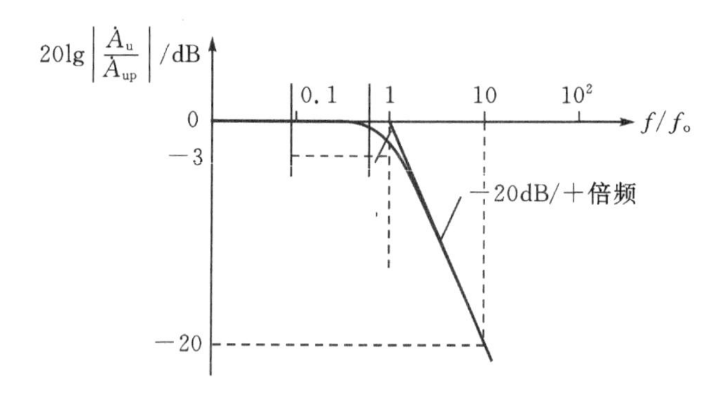

图 4-28　一阶低通滤波器的幅频特性

2. 一阶高通滤波器

①电路组成。把图 4-27 中的 R、C 位置互换，就可以得到如图 4-29 所示的一阶有源高通滤波器。

②频率特性。一阶高通滤波器的幅频特性如图 4-30 所示。可以看出，通带截止频率 $f_L=f_0=\frac{1}{2\pi RC}$，当 $f \ll f_0$ 时，其衰减斜率为 20 dB/十倍频。

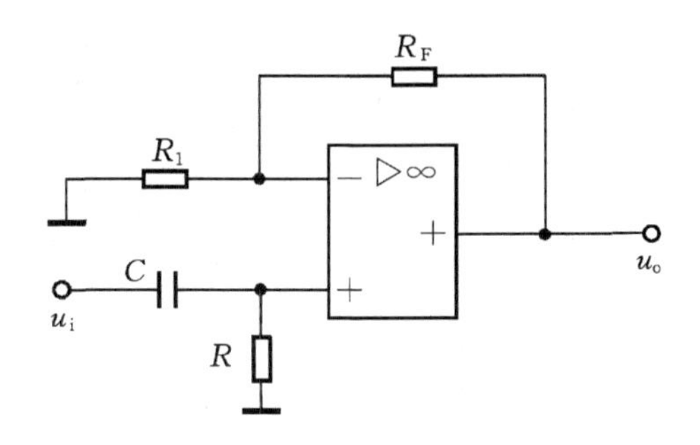

图 4－29　一阶高通滤波器

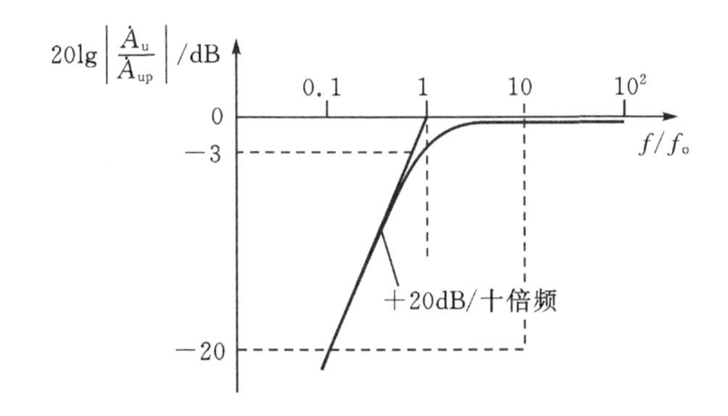

图 4－30　一阶高通滤波器的幅频特性

(二)电压比较器

1. 过零比较器

过零比较器是典型的幅度比较电路，它的电路图和传输特性曲线如图 4－31 所示。

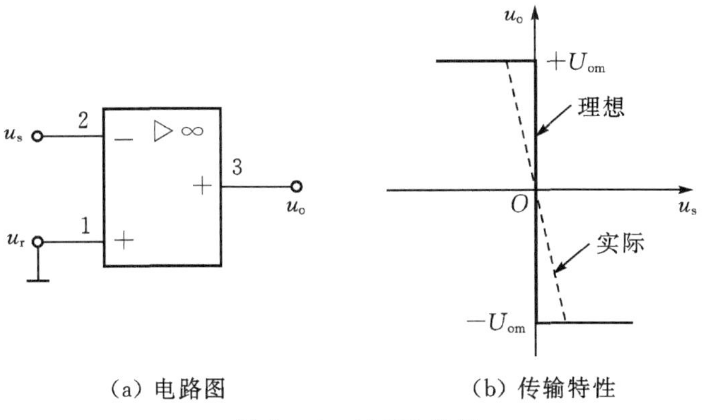

图 4－31　过零比较器

2. 一般单限比较器

将过零比较器的一个输入端从接地改接到一个固定电压值 U_r 上，就得到电压比较器，其电路和传输特性如图 4－32 所示。调节 U_r 可方便地改变阈值。

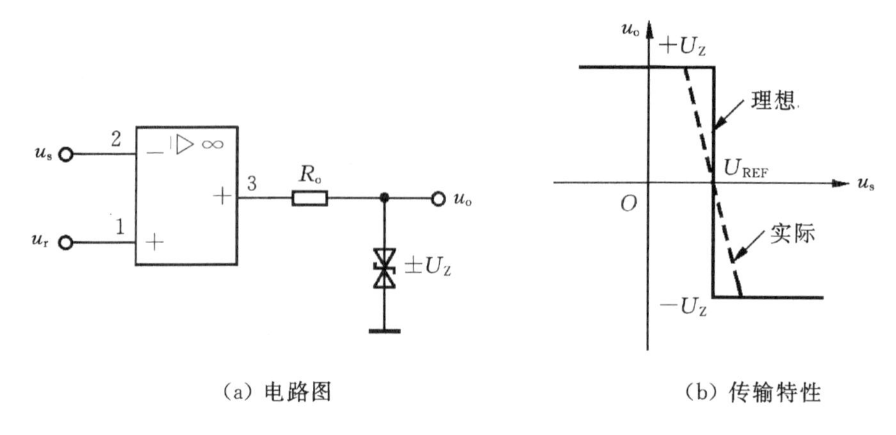

(a) 电路图　　(b) 传输特性

图 4-32　单限电压比较器

单限比较器的基本特点如下：

①工作在开环或正反馈状态；

②开关特性。因为开环增益很大，比较器的输出只有高电平和低电平两个稳定状态；

③非线性。因是大幅度工作，输出和输入不呈线性关系。

3. 滞回比较器

从输出引一个电阻分压支路到同相输入端，即得到滞回比较器，其电路和传输特性如图 4-33所示。

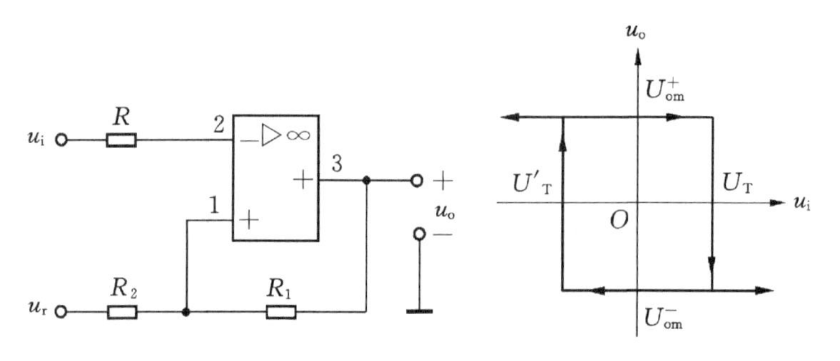

图 4-33　滞回比较器

当输入电压 u_i 从零逐渐增大，且 $u_i \leqslant U_T$ 时，$u_o = U_{om}^+$，U_T 称为上限阀值(触发)电平。

$$U_T = \frac{R_1 U_r}{R_1 + R_2} + \frac{R_2}{R_1 + R_2} U_{om}^+$$

当输入电压 $u_i \geqslant U_T$ 时，$u_o = U_{om}^-$。此时触发电平变为 U'_T，U'_T 称为下限阀值(触发)电平。

$$U'_T = \frac{R_1 U_r}{R_1 + R_2} + \frac{R_2}{R_1 + R_2} U_{om}^-$$

当 u_i 逐渐减小，且 $u_i > U'_T$ 过程中，u_o 始终等于 U_{om}^-，因此出现了如图 4-33 所示的滞回特性曲线。

U_T 与 U'_T 的差称为回差电压 ΔU，即：

$$\Delta U = U_T - U'_T = \frac{R_2}{R_1 + R_2}(U_{om}^+ - U_{om}^-)$$

三、任务实施——电压比较器的组装与测试

1. 实训目的

①掌握电压比较器的电路构成及特点；

②学会测试比较器的方法。

2. 实训器材

+5 V 直流电源、直流电压表、函数信号发生器、直流毫安表、双踪示波器、频率计、交流毫伏表、晶体三极管 3DG6(9011)、3DG12(9013)、3CG12(9012)、晶体二极管 IN4007、8 Ω 扬声器、电阻器、电容器若干。

3. 实训原理

电压比较器是集成运放非线性应用电路，它将一个模拟量电压信号和一个参考电压相比较，在二者幅度相等的附近，输出电压将产生跃变，相应输出高电平或低电平。比较器可以组成非正弦波形变换电路及应用于模拟与数字信号转换等领域。

图 4-34 所示为一最简单的电压比较器，U_R 为参考电压，加在运放的同相输入端，输入电压 u_i 加在反相输入端。

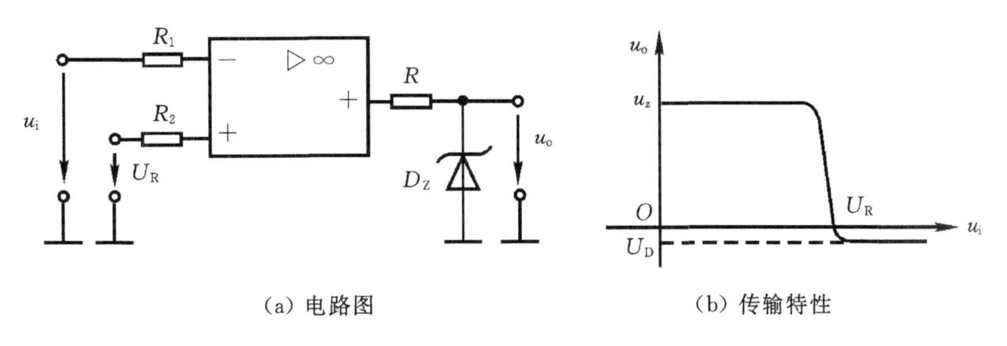

(a) 电路图　　(b) 传输特性

图 4-34　电压比较器

当 $u_i < U_R$ 时，运放输出高电平，稳压管 D_Z 反向稳压工作。输出端电位被其箝位在稳压管的稳定电压 U_Z，即 $u_O = U_Z$

当 $u_i > U_R$ 时，运放输出低电平，D_Z 正向导通，输出电压等于稳压管的正向压降 U_D，即 $u_o = -U_D$

因此，以 U_R 为界，当输入电压 u_i 变化时，输出端反映出两种状态。高电位和低电位。

表示输出电压与输入电压之间关系的特性曲线，称为传输特性。图 4-34(b)为(a)图比较器的传输特性。

常用的电压比较器有过零比较器、具有滞回特性的过零比较器、双限比较器(又称窗口比较器)等。

(1)过零比较器

电路如图 4-35 所示为加限幅电路的过零比较器，D_Z 为限幅稳压管。信号从运放的反相输入端输入，参考电压为零，从同相端输入。当 $U_i > 0$ 时，输出 $U_O = -(U_Z + U_D)$，当 $U_i < 0$ 时，$U_O = +(U_Z + U_D)$。其电压传输特性如图 4-35(b)所示。

过零比较器结构简单，灵敏度高，但抗干扰能力差。

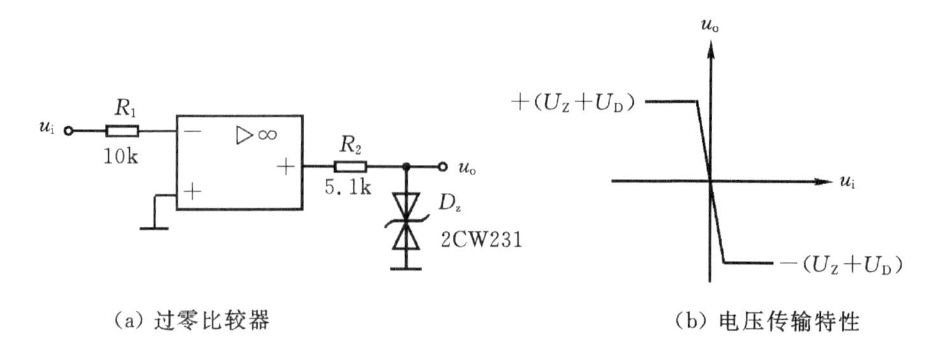

(a) 过零比较器　　(b) 电压传输特性

图 4-35　过零比较器

(2)滞回比较器

图 4-36 为具有滞回特性的过零比较器。过零比较器在实际工作时，如果 u_i 恰好在过零值附近，则由于零点漂移的存在，u_O 将不断由一个极限值转换到另一个极限值，这在控制系统中，对执行机构将是很不利的。为此，就需要输出特性具有滞回现象。如图 4-36 所示，从输出端引一个电阻分压正反馈支路到同相输入端，若 u_o 改变状态，Σ 点也随着改变电位，使过零点离开原来位置。当 u_o 为正(记作 U_+)，$u_\Sigma=\dfrac{R_2}{R_f+R_2}U_+$ 当 $u_i>U_\Sigma$ 后，u_O 即由正变负(记作 U_-)，此时 U_Σ 变为 $-U_\Sigma$。故只有当 u_i 下降到 $-U_\Sigma$ 以下，才能使 u_O 再度回升到 U_+，于是出现图 4-36(b)中所示的滞回特性。$-U_\Sigma$ 与 U_Σ 的差别称为回差。改变 R_2 的数值可以改变回差的大小。

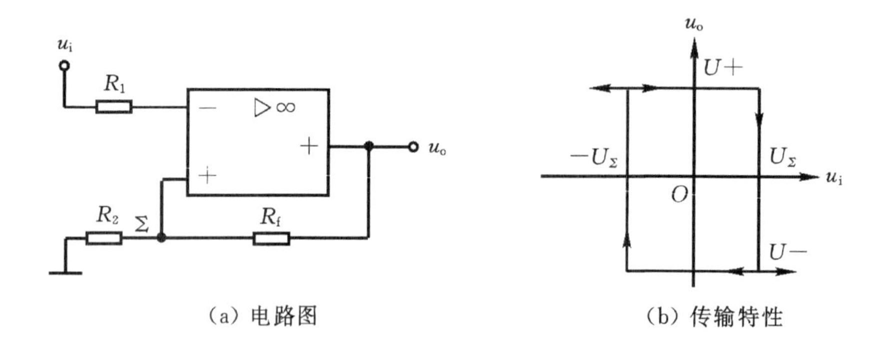

(a) 电路图　　(b) 传输特性

图 4-36　滞回比较器

(3)窗口(双限)比较器

简单的比较器仅能鉴别输入电压 u_i 比参考电压 U_R 高或低的情况，窗口比较电路是由两个简单比较器组成，如图 4-37 所示，它能指示出 u_i 值是否处于 U_R^+ 和 U_R^- 之间。如 $U_R^-<U_i<U_R^+$，窗口比较器的输出电压 U_O 等于运放的正饱和输出电压($+U_{omax}$)，如果 $U_i<U_R^-$ 或 $U_i>U_R^+$，则输出电压 U_0 等于运放的负饱和输出电压($-U_{Omax}$)。

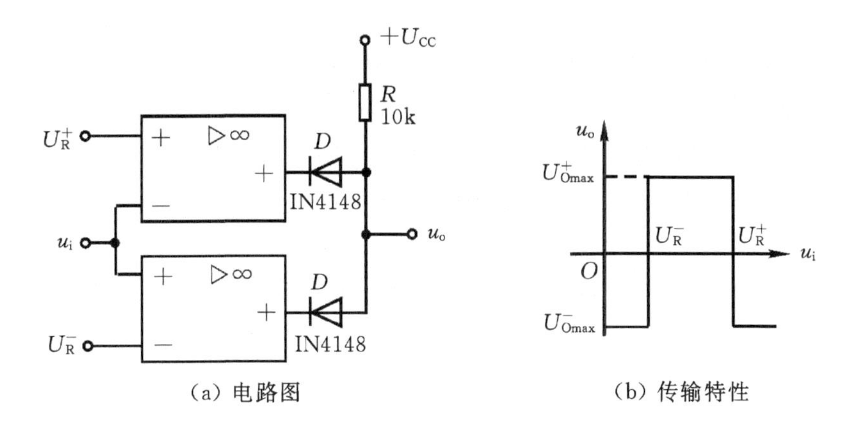

(a) 电路图　　(b) 传输特性

图 4-37　由两个简单比较器组成的窗口比较器

4. 实训内容及步骤

(1)过零比较器

实训电路如图 4-35 所示。

①接通±12 V 电源；

②测量 u_i 悬空时的 U_O 值；

③u_i 输入 500 Hz、幅值为 2 V 的正弦信号，观察 $u_i \to u_O$ 波形并记录；

④改变 u_i 幅值，测量传输特性曲线。

(2)反相滞回比较器

实训电路如图 4-38 所示。

①按图接线，u_i 接+5 V 可调直流电源，测出 u_O 由 $+U_{omcx} \to -U_{omcx}$ 时 u_i 的临界值；

②同上，测出 u_O 由 $-U_{omcx} \to +U_{omcx}$ 时 u_i 的临界值；

③u_i 接 500 Hz，峰值为 2 V 的正弦信号，观察并记录 $u_i \to u_O$ 波形；

④将分压支路 100K 电阻改为 200K，重复上述实训，测定传输特性。

(3) 同相滞回比较器

实训线路如图 4-39 所示。

①参照(2)，自拟实训步骤及方法；

②将结果与(2)进行比较。

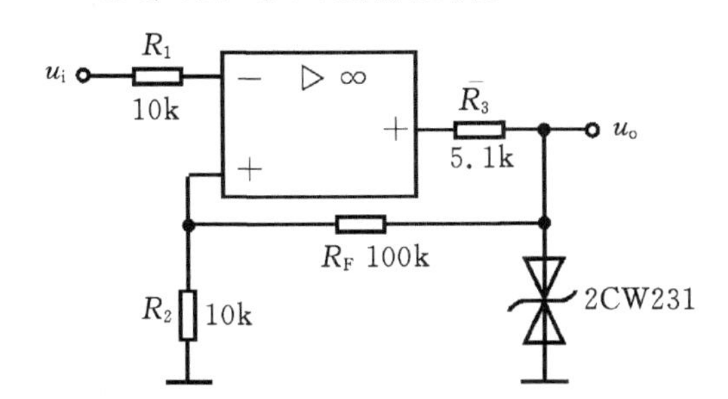

图 4-38　反相滞回比较器

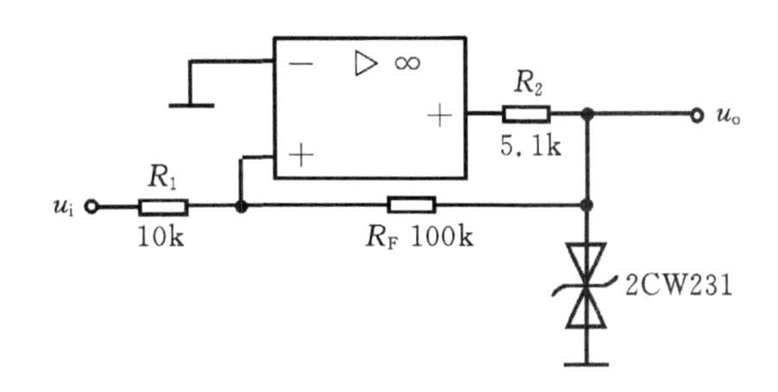

图 4-39　同相滞回比较器

(4)窗口比较器

参照图4-37自拟实训步骤和方法测定其传输特性。

5. 实训报告

①整理实训数据,绘制各类比较器的传输特性曲线;

②总结几种比较器的特点,阐明它们的应用。

任务三　波形发生器及测试

一、任务导入

现在的家电、信息设备以及电子和通信领域的其他设备都需要产生各种各样的波形。这些波形有各种频率的正弦波、矩形波、三角波、锯齿波等。常见的得到波形的方式有利用晶振产生正弦波后进行波形变换,也可以用集成运放来构成电路得到。用集成运放构成的波形发生器,电路简单,频率与幅度易于调节,因而应用很广。

二、相关知识

(一)正弦波发生器

正弦波发生器习惯上称正弦波振荡器,是由放大器、正反馈、选频电路以及限幅器组成的。

正弦波振荡器的振荡条件包括以下两个方面。

①相位条件。从输出端反馈到输入端的反馈电压与原输入电压同相,即引入正反馈。

②振幅条件。当闭环放大倍数大于1时,电路可以产生振荡。在临界振荡状态时,其闭环放大倍数等于1。

正弦波振荡器有多种类型,不管哪种类型都是遵循相位条件和振幅条件设计的。振荡电路分析也是依据这两个条件进行的。故障分析时,首先判断起放大作用的元件是否正常工作(判断振幅条件),然后判断选频电路是否正常工作(判断相位条件)。

由集成运放组成的正弦波振荡器的典型实例是RC文氏桥振荡器,如图4-40所示。该电路的主要特点是采用RC串并联电路作为选频和反馈电路,集成运放和R_f、R_1构成同相比例放大电路。

由图4-40可知 $F=\dfrac{U_f}{U_o}=\dfrac{1}{\sqrt{3^2+\left(\omega RC-\dfrac{1}{\omega RC}\right)^2}}=\dfrac{1}{\sqrt{3^2+\left(2\pi fRC-\dfrac{1}{2\pi fRC}\right)^2}}$

令 $f_0=\dfrac{1}{2\pi RC}$

则 $F=\dfrac{1}{\sqrt{3^2+\left(\dfrac{f}{f_0}-\dfrac{f_0}{f}\right)^2}}$

①当$f=f_0$时,反馈信号与原输入信号同相位,满足相位条件;反馈电路输出电压只有反馈电路输入电压的1/3,且最大。因此,集成运放组成的放大电路中R_f略大于$2R_1$时就能满

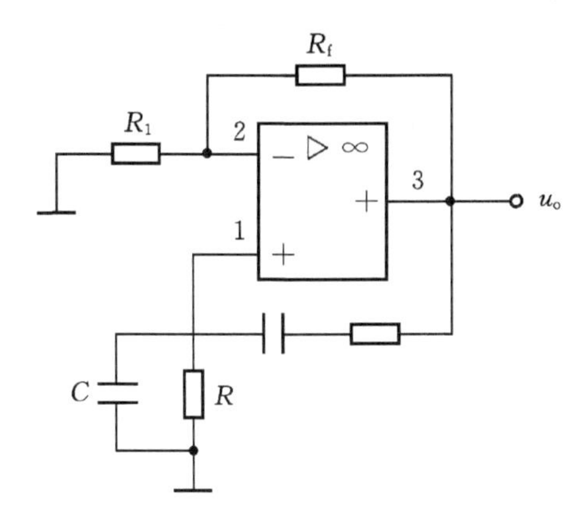

图 4－40　RC 文氏桥振荡器

足振幅条件，从而产生振荡，振荡频率为 f_0。若 $R_f<2R_1$，电路不能起振；若 $R_f\gg 2R_1$，输出电压 u_o 的波形会产生接近方波的失真。

②当 $f\neq f_0$ 时，反馈电路输出信号与输入信号的相位不相同，无正弦波信号电压输出。

(二)非正弦波发生器

矩形波(又称方波)发生器是非正弦波发生器中应用最广泛的电路，数字电路和微机电路中时钟信号就由方波发生器提供的。

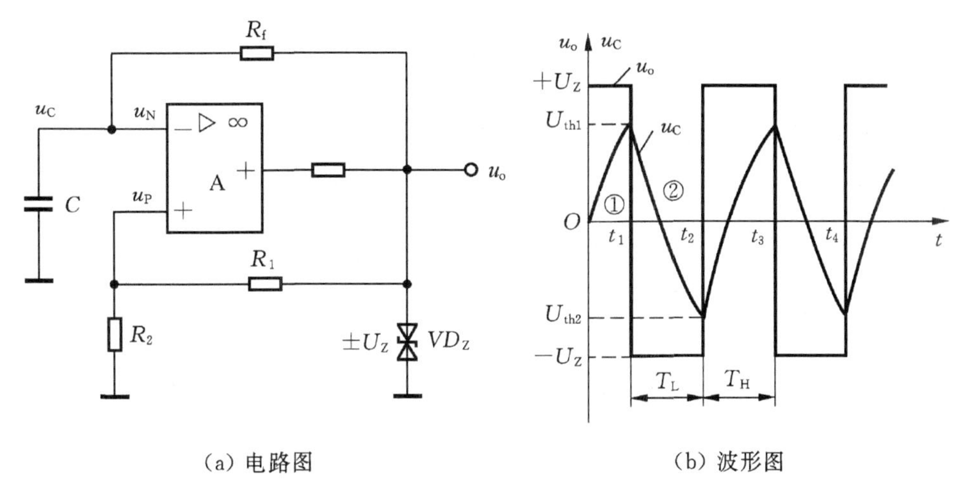

(a) 电路图　　(b) 波形图

图 4－41　方波发生器

1. 电路组成

方波发生器电路如图 4－41 所示。它由滞回比较器和具有延时作用的 RC 反馈网络组成。

2. 工作原理

输出端接限幅电路的滞回比较器的输出电压 $u_o=\pm(U_Z+U_D)\approx\pm U_Z$

当电源接通，$t=0$ 时刻，$u_C=0$ 设 $u_{o1}=+U_Z$，u_+ 为

$$U_{th1}=u'_{+}=\frac{R_1}{R_1+R_2}u_{o1}=\frac{R_1}{R_1+R_2}U_Z$$

输出电压 $u_o=u_Z$，C 充电，u_C 按指数规律上升，如图 4－41(b)曲线①。$u_C=U_{th1}$ 时，电路状态发生翻转。此时，u_+ 突变为

$$U_{th2}=u''_{+}=\frac{R_1}{R_1+R_2}u_{o2}=-\frac{R_1}{R_1+R_2}U_Z$$

此时，C 放电而 u_C 下降，如图 4－41(b)曲线②，放电完毕后电容反向充电，当 $u_C=u_-=U_{th2}$ 时，电路发生翻转，$u_o=+U_Z$。电容反向放电，当放电完毕进行正向充电，$u_C=U_{th1}$ 时，电路又发生翻转，输出由 $+U_Z$ 突变为 $-U_Z$。如此反复，在输出端即产生方波波形，如图 4－41(b)所示。

3. 振荡频率估算

由上述分析可以得到

$$T=2RC\ln(1+2\frac{R_1}{R_2})$$

$$f=\frac{1}{2RC\ln(1+\frac{R_1}{R_2})}$$

适当选取 R_1、R_2，使 $\ln(1+2\frac{R_1}{R_2})=1$，则

$$T=2RC$$

$$f=\frac{1}{2RC}$$

三、任务实施——波形发生器的组装与测试

1. 实训目的

①学习用集成运放构成正弦波、方波和三角波发生器；

②学习波形发生器的调整和主要性能指标的测试方法。

2. 实训器材

±12 V 直流电源、双踪示波器、交流毫伏表、频率计、集成运算放大器 μA741×2、二极管 IN4148×2、稳压管 2CW231×1、电阻器、电容器若干。

3. 实训原理

由集成运放构成的正弦波、方波和三角波发生器有多种形式，本实训选用最常用的，线路比较简单的几种电路加以分析。

(1)RC 桥式正弦波振荡器(文氏电桥振荡器)

图 4－42 为 RC 桥式正弦波振荡器。其中 RC 串、并联电路构成正反馈支路，同时兼作选频网络，R_1、R_2、R_W 及二极管等元件构成负反馈和稳幅环节。调节电位器 R_W，可以改变负反馈深度，以满足振荡的振幅条件和改善波形。利用两个反向并联二极管 D_1、D_2 正向电阻的非线性特性来实现稳幅。D_1、D_2 采用硅管(温度稳定性好)，且要求特性匹配，才能保证输出波形正、负半周对称。R_3 的接入是为了削弱二极管非线性的影响，以改善波形失真。

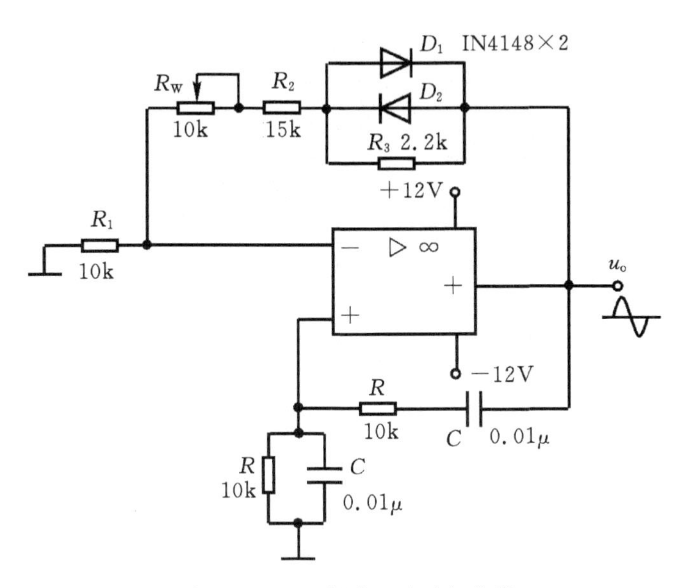

图 4-42　*RC* 桥式正弦波振荡器

电路的振荡频率

$$f_0=\frac{1}{2\pi RC}$$

起振的幅值条件

$$\frac{R_f}{R_1}\geqslant 2$$

式中，$R_f=R_W+R_2+(R_3//r_D)$，r_D——二极管正向导通电阻。

调整反馈电阻 R_f（调 R_W），使电路起振，且波形失真最小。如不能起振，则说明负反馈太强，应适当加大 R_f。如波形失真严重，则应适当减小 R_f。

改变选频网络的参数 C 或 R，即可调节振荡频率。一般采用改变电容 C 作频率量程切换，而调节 R 作量程内的频率细调。

(2)方波发生器

由集成运放构成的方波发生器和三角波发生器，一般均包括比较器和 RC 积分器两大部分。图 4-43 所示为由滞回比较器及简单 RC 积分电路组成的方波—三角波发生器。它的特点是线路简单，但三角波的线性度较差。主要用于产生方波，或对三角波要求不高的场合。

电路振荡频率

$$f_0=\frac{1}{2R_fC_f\ln(1+\frac{2R_2}{R_1})}$$

式中，$R_1=R'_1+R'_W$，$R_2=R'_2+R''_W$

方波输出幅值：$U_{om}=\pm U_Z$

三角波输出幅值：$U_{cm}=\dfrac{R_2}{R_1+R_2}U_Z$

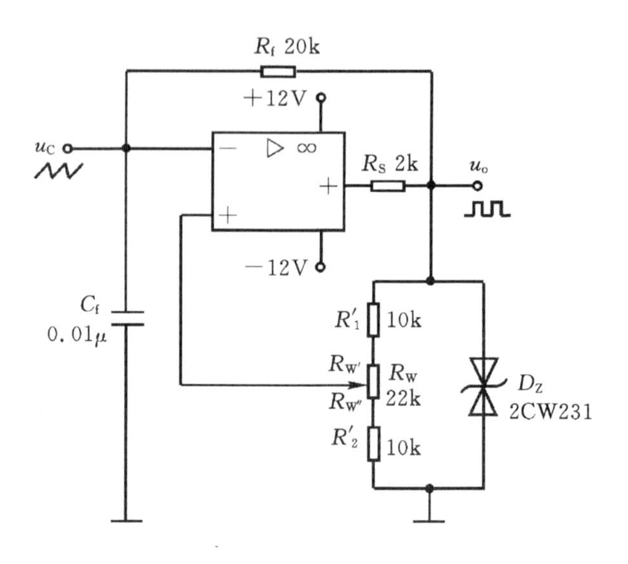

图 4-43　方波发生器

调节电位器 R_W(即改变 R_2/R_1),可以改变振荡频率,但三角波的幅值也随之变化。如要互不影响,则可通过改变 R_f(或 C_f)来实现振荡频率的调节。

(3)三角波和方波发生器

如把滞回比较器和积分器首尾相接形成正反馈闭环系统,如图 4-44 所示,则比较器 A_1 输出的方波经积分器 A_2 积分可得到三角波,三角波又触发比较器自动翻转形成方波,这样即可构成三角波、方波发生器。图 4-45 为方波、三角波发生器输出波形图。由于采用运放组成的积分电路,因此可实现恒流充电,使三角波线性大大改善。

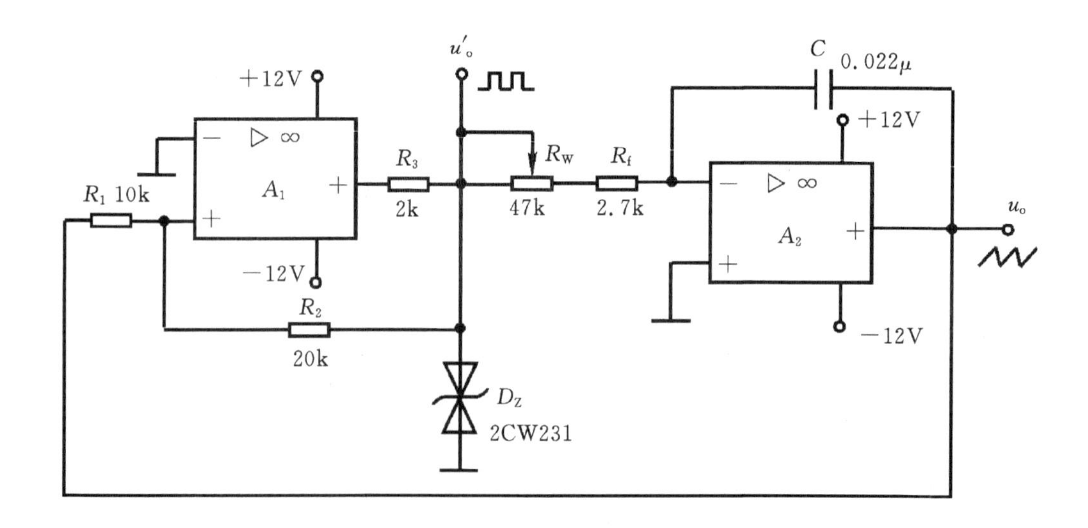

图 4-44　三角波、方波发生器

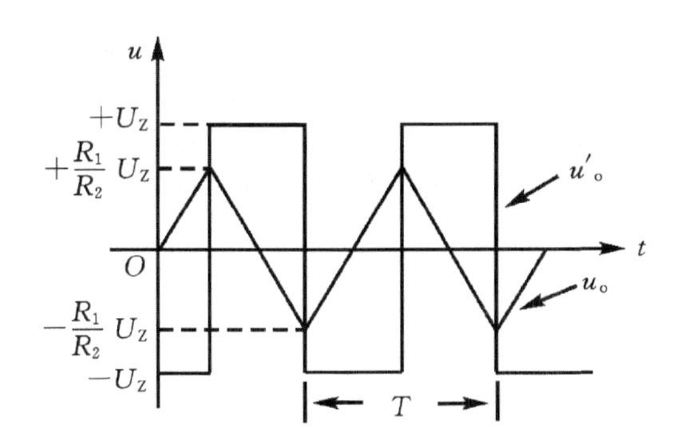

图 4-45　方波、三角波发生器输出波形图

电路振荡频率　　　$f_0=\frac{R_2}{4R_1(R_f+R_W)C_f}$

方波幅值　　　$U'_{om}=\pm U_Z$

三角波幅值　　　$U_{om}=\frac{R_1}{R_2}U_Z$

调节 R_W 可以改变振荡频率，改变比值 $\frac{R_1}{R_2}$ 可调节三角波的幅值。

4. 实训内容及步骤

(1)RC 桥式正弦波振荡器

按图 4-42 连接实训电路。

①接通±12 V 电源，调节电位器 R_W，使输出波形从无到有，从正弦波到出现失真。描绘 u_O 的波形，记下临界起振、正弦波输出及失真情况下的 R_W 值，分析负反馈强弱对起振条件及输出波形的影响。

②调节电位器 R_W，使输出电压 u_O 幅值最大且不失真，用交流毫伏表分别测量输出电压 U_O、反馈电压 U_+ 和 U_-，分析研究振荡的幅值条件。

③用示波器或频率计测量振荡频率 f_0，然后在选频网络的两个电阻 R 上并联同一阻值电阻，观察记录振荡频率的变化情况，并与理论值进行比较。

④断开二极管 D_1、D_2，重复②的内容，将测试结果与②进行比较，分析 D_1、D_2 的稳幅作用。

⑤RC 串并联网络幅频特性观察。将 RC 串并联网络与运放断开，由函数信号发生器注入 3 V 左右正弦信号，并用双踪示波器同时观察 RC 串并联网络输入、输出波形。保持输入幅值(3 V)不变，从低到高改变频率，当信号源达某一频率时，RC 串并联网络输出将达最大值(约 1 V)，且输入、输出同相位。此时的信号源频率

$$f=f_0=\frac{1}{2\pi RC}$$

(2)方波发生器

按图 4-43 连接实训电路。

①将电位器 R_W 调至中心位置，用双踪示波器观察并描绘方波 u_O 及三角波 u_C 的波形(注

意对应关系)，测量其幅值及频率，记录之。

②改变 R_W 动点的位置，观察 u_O、u_C 幅值及频率变化情况。把动点调至最上端和最下端，测出频率范围，记录之。

③将 R_W 恢复至中心位置，将一只稳压管短接，观察 u_O 波形，分析 D_Z 的限幅作用。

(3)三角波和方波发生器

按图 4-44 连接实训电路。

①将电位器 R_W 调至合适位置，用双踪示波器观察并描绘三角波输出 u_0 及方波输出 u'_0，测其幅值、频率及 R_W 值，记录之；

②改变 R_W 的位置，观察对 u_0、u'_0 幅值及频率的影响；

③改变 R_1(或 R_2)，观察对 u_0、u'_0 幅值及频率的影响。

5. 实训报告

(1) 正弦波发生器

①列表整理实训数据，画出波形，把实测频率与理论值进行比较；

②根据实训分析 RC 振荡器的振幅条件；

③讨论二极管 D_1、D_2 的稳幅作用。

(2)方波发生器

①列表整理实训数据，在同一座标纸上，按比例画出方波和三角波的波形图(标出时间和电压幅值)；

②分析 R_W 变化时，对 u_O 波形的幅值及频率的影响；

③讨论 D_Z 的限幅作用。

(3)三角波和方波发生器

①整理实训数据，把实测频率与理论值进行比较；

②在同一坐标纸上，按比例画出三角波及方波的波形，并标明时间和电压幅值；

③分析电路参数变化(R_1，R_2 和 R_W)对输出波形频率及幅值的影响。

思考与练习

4-1　求图 4-46 所示电路中 u_o 与 u_i 的关系。

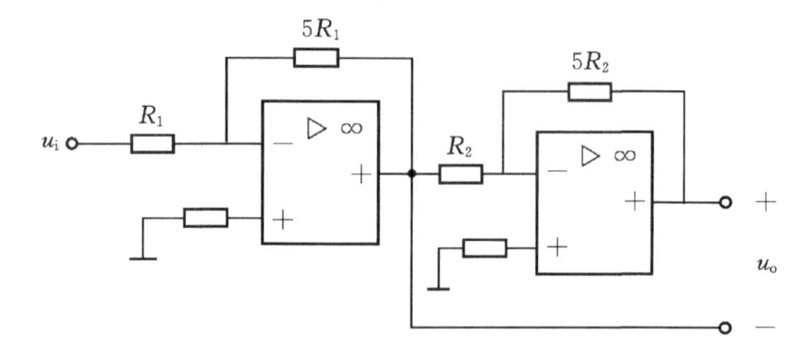

图 4-46　题 4-1 的图

4－2　求图 4－47 所示电路中 u_o 与 u_i 的关系。

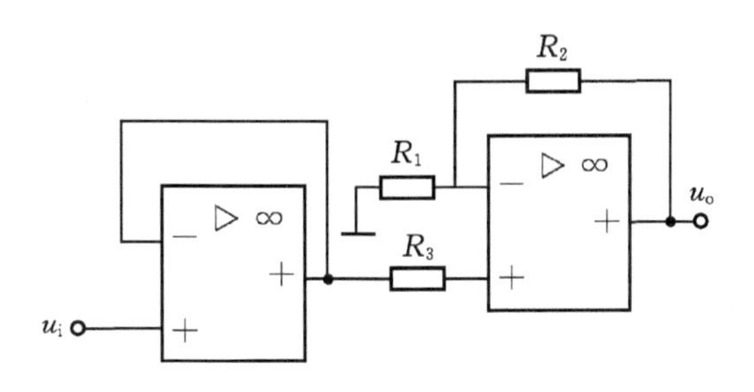

图 4－47　题 4－2 的图

4－3　求图 4－48 所示电路中 u_o 与 u_{i1}、u_{i2} 的关系。

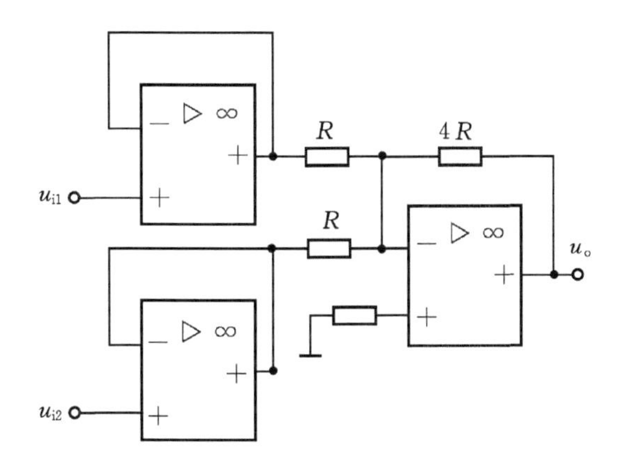

图 4－48　题 4－3 的图

4－4　求图 4－49 所示电路中 u_o 与 u_{i1}、u_{i2} 的关系。

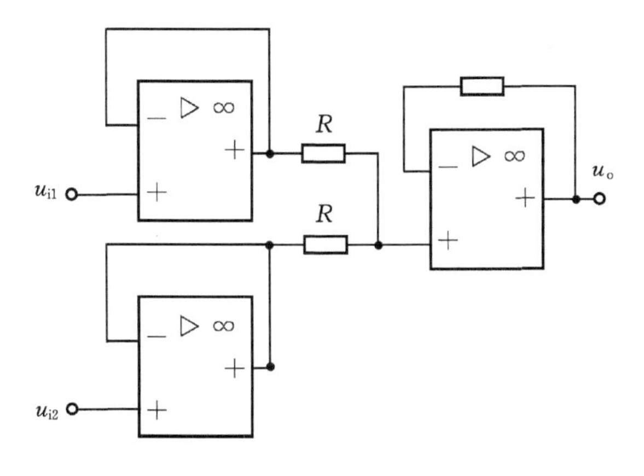

图 4－49　题 4－4 的图

4－5　求图 4－50 所示电路中 u_o 与 u_{i1}、u_{i2} 的关系。

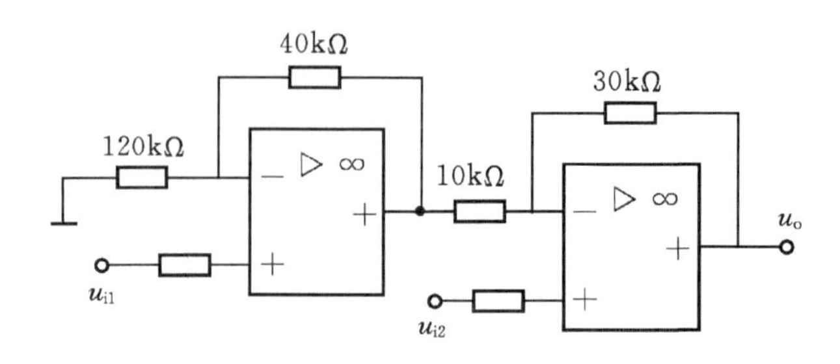

4－50　题 4－5 的图

4－6　电路如图 4－51 所示，运算放大器最大输出电压 $U_{OM}=\pm 12$ V，$u_i=3$ V，分别求 $t=$ 1 s、2 s、3 s 时电路的输出电压 u_o。

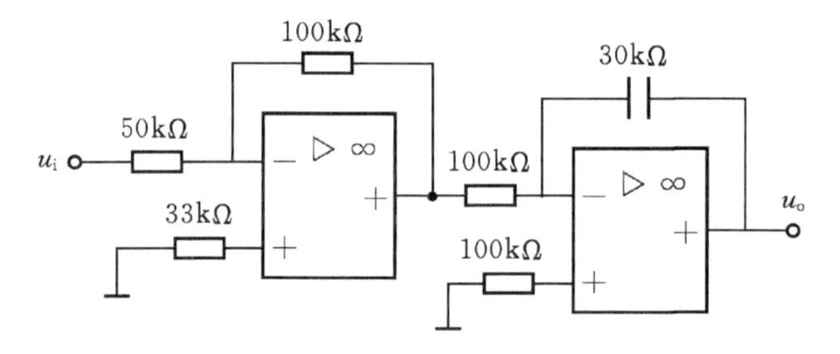

图 4－51　题 4－6 的图

项目五　直流稳压电源及调试

【学习目标】

1. 知识目标

(1)理解各单相整流电路的结构、工作原理及应用;

(2)掌握各滤波电路的原理及应用;

(3)掌握串、并联稳压电路的工作原理。

2. 能力目标

(1)能够仿真测试单相桥式整流电容滤波电路;

(2)学会识别集成稳压器的各个引脚并能正确应用。

任务一　单相整流滤波电路及调试

一、任务导入

在工农业生产和科学实验中,主要采用交流电,但是在某些场合,例如电解、电镀、蓄电池的充电、直流电动机等,都需要用直流电源供电。此外,在电子线路和自动控制装置中,还需要用电压非常稳定的直流电源。为了得到直流电,除了采用直流发电机、干电池等直流电源外,目前普遍采用各种半导体直流电源。

图 5－1 所示是半导体直流稳压电源的原理方框图,它表示把交流电变换为直流电的过程,图中各环节的功能如下:

①整流变压器:将交流电源电压变换为符合整流需要的电压;

②整流电路:将交流电压变换为单向脉动电压;

③滤波电路:减小整流电压的脉动程度,以适合负载的需要;

④稳压环节:在交流电源电压波动或负载变动时,使直流输出电压稳定。

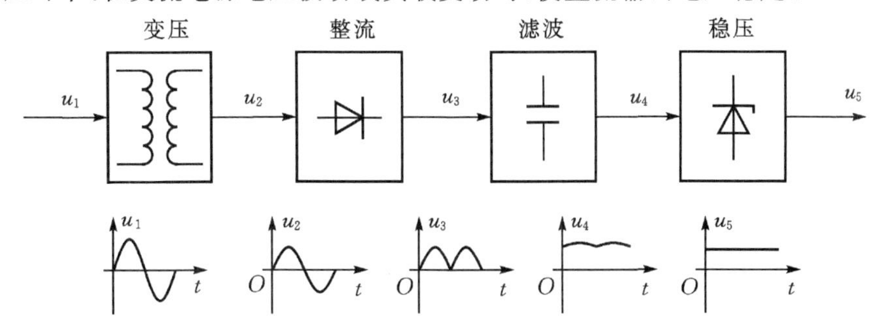

图 5－1　直流稳压电源的原理框图

二、相关知识

(一)整流电路

整流电路是利用二极管的单向导电性，将工频交流电转换为单向脉动直流电的电路。整流电路按输入电源相数可分为单相整流电路和三相整流电路，按输出波形又可分为半波整流电路、全波整流电路和桥式整流电路等。目前广泛使用的是桥式整流电路。

1. 单相半波整流电路

图 5－2(a)所示是单相半波整流电路，由电源变压器 T、整流二极管 VD 及负载电阻 R_L 组成。其中 u_1、u_2 分别为整流变压器的一次和二次交流电压。

设变压器二次的交流电压为

$$u_2 = \sqrt{2}U_2\sin(\omega t)$$

(1)工作原理。

当 u_2 为正半周时，其极性为上正下负，即 a 点的电位高于 b 点，二极管 VD 承受正向电压而导通，此时有电流流过负载，并且和二极管上的电流相等，即 $i_o = i_D$。忽略二极管的电压降，则负载两端的输出电压等于变压器二次电压，即 $u_o = u_2$，输出电压 u_o 的波形与 u_2 相同。

当 u_2 为负半周时，a 点的电位低于 b 点，二极管 VD 承受反向电压而截止。此时负载上无电流流过，输出电压 $u_o = 0$，变压器二次电压 u_2 全部加在二极管 VD 上。

因此，在负载电阻 R_L 上得到的是半波整流电压 u_o，其大小是变化的，而且极性一定，即所谓单向脉动电压，如图 5－2(b)所示。

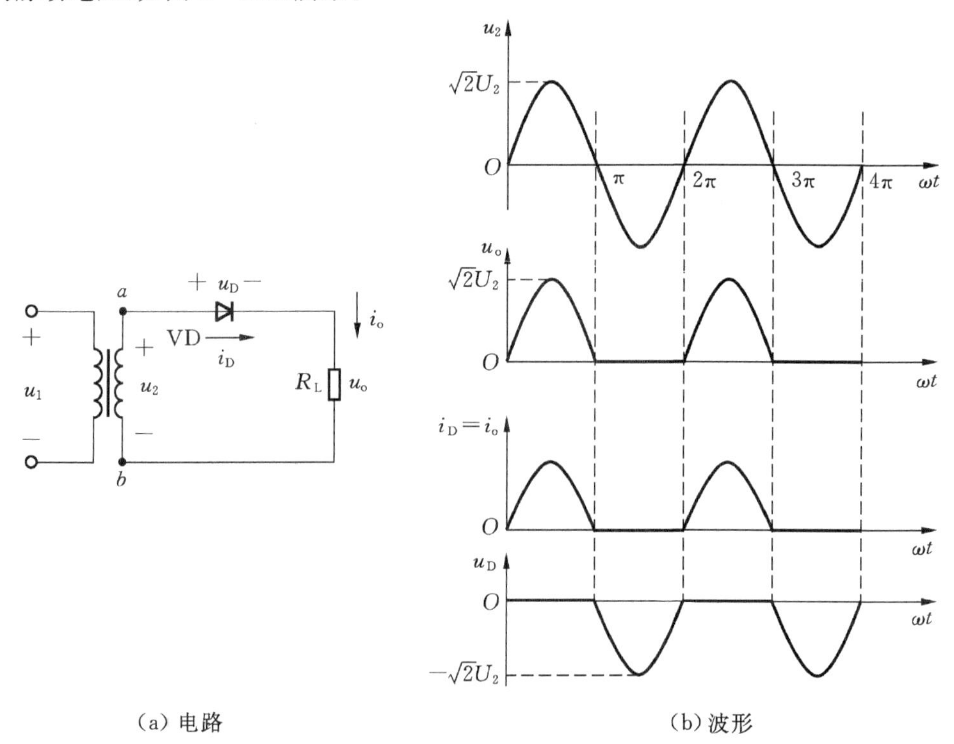

(a) 电路　　(b) 波形

图 5－2　单向半波整流电路及其电压、电流波形

(2)参数计算。

①负载上电压平均值和电流平均值。负载 R_L 上得到的整流电压虽然是单方向的(极性一定),但其大小是变化的。常用一个周期的平均值来衡量这种单向脉动电压的大小。单相半波整流电压的平均值为:

$$U_o = \frac{1}{2\pi}\int_0^{\pi}\sqrt{2}U_2\sin(\omega t)\mathrm{d}(\omega t) = \frac{\sqrt{2}}{\pi}U_2 = 0.45U_2$$

流过负载电阻 R_L 的电流平均值为:

$$I_o = \frac{U_o}{R_L} = 0.45\frac{U_2}{R_L}$$

②整流二极管的电流平均值和承受的最高反向电压。流经二极管的电流平均值就是流经负载电阻 R_L 的电流平均值,即:

$$I_D = I_o = 0.45\frac{U_2}{R_L}$$

二极管截止时承受的最高反向电压就是整流变压器二次交流电压 u_2 的最大值,即:

$$U_{DRM} = U_{2M} = \sqrt{2}U_2$$

根据 I_D 和 U_{DRM} 就可以选择合适的整流二极管。

例 5-1　有一单相半波整流电路,如图 5-2(a)所示。已知负载电阻 $R_L=750\Omega$,变压器二次电压 $U_2=20$ V,试求 U_o、I_o,并选用二极管。

解:

$$U_o=0.45U_2=0.45\times20=9\ \text{V}$$

$$I_o=\frac{U_o}{R_L}=\frac{9}{750}=0.012\ \text{A}=12\ \text{mA}$$

$$I_D=I_o=12\ \text{mA}$$

$$U_{DRM}=\sqrt{2}U_2=\sqrt{2}\times20=28.2\ \text{V}$$

查半导体手册,二极管可选用 2AP4,其最大整流电流为 16 mA,最高反向工作电压为 50 V。为了使用安全,二极管的反向工作峰值电压要选得比 U_{DRM} 大一倍左右。

2. 单相桥式整流电路

单相半波整流电路的缺点是只利用了电源电压的半个周期,输出电压低、脉动大、电路整流效率低。为了克服这些缺点,常采用单相桥式整流电路。

单相桥式整流电路是由 4 个整流二极管接成电桥的形式构成的,如图5-3(a)所示。图 5-3(b)所示为单相桥式整流电路的一种简便画法。

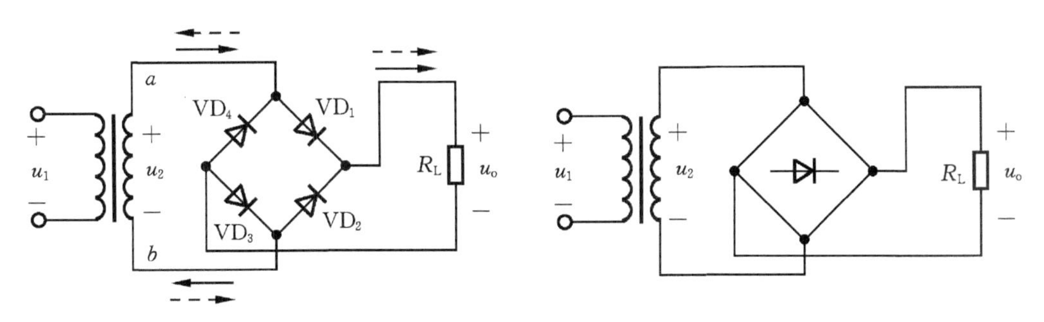

(a) 原理电路 (b)简化画法　　　(b) 简化画法

图 5-3　单相桥式整流电路

设变压器二次的交流电压为

$$u_2 = \sqrt{2}U_2 \sin(\omega t)$$

(1)工作原理。

当 u_2 为正半周时，a 点电位高于 b 点电位，二极管 VD_1、VD_3 承受正向电压而导通，VD_2、VD_4 承受反向电压而截止。此时电流的路径为：$a \to VD_1 \to R_L \to VD_3 \to b$。

当 u_2 为负半周时，b 点电位高于 a 点电位，二极管 VD_2、VD_4 承受正向电压而导通，VD_1、VD_3 承受反向电压而截止。此时电流的路径为：$b \to VD_2 \to R_L \to VD_4 \to a$。

可见无论电压 u_2 是在正半周还是在负半周，负载电阻 R_L 上都有相同方向的电流流过。因此在负载电阻 R_L 得到的是单向脉动电压和电流，波形如图 5-4 所示。

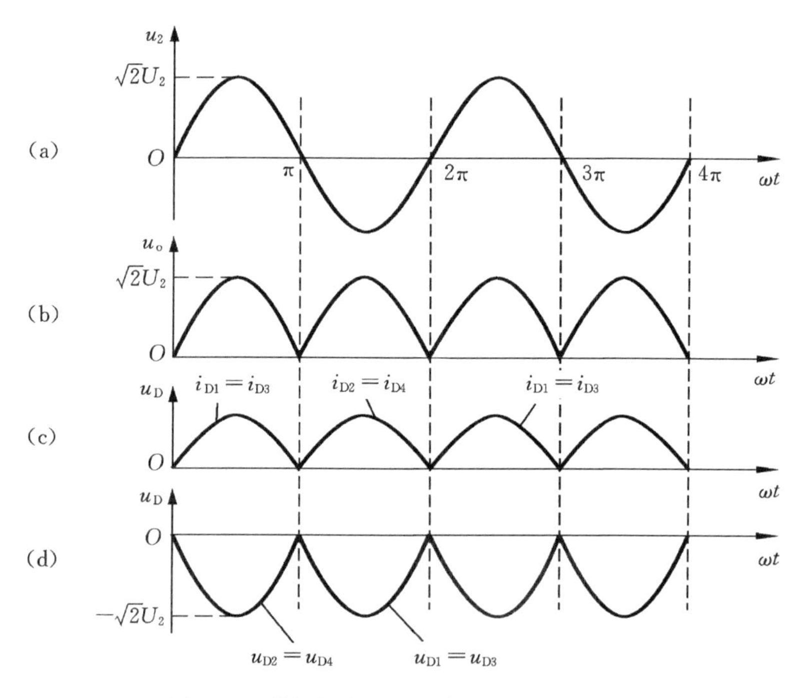

图 5-4　单相桥式整流电路的电压和电流波形

(2)参数计算。

①负载上电压平均值和电流平均值。

单相全波整流电压的平均值为：

$$U_o = \frac{1}{\pi}\int_0^{\pi} \sqrt{2}U_2 \sin(\omega t)\mathrm{d}(\omega t) = \frac{2\sqrt{2}}{\pi}U_2 = 0.9U_2$$

流过负载电阻 R_L 的电流平均值为：

$$I_o = \frac{U_o}{R_L} = 0.9\frac{U_2}{R_L}$$

②整流二极管的电流平均值和承受的最高反向电压。因为桥式整流电路中，每两个二极管串联导通半个周期，所以流经每个二极管的电流平均值为负载电流的一半，即：

$$I_D = \frac{1}{2}I_o = 0.45\frac{U_2}{R_L}$$

每个二极管在截止时承受的最高反向电压为 u_2 的最大值，即：

$$U_{DRM}=U_{2M}=\sqrt{2}U_2$$

③整流变压器二次电压有效值和电流有效值。

整流变压器二次电压有效值为：

$$U_2=\frac{U_o}{0.9}=1.11U_o$$

整流变压器二次电流有效值为：

$$I_2=\frac{U_2}{R_L}=1.11\frac{U_o}{R_L}=1.11I_o$$

由以上计算，可以选择整流二极管和整流变压器。

例 5－2　试设计一台输出电压为 24 V，输出电流为 1 A 的直流电源，且该电源采用单相桥式整流电路。试计算：(1)变压器副边二次绕组电压和电流的有效值，(2)选择二极管的型号。

解：(1)变压器二次绕组电压有效值为

$$U_2=\frac{U_o}{0.9}=\frac{24}{0.9}=26.7\ \text{V}$$

整流变压器二次电流有效值为

$$I_2=1.11I_o=1.11\ \text{A}$$

(2)整流二极管承受的最高反向电压为：

$$U_{DRM}=\sqrt{2}U_2=\sqrt{2}\times 26.7=37.6\ \text{V}$$

流过每个整流二极管的平均电流为：

$$I_D=\frac{1}{2}I_o=0.5\ \text{A}$$

因此可选用 4 只 2CZ52B 整流二极管，其最大整流电流为 1 A，最高反向工作电压为 50 V。

(二)滤波电路

整流电路可以将交流电转换为直流电，但脉动较大，在某些应用中如电镀、蓄电池充电等可直接使用脉动直流电源。但许多电子设备需要平稳的直流电源。这种电源中的整流电路后面还需加滤波电路将交流成分滤除，以得到比较平滑的输出电压。滤波通常是利用电容或电感的能量存储功能来实现的。

1. 电容滤波电路

图 5－5 所示为单相桥式整流电容滤波电路。它在桥式整流电路的输出端并联一个电容 C，利用电容 C 的充放电作用，即二极管导通时对电容 C 充电，二极管不导通时电容 C 对负载放电，使负载电流趋于平滑。

设电容两端初始电压为零，接通电源后，当 u_2 为正半周时，a 点电位高于 b 点电位，VD_1、VD_3 承受正向电压而导通，C 被充电，同时电流经 VD_1、VD_3 向负载电阻供电。忽略二极管正向压降和变压器内阻，因此 $u_o=u_C\approx u_2$，在 u_2 达到最大值时，u_C 也达到最大值，如图 5－6 中 Oa 段所示。然后 u_2 下降，此时，$u_C>u_2$，VD_1、VD_3 截止，电容 C 向负载电阻 R_L 放电，电容电

压 u_C 按指数规律逐渐下降，如图 5－6 中 ab 段所示。

当 u_2 为负半周时，u_C 下降，$|u_2|$ 上升，当 $|u_2|>u_C$ 时，VD_2、VD_4 导通，电容 C 再次被充电，输出电压增大，以后重复上述充放电过程。其输出电压波形近似为一锯齿波直流电压。

为了获得较平滑的输出电压，通常选取：

$$\tau = R_L C \geqslant (3 \sim 5)\frac{T}{2}$$

式中，τ 为电容通过负载放电的时间常数；T 为交流电压的周期。

加入滤波电容以后，输出直流电压的波形平滑得多了，而且输出直流电压的平均值也提高了，其值接近于变压器副边二次电压的幅值，一般按 $1.2U_2$ 计算，即 $U_o=1.2U_2$。

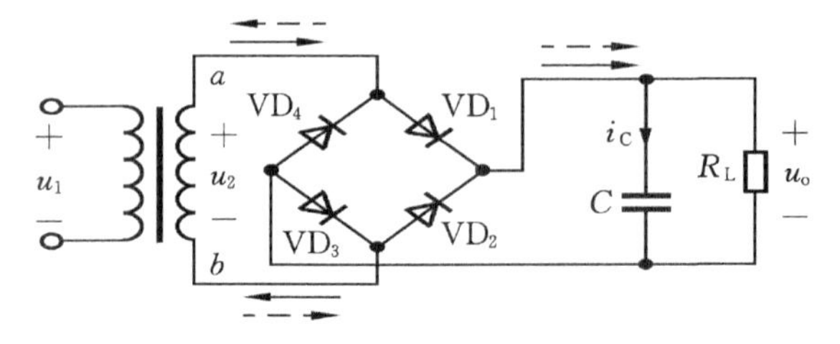

图 5－5　单相桥式整流电容滤波电路

由图 5－6 可见，二极管导通时间缩短，通过二极管的电流是周期性的脉冲电流 i_D。由于电容 C 的充电，流过二极管的瞬时电流可能很大，二极管要经受得住一定的电流冲击。为了保证二极管的安全，选管时应放宽裕量。

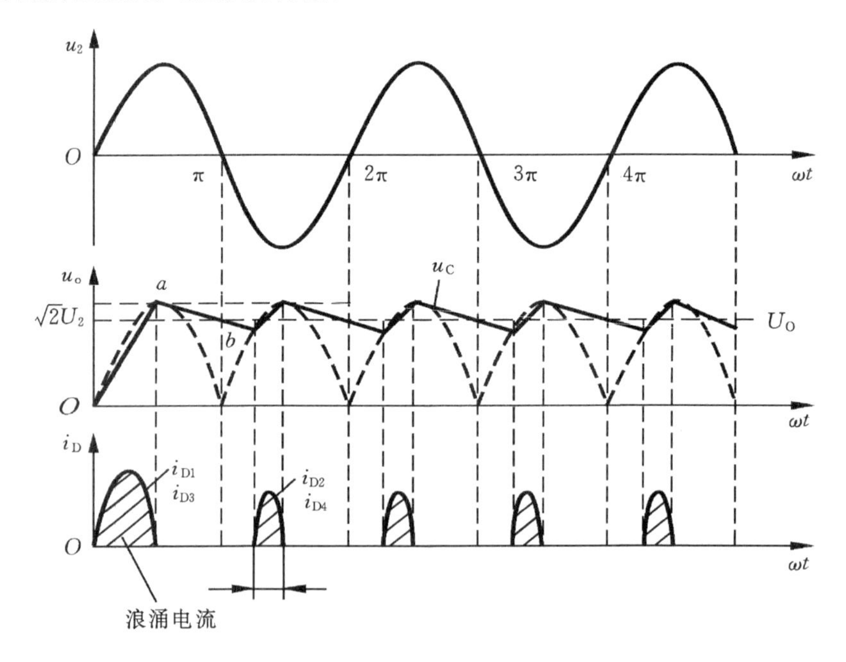

图 5－6　单相桥式整流电容滤波电路电压和电流波形

单相半波整流电容滤波电路中，二极管承受的反向电压为 $u_{DR}=u_C+u_2$，当负载开路时，承受的反向电压最高，为

$$U_{DRM}=2\sqrt{2}U_2$$

单相桥式整流电容滤波电路中，二极管承受的反向电压与没有电容滤波时一样，为

$$U_{DRM}=\sqrt{2}U_2$$

电容滤波的优点是电路简单，输出电压 U_o 较高，$U_o=1.2U_2$，脉动较小。其缺点是负载变动时对输出电压影响较大，负载电流增大时脉动变大，二极管导通时间变短，在导通期间流过较大的冲击电流。因此电容滤波适用于负载电流小、负载变动小的场合。

例 5-3　设计一单相桥式整流电容滤波电路，要求输出电压 $U_o=48$ V，已知负载电阻 $R_L=100\Omega$，交流电源频率为 50 Hz，试选择整流二极管和滤波电容器。

解：流过整流二极管的平均电流为

$$I_D=\frac{1}{2}I_o=\frac{1}{2}\frac{U_o}{R_L}=\frac{1}{2}\times\frac{48}{100}=0.24\ \text{A}=240\ \text{mA}$$

变压器二次电压有效值为：

$$U_2=\frac{U_o}{1.2}=\frac{48}{1.2}=40\ \text{V}$$

整流二极管承受的最高反向电压

$$U_{DRM}=\sqrt{2}U_2=1.41\times40=56.4\ \text{V}$$

因此可选择 2CZ11B 作整流二极管，其最大整流电流为 1 A，最高反向工作电压为 200 V。

取 $\tau=R_LC=5\times\frac{T}{2}=5\times\frac{0.02}{2}=0.05$ s，则

$$C=\frac{\tau}{R_L}=\frac{0.05}{100}=500\times10^{-6}\text{F}=500\ \mu\text{F}$$

2. 电感滤波电路

电感滤波电路如图 5-7 所示，即在整流电路与负载电阻 R_L 之间串联一个电感器 L。由于在电流变化时电感线圈中将产生自感电动势来阻碍电流的变化，当流过电感 L 的电流增大时，电感产生的自感电动势阻碍电流的增加；当电流减小时，自感电动势则阻碍电流的减小。这样，经电感滤波后，输出电流和电压的波形也可以变得平滑，脉动减小。显然，L 越大，滤波效果越好。

忽略电感线圈的电阻，电感滤波电路的输出电压平均值与桥式整流电路相同，即

$$U_o\approx0.9U_2$$

当负载改变时，对输出电压的影响较小。因此，电感滤波适用于负载电流较大、负载变动较大的场合。由于电感量大时体积也大，在小型电子设备中很少采用电感滤波方式。

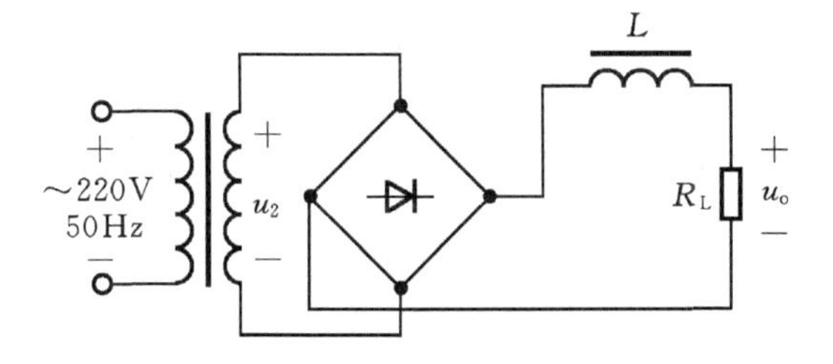

图 5-7　单相桥式整流电感滤波电路

3. 复合滤波电路

单一的电容滤波或电感滤波的效果可能不够理想，在对滤波的效果要求很高的情况下，应采用复合滤波。常用的复合滤波有 LC 滤波、Π型 LC 滤波、Π型 RC 滤波等几种。

图 5-8(a)所示是 LC 滤波电路，它由电感滤波和电容滤波组成。脉动直流电首先经过电感滤波，滤掉大部分交流分量，即使有小部分交流分量通过电感，再经过电容滤波，也可得到很平滑的直流电，负载上的交流分量很小。

图 5-8(b)所示是Π型 LC 滤波电路，可看成是电容滤波和 LC 滤波电路的组合，因此滤波效果更好，在负载上的电压更平滑。由于Π型 LC 滤波电路输入端接有电容，在通电瞬间因电容器充电会产生较大的冲击电流，所以一般取 $C_1<C_2$，以减小浪涌电流。

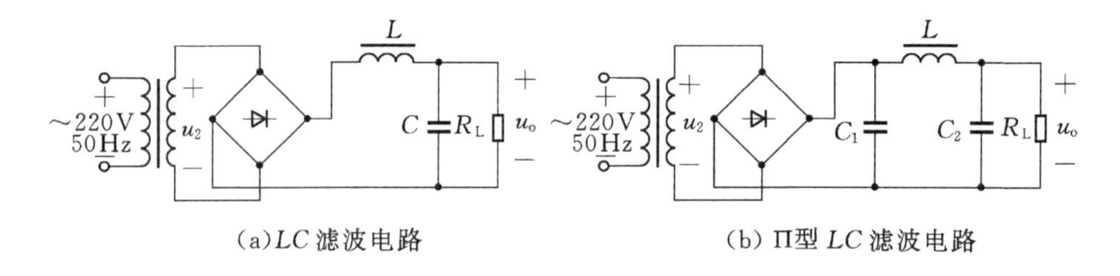

(a)LC 滤波电路　　(b) Π型 LC 滤波电路

图 5-8　复合滤波电路

在负载电流较小的情况下，常用电阻代替电感，构成Π型 RC 滤波电路。电阻对直流和交流呈现相同的阻抗，但若与电容配合适当，则可起到滤波作用。

三、任务实施——单相桥式整流滤波电路的组装与调试

1. 实训目的

①研究单相桥式整流、电容滤波电路的特性；

②掌握单相桥式整流、电容滤波电路主要技术指标的测试方法。

2. 实训器材

可调工频电源、双踪示波器、交流毫伏表、直流电压表、直流毫安表、滑线变阻器 200 Ω/1A、晶体二极管 IN4007×4、电阻器、电容器若干。

3. 实训内容及步骤

整流滤波电路测试按图 5-9 连接实训电路。取可调工频电源电压为 16 V，作为整流电路输入电压 u_2。

①取 $R_L=240\ \Omega$，不加滤波电容，测量直流输出电压 U_L 及纹波电压 $\widetilde{U}_L$，并用示波器观察 u_2 和 u_L 波形，记入表 5-1(纹波电路是指在额定负载条件下，输出电压中所含交流分量的有效值(或峰值))。

②取 $R_L=240\ \Omega$，$C=470\ \mu$f，重复内容①的要求，记入表 5-1。

③取 $R_L=120\ \Omega$，$C=470\ \mu$f，重复内容①的要求，记入表 5-1。

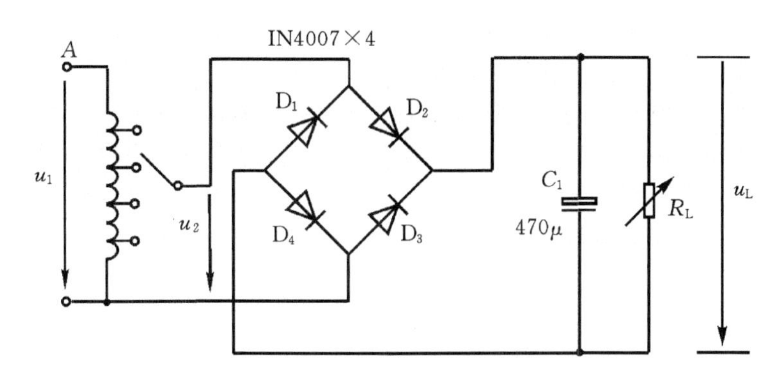

图 5-9　整流滤波电路

表 5-1　整流滤波电路测试 U_2=16 V

电路形式		U_L/V	$\widetilde{U}_L$/V	u_L 波形
R_L=240 Ω	~			u_L t
R_L=240 Ω C=470 μf	~			u_L t
R_L=120 Ω C=470 μf	~			u_L t

注意

①每次改接电路时，必须切断工频电源；

②在观察输出电压 u_L 波形的过程中，“Y 轴灵敏度”旋钮位置调好以后，不要再变动，否则将无法比较各波形的脉动情况。

4. 实训总结

(1)对表 5-1 所测结果进行全面分析，总结桥式整流、电容滤波电路的特点；

(2)分析讨论实训中出现的故障及其排除方法。

任务二　直流稳压电源及调试

一、任务导入

大多数电子设备和微机系统都需要稳定的直流电压，但是经变压、整流和滤波后的直流电压往往受交流电源波动与负载变化的影响，稳压性能较差。将不稳定的直流电压变换成稳定且可调的直流电压的电路称为直流稳压电路。

直流稳压电路按调整器件的工作状态可分为线性稳压电路和开关稳压电路两大类。线性稳压电路制作起来简单易行，但转换效率低，体积大。开关稳压电路体积小，转换效率高，但控制电路较复杂。随着自关断电力电子器件和电力集成电路的迅速发展，开关电源已得到越来越广泛的应用。线性稳压电路按电路结构可分为并联型稳压电路和串联型稳压电路。

二、相关知识

(一)并联型直流稳压电路

用硅稳压二极管并联组成的并联型稳压电路的电路图如图5-10所示。电阻R一方面用来限制电流，使稳压管电流I_Z不超过允许值，另一方面还利用它两端电压的升降使输出电压U_o趋于稳定。稳压管反向并联在负载两端，工作在反向击穿区，由于稳压管反向特性陡直，即使流过稳压管的电流有较大的变化，其两端的电压也基本保持不变。经电容滤波后的直流电压通过电阻器R和稳压管VZ组成的稳压电路接到负载上。这样，负载上得到的就是一个比较稳定的电压U_o。

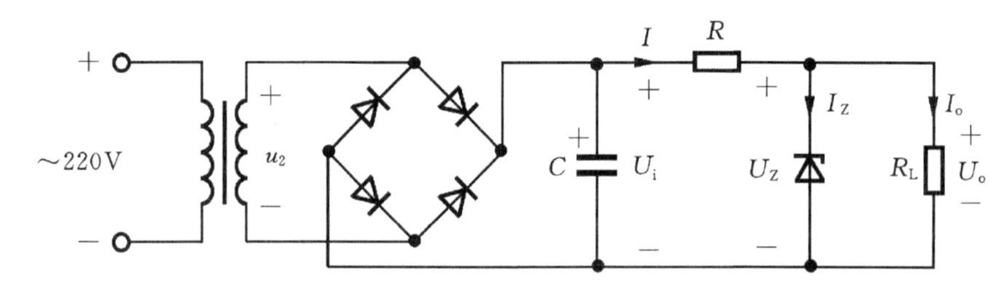

图5-10　并联型稳压电路原理图

引起输出电压不稳的主要原因有交流电源电压的波动和负载电流的变化。我们来分析在这两种情况下稳压电路的作用。

输入电压U_i经电阻R加到稳压管和负载R_L上，$U_i=IR+U_o$。在稳压管上有工作电流I_Z流过，负载上有电流I_o流过，且$I=I_Z+I_o$。

若负载R_L不变，当交流电源电压增加，即造成变压器二次电压u_2增加而使整流滤波后的输出电压U_i增加时，输出电压U_o也有增加的趋势，但输出电压U_o就是稳压管两端的反向电压(或叫稳定电压)U_Z，当负载电压U_o稍有增加(即U_Z稍有增加)时，稳压管中的电流I_Z大大增加，使限流电阻两端的电压降U_R增加，以抵消U_i的增加，从而使负载电压U_o保持近似不变。这一稳压过程可表示成：

电源电压$\uparrow \rightarrow u_2 \uparrow \rightarrow U_i \uparrow \rightarrow U_o \uparrow \rightarrow U_Z \uparrow \rightarrow I_Z \uparrow\uparrow \rightarrow I=I_Z+I_o \uparrow\uparrow \rightarrow U_R \uparrow\uparrow \rightarrow U_o \downarrow \rightarrow$稳定。

若电源电压不变，整流滤波后的输出电压U_i不变，负载R_L减小时，则引起负载电流I_o增加，电阻R上的电流I和两端的电压降U_R均增加，负载电压U_o因而减小，U_o稍有减小将使I_Z下降较多，从而抵消了I_o的增加，保持$I=I_Z+I_o$基本不变，也保持U_o基本恒定。这个过程可归纳为

$R_L\downarrow\rightarrow I_o\uparrow\rightarrow I=I_Z+I_o\uparrow\rightarrow U_R\uparrow\rightarrow U_o\downarrow\rightarrow I_Z\downarrow\downarrow\rightarrow I=I_Z+I_o\downarrow\downarrow\rightarrow U_R\downarrow\rightarrow U_o\uparrow\rightarrow$ 稳定

可见，这种稳压电路中稳压管起着自动调节的作用。

(二)串联型直流稳压电路

硅稳压管稳压电路虽很简单，但受稳压管最大稳定电流的限制，负载电流不能太大。另外，输出电压不可调且稳定性也不够理想。若要获得稳定性高且连续可调的输出直流电压，可采用由三极管或集成运算放大器所组成的串联型直流稳压电路。

串联型稳压电路的基本原理图如图 5－11 所示，整个电路由 4 部分组成。

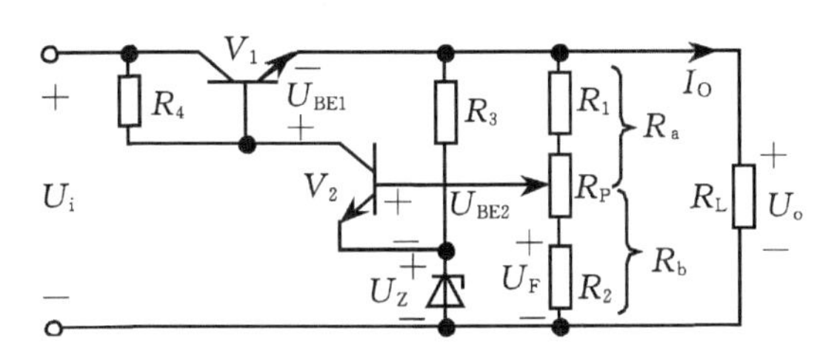

图 5－11　串联型稳压电路

①取样环节。取样环节由 R_1、R_P、R_2 组成的分压电路构成，它将输出电压 U_o 分出一部分作为取样电压 U_f，送到比较放大环节。

②基准电压环节。由稳压二极管 VZ 和电阻 R_3 构成的稳压电路组成，它为电路提供一个稳定的基准电压 U_Z，作为调整、比较的标准。

设 V_2 发射结电压 U_{BE2} 可忽略，则：

$$U_f=U_Z=\frac{R_b}{R_a+R_b}U_o$$

$$或:U_o=\frac{R_a+R_b}{R_b}U_Z$$

用电位器 R_P 即可调节输出电压 U_o 的大小，但 U_o 必定大于或等于 U_Z。

③比较放大环节。由 V_2 和 R_4 构成的直流放大器组成，其作用是将取样电压 U_f 与基准电压 U_Z 之差放大后去控制调整管 V_1。

④调整环节。由工作在线性放大区的功率管 V_1 组成，V_1 的基极电流 I_{B1} 受比较放大电路输出的控制，它的改变又可使集电极电流 I_{C1} 和集、射电压 U_{CE1} 改变，从而达到自动调整稳定输出电压的目的。

电路的工作原理如下：当输入电压 U_i 或输出电流 I_o 变化引起输出电压 U_o 增加时，取样电压 U_f 相应增大，使 V_2 管的基极电流 I_{B2} 和集电极电流 I_{C2} 随之增加，V_2 管的集电极电位 U_{C2} 下降，因此 V_1 管的基极电流 I_{B1} 下降，I_{C1} 下降，U_{CE1} 增加，U_o 下降，从而使 U_o 保持基本稳定。这一自动调压过程可表示如下：

$U_o\uparrow\rightarrow U_F\uparrow\rightarrow I_{B2}\uparrow\rightarrow I_{C2}\uparrow\rightarrow U_{C2}\downarrow\rightarrow I_{B1}\downarrow\rightarrow U_{CE1}\uparrow$ —

$U_o\downarrow\leftarrow$ —

同理，当 U_i 或 I_o 变化使 U_o 降低时，调整过程相反，U_{CE1} 将减小使 U_o 保持基本不变。

从上述调整过程可以看出，该电路是依靠电压负反馈来稳定输出电压的。比较放大环节也可采用集成运算放大器，如图 5-12 所示。

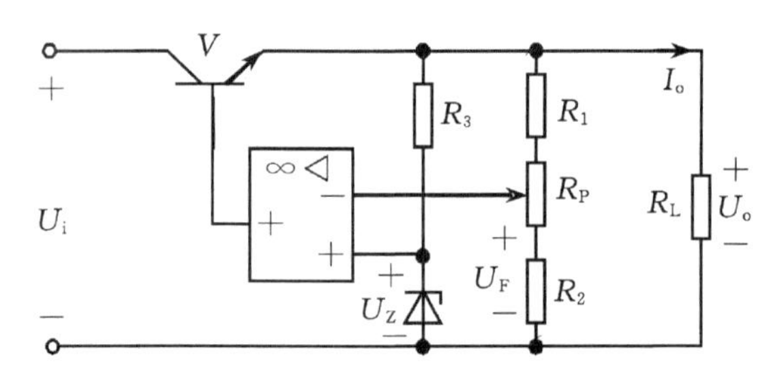

图 5-12　采用集成运算放大器的串联型稳压电路

(三)集成稳压器

由分立元件组成的直流稳压电源，需要外接不少元件，因而体积大，使用不便。集成稳压电路是将稳压电路的主要元件甚至全部元件制作在一块硅基片上的集成电路，因而具有体积小、使用方便、工作可靠等特点。

集成稳压器的种类很多，作为小功率的直流稳压电源，应用最为普遍的是 3 端式串联型集成稳压器。3 端式是指稳压器仅有输入端、输出端和公共端 3 个接线端子。如图 5-13、5-14、5-15 所示为 W78××和 W79××系列稳压器的外形、符号和引脚排列。W78××系列输出正电压有 5 V、6 V、8 V、9 V、10 V、12 V、15 V、18 V、24 V 等多种，若要获得负输出电压选 W79××系列即可。例如 W7805 输出+5 V 电压，W7905 则输出−5 V 电压。这类 3 端稳压器在加装散热器的情况下，输出电流可达 1.5～2.2 A，最高输入电压为 35 V，最小输入、输出电压差为 2～3 V，输出电压变化率为 0.1%～0.2%。

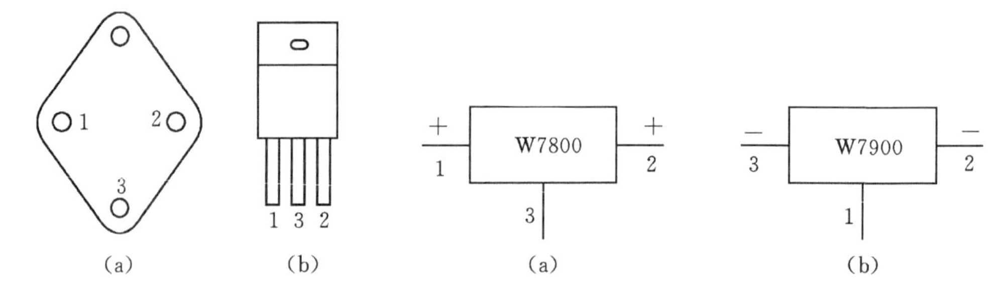

图 5-13　三端集成稳压器外形图　　图 5-14　三端集成稳压器电路符号

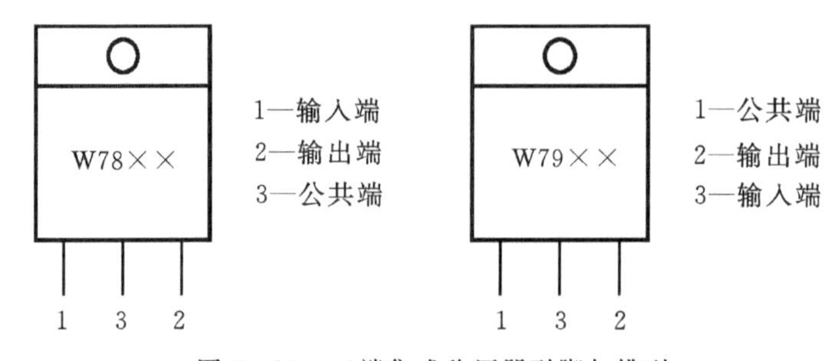

图 5-15　三端集成稳压器引脚与排列

下面介绍几种三端集成稳压器的应用电路。

1. 基本电路

三端集成稳压器可以用最简单的形式接入电路中使用。图 5-16 所示为 W78××系列和 W79××系列三端稳压器基本接线图。当稳压器远离整流滤波电路时，接入电容 C_1 以抵消较长电路的电感响应，防止产生自激振荡。电容 C_2 的接入是为了减小电路的高频噪声。C_1 一般取 0.331 μF，C_2 取 0.1 μF。

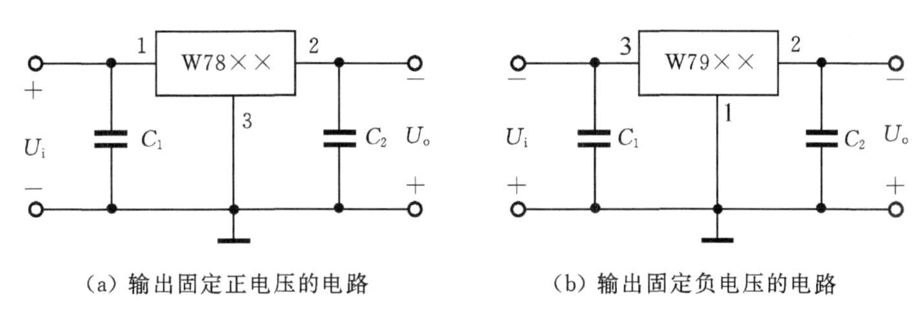

图 5-16　三端集成稳压器基本接线图

2. 提高输出电压的电路

当负载所需电压高于现有三端稳压器的输出电压时，可采用升压电路来提高输出电压，其电路如图 5-17 所示。显然电路的输出电压 U_o 高于 W78××的固定输出电压 $U_{××}$。

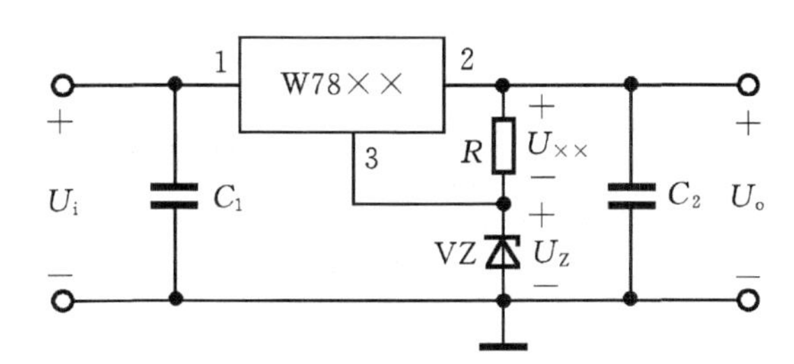

图 5-17　提高输出电压的电路

3. 扩大输出电流的电路

三端集成稳压器的输出电流有一定的限制，如 1.5 A、0.5 A、0.1 A 等。当负载所需电流大于现有三端稳压器的输出电流时，可以通过外接功率管的方法来扩大输出电流，其电路如图 5-18 所示。

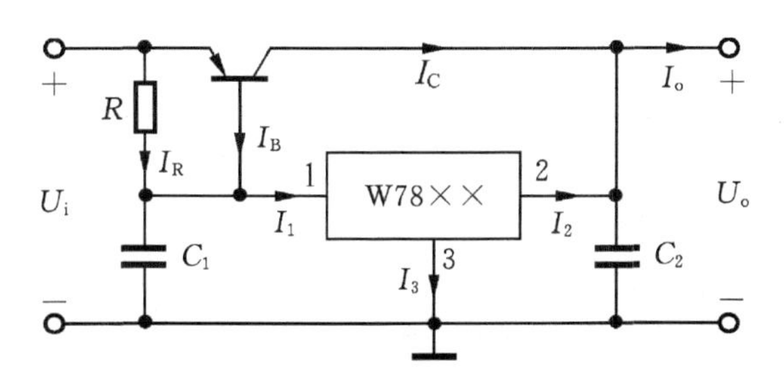

图 5-18　扩大输出电流的电路

4. 输出正负电压的电路

将 W78××和 W79××系列稳压器组成如图 5－19 所示电路，可以输出正负电压。

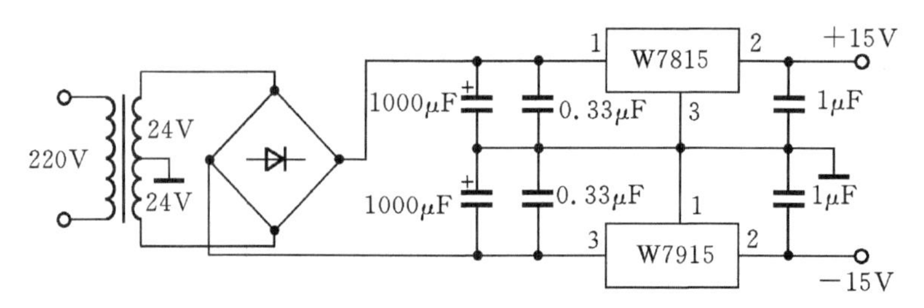

图 5－19　可输出正负电压的电路

三、任务实施——集成稳压器的组装与调试

1. 实训目的

①加深对直流稳压电源工作原理的认识；

②研究集成稳压器的特点和性能指标的测试方法；

③了解稳压电源的基本性能。

2. 实训器材

可调工频电源、双踪示波器、交流毫伏表、直流电压表、直流毫安表、三端稳压器 W7812、W7815、W7915、桥堆 2WO6(或 KBP306)、电阻器、电容器若干。

3. 实训原理

W7800、W7900 系列三端式集成稳压器的输出电压是固定的，在使用中不能进行调整。W7800 系列三端式稳压器输出正极性电压，一般有 5 V、6 V、9 V、12 V、15 V、18 V、24 V 七个档次，输出电流最大可达 1.5 A(加散热片)。同类型 78M 系列稳压器的输出电流为 0.5 A，78L 系列稳压器的输出电流为 0.1 A。若要求负极性输出电压，则可选用 W7900 系列稳压器。图 5－20 为 W7800 系列的外形和接线图。

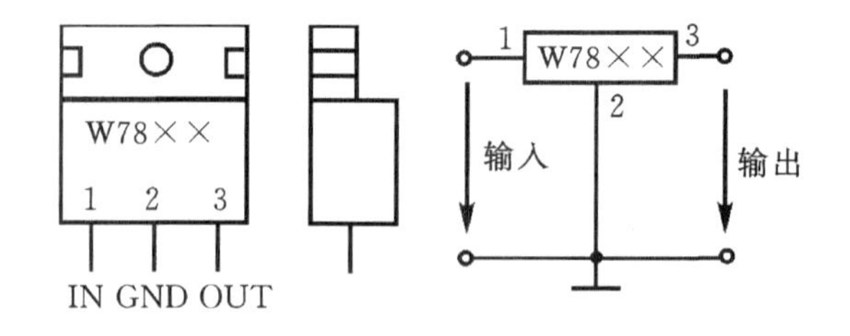

图 5－20　W7800 系列外形及接线图

它有三个引出端

输入端(不稳定电压输入端)　　标以“1”

输出端(稳定电压输出端)　　标以“3”

公共端　　标以“2”

本实训所用集成稳压器为三端固定正稳压器 W7812，它的主要参数有：输出直流电压

$U_o = +12$ V，输出电流 L：0.1A，M：0.5A，电压调整率 10 mV/V，输出电阻 $R_o = 0.15\ \Omega$，输入电压 U_I 的范围 15～17 V。因为一般 U_I 要比 U_o 大 3～5 V，才能保证集成稳压器工作在线性区。

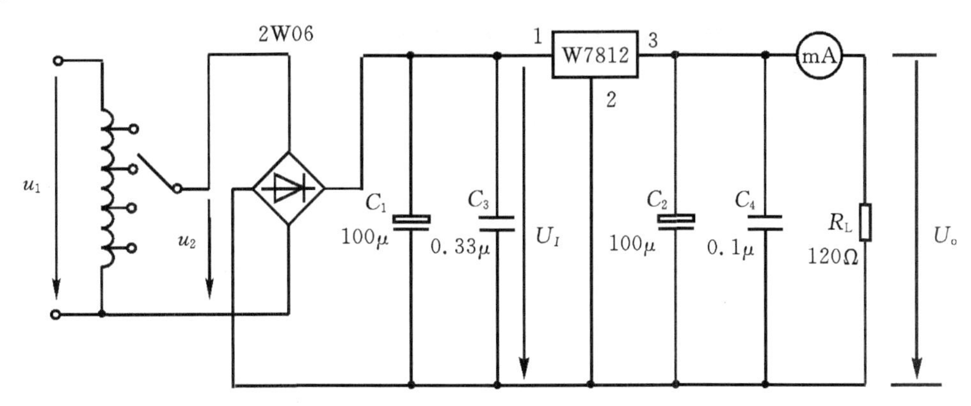

图 5－21　由 W7812 构成的串联型稳压电源

图 5－21 是用三端式稳压器 W7812 构成的单电源电压输出串联型稳压电源的实训电路图。其中整流部分采用了由四个二极管组成的桥式整流器成品（又称桥堆），型号为 2W06（或 KBP306），内部接线和外部管脚引线如图 5－22 所示。滤波电容 C_1、C_2 一般选取几百～几千微法。当稳压器距离整流滤波电路比较远时，在输入端必须接入电容器 C_3（数值为 0.33 μF），以抵消线路的电感效应，防止产生自激振荡。输出端电容 C_4（0.1 μF）用以滤除输出端的高频信号，改善电路的暂态响应。

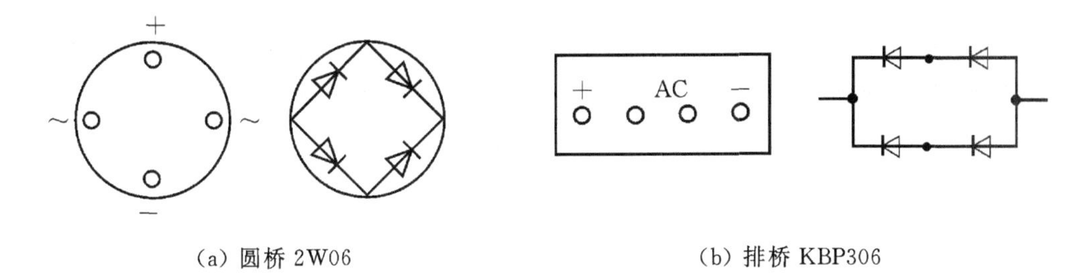

(a) 圆桥 2W06　　(b) 排桥 KBP306

图 5－22　桥堆管脚图

4. 实训内容及步骤

正确选择元器件，按图 5－21 组装实训电路，组装步骤如下：

①元器件测试。在组装电路前，应用万用表测试各元器件的质量及好坏。

②在安装稳压块前，应明确引脚排列顺序，因为不同厂家和不同封装形式的稳压块，其引脚排列是不相同的。

③稳压块接地端（或称公共端）应可靠接地，不能悬空，否则稳压块极易被烧毁。

④根据电路图，将元器件整形并安装在相应位置。

直流稳压电源调试步骤如下：

(1)电路检查和初测。

电路组装好以后，要检查一遍接线情况，在确定安装接线无误的情况下，就可进行电路通电初测。接通工频 14 V 电源，测量 U_2 值；测量滤波电路输出电压 U_I（稳压器输入电压），集成稳压器输出电压 U_0，它们的数值应与理论值大致符合，否则说明电路出了故障。设法查找故障并加以排除。

电路经初测进入正常工作状态后，才能进行各项指标的测试。

(2)各项性能指标测试

①输出电压 U_0 和最大输出电流 I_{omix} 的测量。

在输出端接负载电阻 $R_L=120\ \Omega$，由于 7812 输出电压 $U_0=12$ V，因此流过 R_L 的电流 $I_{omix}=\frac{12}{120}=100$ mA。这时 U_0 应基本保持不变，若变化较大则说明集成块性能不良。

②负载能力的测试。在额定输出电压、最大输出电流的情况下，观察稳压器的发热情况。

③测试电压调整率。

5. 实训报告

①整理实训数据，并对结果进行分析；

②总结本次实训的收获与体会。

思考与练习

5-1　如果要求某一单相桥式整流电路的输出直流电压 U_o 为 36 V，直流电流 I_o 为 1.5 A，试选用合适的二极管。

5-2　设一半波整流电路和一桥式整流电路的输出电压平均值和所带负载大小完全相同，均不加滤波，试问两个整流电路中整流二极管的电流平均值和最高反向电压是否相同？

5-3　欲得到输出直流电压 $U_o=50$ V，直流电流 $I_o=160$ mA 的电源，问应采用哪种整流电路？画出电路图，并计算电源变压器的容量（计算 U_2 和 I_2），选定相应的整流二极管（计算二极管的平均电流 I_D 和承受的最高反向电压 U_{RM}）。

5-4　在图 5-23 所示电路中，已知 $R_L=8\ \text{k}\Omega$，直流电压表 V_2 的读数为 110 V，二极管的正向压降忽略不计，求：

(1)直流电流表 A 的读数；

(2)整流电流的最大值；

(3)交流电压表 V_1 的读数。

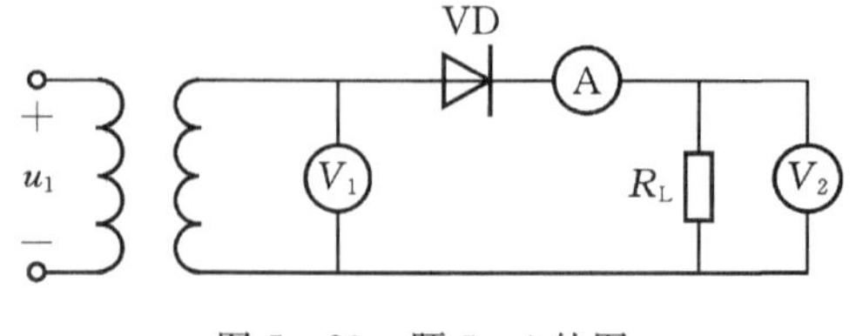

图 5-23　题 5-4 的图

5-5　在单相桥式整流电路中，已知变压器二次电压有效值 $U_2=60$ V，$R_L=2\ \text{k}\Omega$，若不计二极管的正向导通压降和变压器的内阻，求：

(1)输出电压平均值 U_o；

(2)通过变压器二次绕组的电流有效值 I_2；

(3)确定二极管的 I_D、U_{DRM}。

5-6　在图 5-24 所示桥式整流电容滤波电路中，$U_2=20$ V，$R_L=40$ Ω，$C=1000$ μF，试问：

(1)正常时 U_o 为多大？

(2)如果电路中有一个二极管开路，U_o 又为多大？

(3)如果测得 U_o 为下列数值，可能出现了什么故障？①$U_o=18$ V；②$U_o=28$ V；③$U_o=9$ V。

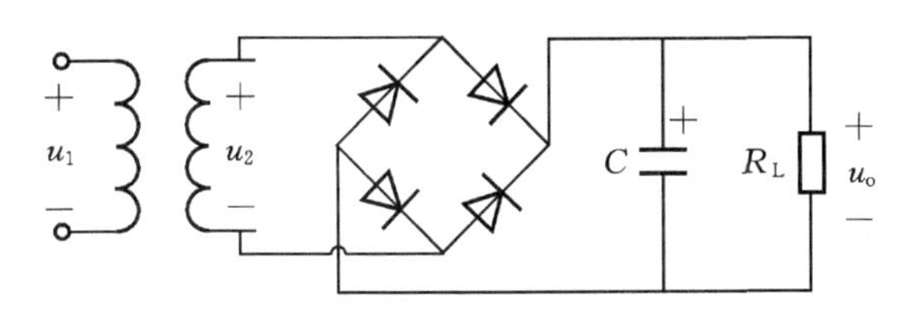

图 5-24　题 5-6 的图

5-7　单相桥式整流、电容滤波电路，已知交流电源频率 $f=50$ Hz，要求输出直流电压和输出直流电流分别为 $U_o=30$ V，$I_o=150$ mA，试选择二极管及滤波电容。

项目六　组合逻辑电路

【学习目标】

1. 知识目标

(1)熟悉不同数制的表示方法,掌握数制间的转换方法;
(2)掌握逻辑代数的基本运算、基本公式和定理;
(3)掌握逻辑函数的不同表示方法及化简;
(4)掌握常用逻辑门电路的逻辑功能及使用方法;
(5)掌握组合逻辑电路的分析与设计方法;
(6)熟悉实用组合逻辑器件的功能和外部特性。

2. 能力目标

(1)正确识别、选用集成电路芯片,学会查阅数字集成电路手册;
(2)正确选择和合理使用组合逻辑器件。

任务一　逻辑代数及其门电路

一、任务导入

电子电路中的信号可分为两类。一类是时间的连续信号,称为模拟信号;另一类是时间的幅度都是离散的(即不连续的)信号,称为数字信号。数字信号只有两种不同的状态,电位较高者称为高电平,用1(称为逻辑1)表示,电位较低者称为低电平,用0(称为逻辑0)表示。数字电路中所关注的是输出和输入之间的逻辑关系,而不像模拟电路中,要研究输出与输入之间信号的大小、相位关系等。

逻辑代数是数字电路的基础,包括数制及其转换、编码、逻辑门电路、逻辑代数的基本公式和定理,逻辑函数的表示和化简。

二、相关知识

(一)数制

数制就是计数的方法。日常生活中采用十进制,它有10个数码,即用0～9来组成不同的数,其进位规则是逢十进一。在数字电路中一般采用二进制数,有时也采用八进制数和16进制数。对于任何一个数,可以用不同的数制来表示。

一种数制所具有的数码个数称为该数制的基数,该数制的数中不同位置上数码的单位数值称为该数制的位权或权。例如十进制的基数为10,十进制整数中从个位起各位的权分别为

$10^0, 10^1, 10^2, \cdots$。基数和权是数制的两个要素。利用基数和权，可以将任何一个数表示成多项式的形式。

1. 十进制

①十进制数由0、1、2、…、9共10个数码组成，基数是10；

②低位数和相邻高位数的进位规则是“逢十进一”；

③各位的位权是“10”的幂。

例如，$(205.6)_{10} = (2\times10^2 + 0\times10^1 + 5\times10^0 + 6\times10^{-1})_{10}$。

2. 二进制

①二进制数由0、1两个数码组成，基数是2；

②低位数和相邻高位数的进位规则是“逢二进一”；

③各位的位权是“2”的幂。

例如，$(1101.11)_2 = (1\times2^3 + 1\times2^2 + 0\times2^1 + 1\times2^0 + 1\times2^{-1} + 1\times2^{-2})_{10} = (13.75)_{10}$。

3. 八进制

①八进制数由0、1、2、…、7共8个数码组成，基数是8；

②低位数和相邻高位数的进位规则是“逢八进一”；

③各位的位权是“8”的幂。

例如，八进制数$(607.4)_8 = (6\times8^2 + 0\times8^1 + 7\times8^0 + 4\times8^{-1})_{10} = (391.5)_{10}$。

4. 十六进制

①十六进制数由0～9、A、B、C、D、E、F共16个数码组成，基数是16；

②低位数和相邻高位数的进位规则是“逢十六进一”；

③各位的位权是“16”的幂。

例如，$(5BF.8)_{16} = (5\times16^2 + 11\times16^1 + 15\times16^0 + 8\times16^{-1})_{10} = (1471.5)_{10}$。

在使用中，十进制用简码D表示或省略；二进制用B表示；八进制用O表示；十六进制用H表示。表6-1列出了十进制、二进制、16进制数之间的对应关系。

表6-1　几种进制数之间的对应关系

十进制数	二进制数	16进制数
0	0000	0
1	0001	1
2	0010	2
3	0011	3
4	0100	4
5	0101	5
6	0110	6
7	0111	7
8	1000	8
9	1001	9

续表 6-1

十进制数	二进制数	16 进制数
10	1010	A
11	1011	B
12	1100	C
13	1101	D
14	1110	E
15	1111	F

(二)数制转换

1. 二进制转换成十进制

将每一位二进制数乘以位权,然后相加,即得十进制数。例如:

$(10011.101)_2=(1\times2^4+0\times2^3+0\times2^2+1\times2^1+1\times2^0+1\times2^{-1}+0\times2^{-2}+1\times2^{-2})_{10}=(19.625)_{10}$同理,16 进制数转换成十进制数,例如:

$(5AE)_{16}=5\times16^2+10\times16^1+14\times16^0=(1454)_{16}$

2. 十进制转换成二进制

(1)整数部分的转换采用“除 2 取余法”。

其方法是将十进制整数连续除以 2,求得各次的余数,直到商为 0 为止,然后将先得到的余数列在低位,后得到的余数列在高位,即得二进制数。例如:将十进制数 44 转换成二进制数。

			余数	低位
2	44			
2	22	……	$0=K_0$	↑
2	11	……	$0=K_1$	
2	5	……	$1=K_2$	
2	2	……	$1=K_3$	
2	1	……	$0=K_4$	
	0	……	$1=K_5$	高位

所以:$(44)_{10}=(101100)_2$

(2)小数部分的转换采用“乘 2 取整法”。

例如:将十进制数 0.625 转换成二进制数。

$0.625\times2=1.250$ …… 1 …… b^{-1}

$0.25\times2=0.50$ …… 0 …… b^{-2}

$0.50\times2=1.00$ …… 1 …… b^{-3}

↓ 读取次序

$(0.625)_{10}=(0.101)_2$

3. 二进制转换成十六进制

将二进制数转换成十六进制数，可用“4 位分组”法，即 4 位二进制数就相当于 1 位十六进制数。例如：

$(1001101.100111)_2=(01001101.10011100)_2=(4D.9C)_{16}$

同理，若将二进制数转换成八进制数，可将二进制数分为 3 位一组，再将每组的 3 位二进制数转换成一位八进制数。

4. 十六进制转换成二进制

由于每位十六进制数对应于 4 位二进制数，因此，十六进制数转换成二进制数，只要将每一位变成 4 位二进制数，按位的高低依次排列即可。例如：

$(6E.3A5)_{16}=(1101110.001110100101)_2$

同理，若将八进制数转换成二进制数，只需将每一位变成 3 位二进制数，按位的高低依次排列即可。

(三)编码

数字电路中处理的信息除了数值信息外，还有文字、符号以及一些特定的操作。为了处理这些信息，必须将这些信息也用二进制数码来表示。这些特定的二进制数码称为这些信息的代码。这些代码的编制过程称为编码。

在数字电子计算机中，十进制数除了转换成二进制数参加运算外，还可以直接用十进制数进行输入和运算。其方法是将十进制的 10 个数码分别用 4 位二进制代码表示，这种编码称为二—十进制编码，也称 BCD 码。BCD 码有很多种形式，常用的有 8421 码、余 3 码、格雷码、2421 码、5421 码等，如表 6-2 所示。

1. 8421BCD 码

在 8421BCD 码中，10 个十进制数码与自然二进制数一一对应，即用二进制数的 0000～1001 来分别表示十进制数的 0～9。8421 码是一种有权码，各位的权从左到右分别为 8、4、2、1，所以根据代码的组成便可知道代码所代表的十进制数的值。8421BCD 码与十进制数之间的转换只要直接按位转换即可。例如：

$(853)_{10}=(100001010011)_{8421BCD}$

$(011101001001)_{8421BCD}=(749)_{10}$

2. 余 3 码

余 3 码也是利用 4 位二进制数码表示 1 位十进制数，是由 8421 码加 3(0011)得来的，这是一种无权码。

3. 格雷码

格雷码的特点是从一个代码变为相邻的另一个代码时只有一位发生变化。这是考虑到信息在传输过程中可能出错，为了减少错误而研究出的一种编码形式。在自动化控制中，生产设备多应用格雷码(也称为循环码)。格雷码的缺点是与十进制数之间不存在规律性的对应关系，不够直观。

表 6-2 常用 BCD 码

十进制数	8421 码	余 3 码	格雷码	2421 码	5421 码
0	0000	0011	0000	0000	0000
1	0001	0100	0001	0001	0001
2	0010	0101	0011	0010	0010
3	0011	0110	0010	0011	0011
4	0100	0111	0110	0100	0100
5	0101	1000	0111	1011	1000
6	0110	1001	0101	1100	1001
7	0111	1010	0100	1101	1010
8	1000	1011	1100	1110	1011
9	1001	1100	1101	1111	1100
权	8421			2421	5421

(四)分立元件门电路

门电路是一种具有一定逻辑关系的开关电路。当它的输入信号满足某种条件时,才有信号输出,否则就没有信号输出。如果把输入信号看作条件,把输出信号看作结果,那么当条件具备时,结果就会发生。也就是说在门电路的输入信号与输出信号之间存在着一定的因果关系,这种因果关系称为逻辑关系。

基本逻辑关系有 3 种,分别为与逻辑、或逻辑和非逻辑。实现这些逻辑关系的电路分别称为与门、或门和非门。由这 3 种基本门电路还可以组成其他多种复合门电路。门电路是数字电路的基本逻辑单元。

1. 与逻辑和与门电路

当决定某事件的全部条件同时具备时,结果才会发生,这种因果关系称为与逻辑。实现与逻辑关系的电路称为与门。

由二极管构成的双输入与门电路及其逻辑符号如图 6-1 所示。图中 A、B 为输入信号,F 为输出信号。设输入信号高电平为 3 V,低电平为 0 V,并忽略二极管的正向压降。

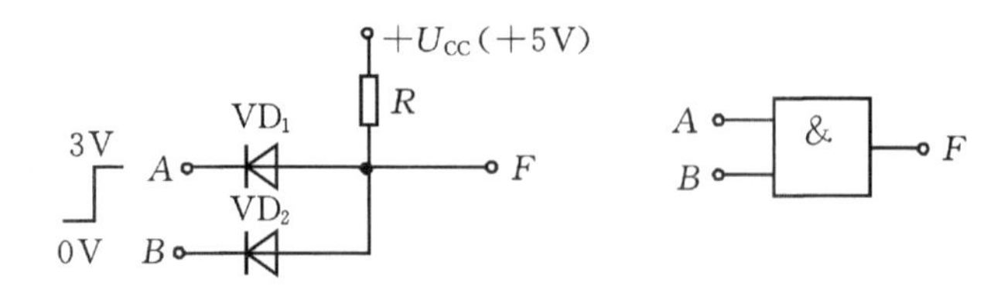

图 6-1 二极管构成的双输入与门电路及其逻辑符号

下面分析图 6-1 所示电路的工作原理。

① $u_A=u_B=0$ V 时,二极管 VD_1、VD_2 都处于正向导通状态,所以 $u_F=0$ V。

② $u_A=0$ V、$u_B=3$ V 时,电源将经过电阻 R 向处于 0 V 电位的 A 端流通电流,VD_1 优先

导通。VD_1 导通后，$u_F=0$ V，将 F 点电位钳制在 0 V，使 VD_2 受反向电压而截止。

③$u_A=3$ V、$u_B=0$ V 时，VD_2 优先导通，使 F 点电位钳制在 0 V，此时，VD_1 受反向电压而截止，$u_F=0$ V。

④$u_A=u_B=3$ V 时，VD_1、VD_2 都导通，$u_F=3$ V。

把上述分析结果归纳于表 6－3 中，可见图 6－1 所示的电路满足与逻辑关系：只有所有输入信号都是高电平时，输出信号才是高电平，否则输出信号为低电平，所以这是一种与门。把高电平用 1 表示，低电平用 0 表示，u_A、u_B 用 A、B 表示，u_F 用 F 表示，代入表 6－3 中，则得到表 6－4 所示的逻辑真值表。

表 6－3　双输入与门的输入和输出电平关系

输入		输出
u_A/V	u_B/V	u_F/V
0	0	0
0	3	0
3	0	0
3	3	3

表 6－4　双输入与门的逻辑真值表

输入		输出
A	B	F
0	0	0
0	1	0
1	0	0
1	1	1

由表 6－4 可知，F 与 A、B 之间的关系是：只有当 A、B 都是 1 时，F 才为 1，否则 F 为 0，满足与逻辑关系，可用逻辑表达式表示为：

$$F = A \cdot B$$

由与运算的逻辑表达式 $F=A \cdot B$ 或表 6－4 所示的真值表，可知与运算规则为：

$$0 \cdot 0 = 0$$
$$0 \cdot 1 = 0$$
$$1 \cdot 0 = 0$$
$$1 \cdot 1 = 1$$

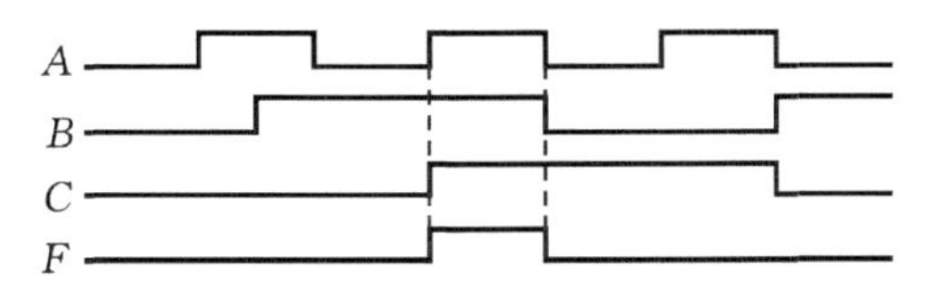

图 6－2　与门的输入输出信号波形

与门的输入端可以多于两个，但其逻辑功能完全相同。如有三个输入端 A、B、C 的与门，其输出为 $F=ABC$。若已知输入 A、B、C 的波形，根据与门的逻辑功能，可画出输出 F 的波形，如图 6－2 所示。

2. 或逻辑和或门电路

在决定某事件的全部条件中，只要任一条件具备，事件就会发生，这种因果关系叫做或逻辑。实现或逻辑关系的电路称为或门。

由二极管构成的双输入或门电路及其逻辑符号如图 6－3 所示。图中 A、B 为输入信号，F

为输出信号。设输入信号高电平为 3 V，低电平为 0 V，并忽略二极管的正向压降。

下面分析图 6－3 所示电路的工作原理。

①$u_A = u_B = 0$ V 时，二极管 VD_1、VD_2 都处于截止状态，所以 $u_F = 0$ V。

②$u_A = 0$ V、$u_B = 3$ V 时，VD_2 导通。VD_2 导通后，$u_F = u_B = 3$ V，使 F 点处于高电位，VD_1 受反向电压而截止。

③$u_A = 3$ V、$u_B = 0$ V 时，VD_1 导通，VD_2 受反向电压而截止，$u_F = 3$ V。

④$u_A = u_B = 3$ V 时，VD_1、VD_2 都导通，$u_F = 3$ V。

归纳上述分析结果，可列出图 6－3 所示电路的输入和输出的电平关系及真值表，分别如表 6－5 和表 6－6 所示。

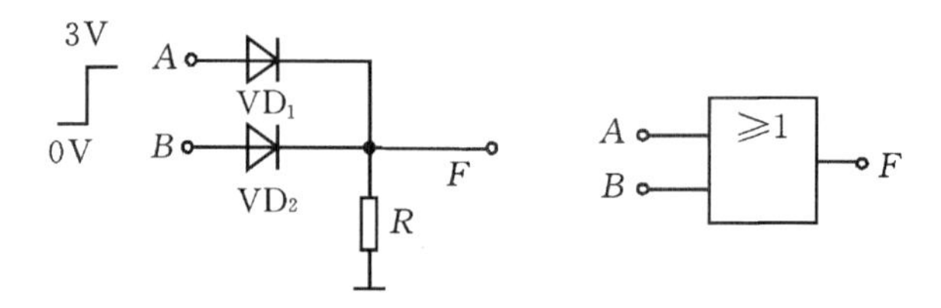

图 6－3　二极管构成的双输入或门电路及其逻辑符号

表 6－5　双输入与门的输入和输出电平关系

输入		输出
u_A/V	u_B/V	u_F/V
0	0	0
0	3	3
3	0	3
3	3	3

表 6－6　双输入与门的逻辑真值表

输入		输出
A	B	F
0	0	0
0	1	1
1	0	1
1	1	1

由真值表可知，F 与 A、B 之间的关系是：A、B 中只要有一个或一个以上是 1 时，F 就为 1，只有当 A、B 全为 0 时 F 才为 0，满足或逻辑关系，可用逻辑表达式表示为：

$$F = A + B$$

由或运算的逻辑表达式 $F=A+B$ 或表 6－6 所示的真值表，可知或运算规则为：

$$0 + 0 = 0$$

$$0 + 1 = 0$$

$$1 + 0 = 0$$

$$1 + 1 = 1$$

或门的输入端也可以多于两个，但其功能完全相同。如有三个输入端 A、B、C 的或门，其输出为 $F=A+B+C$。若已知输入 A、B、C 的波形，根据或门的逻辑功能，可画出输出 F 的波形，如图 6－4 所示。

3. 非逻辑和非门电路

决定某事件的条件只有一个，当条件出现时事件不发生，而条件不出现时，事件发生，这种因果关系叫做非逻辑。实现非逻辑关系的电路称为非门，也称反相器。

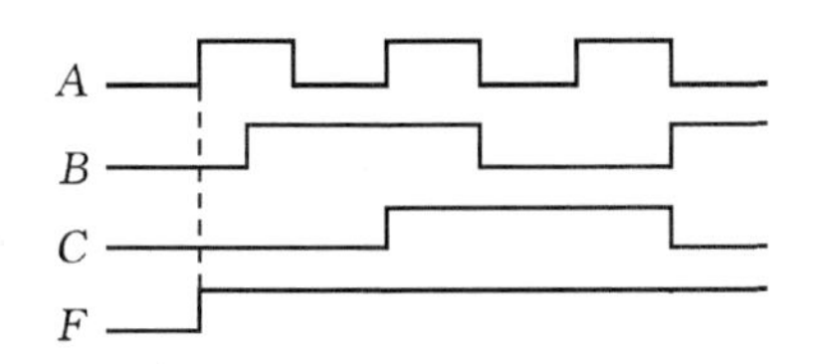

图 6-4　或门的输入输出信号波形

图 6-5 所示是双极型三极管非门的原理电路及其逻辑符号。

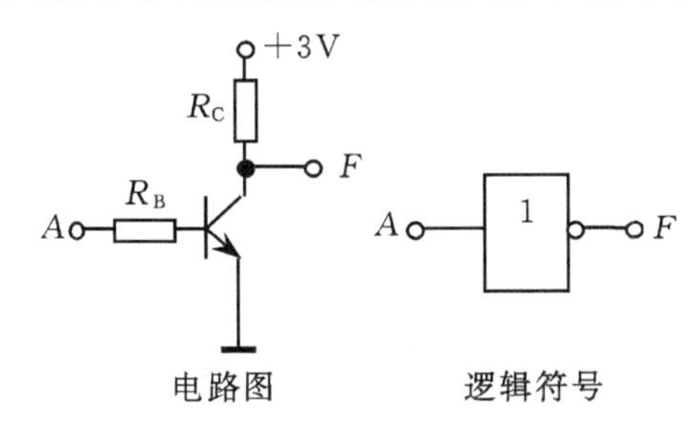

图6-5　双极型三极管非门的原理电路及其逻辑符号

设输入信号高电平为 3 V，低电平为 0 V，并忽略三极管的饱和压降 U_{CES}，则 $u_A=0$ V 时，三极管截止，输出电压 $u_F=U_{CC}=3$ V；$u_A=3$ V 时，三极管饱和导通，输出电压 $u_F=U_{CES}=0$ V。输入和输出的电平关系及真值表分别如表 6-7 和表 6-8 所示。

由表 6-8 可知，F 与 A 之间的关系是：$A=0$ 时 $F=1$，$A=1$ 时 $F=0$，满足非逻辑关系。逻辑表达式为：

$$F=\overline{A}$$

非运算规则为：

$$\overline{0}=1$$
$$\overline{1}=0$$

表 6-7　非门的输入和输出电平关系

输入	输出
u_A/V	u_F/V
0	3
3	0

表 6-8　非门的逻辑真值表

输入	输出
A	F
0	1
1	0

4. 复合门电路

将与门、或门、非门 3 种基本门电路组合起来，可以构成多种复合门电路。最常见的复合逻辑关系有与非、或非、与或非、异或、同或等。其逻辑表达式分别如下。

与非：$F=\overline{A\cdot B}$

或非：$F=\overline{A+B}$

与或非：$F=\overline{AB+CD}$

异或：$F=\overline{A}B+A\overline{B}=A\oplus B$

同或：$F=\overline{A}\,\overline{B}+AB=\overline{A\oplus B}$

常见复合逻辑关系的逻辑电路符号如图 6－6 所示。

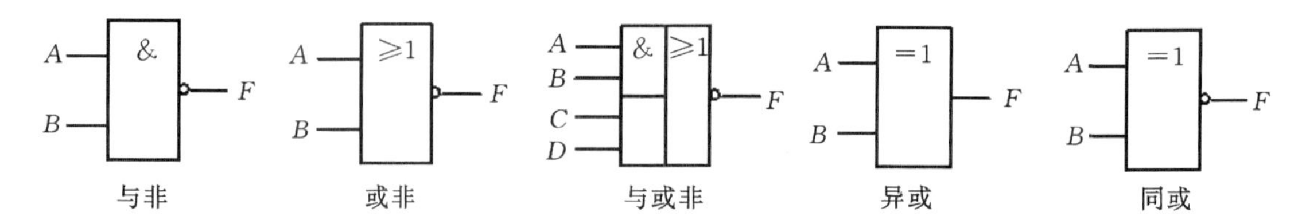

图 6－6　复合逻辑关系的逻辑符号

(五)集成门电路

以半导体器件为基本单元，集成在一块硅片上，并具有一定逻辑功能的电路称为集成门电路。集成门电路与分立元件门电路相比，具有体积小、功耗低、可靠性高、价格低廉和便于微型化等诸多优点。因此，在实际应用中，现在都是使用集成门电路。

1. TTL 门电路

输入端和输出端都用双极型三极管构成的逻辑电路称为三极管—三极管逻辑电路，简称 TTL 电路。TTL 电路的开关速度较高，其缺点是功耗较大。

(1)TTL 与非门

图 6－7 所示为 TTL 与非门的电路结构，其中 V_1 为输入级，V_2 为中间反相级，V_3、V_4、V_5 为输出级。V_1 是一个多发射极三极管，可把它的集电结看成一个二极管，而把发射结看成是与前者背靠背的几个二极管，如图 6－8 所示。这样，V_1 的作用和二极管与门的作用完全相似。

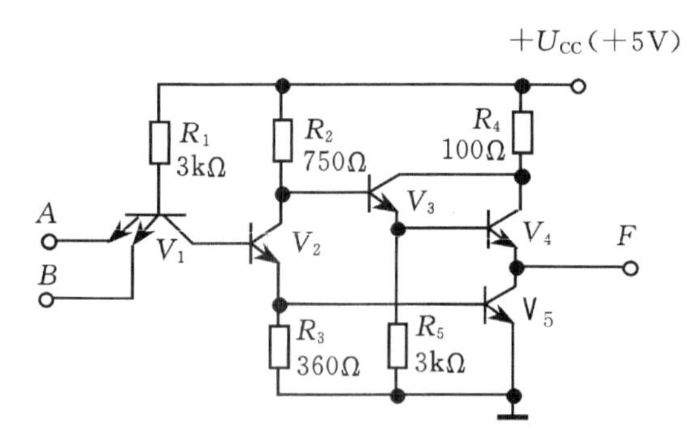

图 6－7　TTL 与非门电路的电路结构

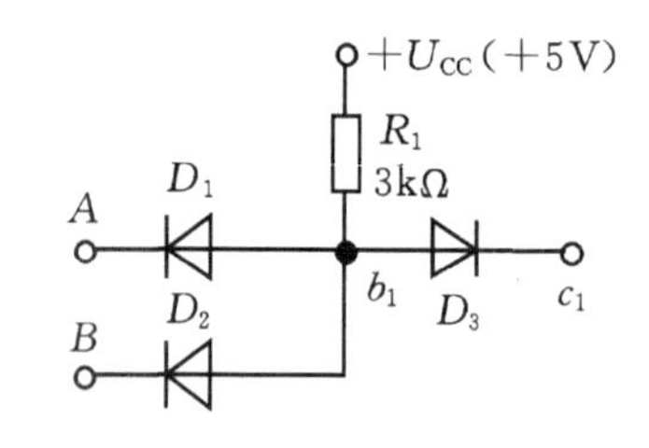

图 6－8　三极管 V_1 的等效电路

图 6－7 所示电路的工作原理如下：

①当输入端有一个或几个接低电平 0(假设为 0.3 V)时，对应于输入端接低电平的发射结处于正向偏置。这时电源通过 R_1 为三极管 V_1 提供基极电流。V_1 的基极电位约为 0.3+0.7=1 V，不足以向 V_2 提供正向基极电流，所以 V_2 截止，以致 V_5 也截止。由于 V_2 截止，其集电极电位接近于电源电压 U_{CC}，V_3 和 V_4 因而导通，所以输出端的电位为：

$$U_F = U_{CC} - I_{B3}R_2 - U_{BE3} - U_{BE4}$$

因为 I_{B3} 很小，可以忽略不计，电源电压 U_{CC}=5 V，于是：

$$U_F = 5 - 0.7 - 0.7 = 3.6\ \text{V}$$

即输出端 F 为高电平 1。

②输入信号全为高电平 1(假设为 3.6 V)时,V_1 的几个发射结都处于反向偏置,电源通过 R_1 和 V_1 的集电结向 V_2 提供足够的基极电流,使 V_2 饱和,V_2 的发射极电流在 R_3 上产生的压降又为 V_5 提供足够的基极电流,使 V_5 也饱和,所以输出端的电位为:

$$U_F = U_{CES5} = 0.3\ \text{V}$$

即输出端 F 为低电平 0。

V_1 的基极电位为:

$$U_{B1} = U_{BC1} + U_{BE2} + U_{BE5} = 0.7 + 0.7 + 0.7 = 2.1\ \text{V}$$

V_2 的集电极电位(即 V_3 的基极电位)为:

$$U_{C2} = U_{B3} = U_{CES2} + U_{BE5} = 0.3 + 0.7 = 1\ \text{V}$$

所以 V_3 可以导通,V_3 的发射极电位(即 V_4 的基极电位)为:

$$U_{E3} = U_{B4} = U_{B3} - U_{BE3} = 1 - 0.7 = 0.3\ \text{V}$$

因 V_4 的发射极电位也为 0.3 V,因此 V_4 截止。

综上所述,可见图 6-7 所示电路输入、输出的逻辑关系为:输入有 0 时输出为 1,输入全 1 时输出为 0,满足与非逻辑关系。

图 6-9 所示是两种 TTL 与非门 74LS00 和 74LS20 的引脚排列图。74LS00 内含 4 个 2 输入与非门,74LS20 内含 2 个 4 输入与非门。一个集成电路内的各个逻辑门互相独立,可以单独使用,但共用一根电源引线和一根地线。74LS20 的 3 脚和 11 脚为空。

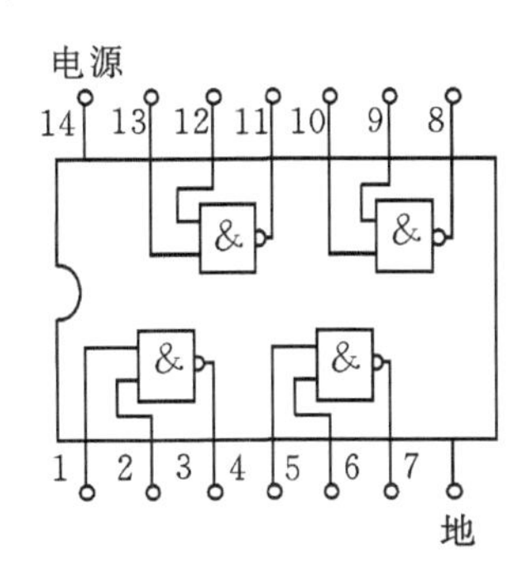

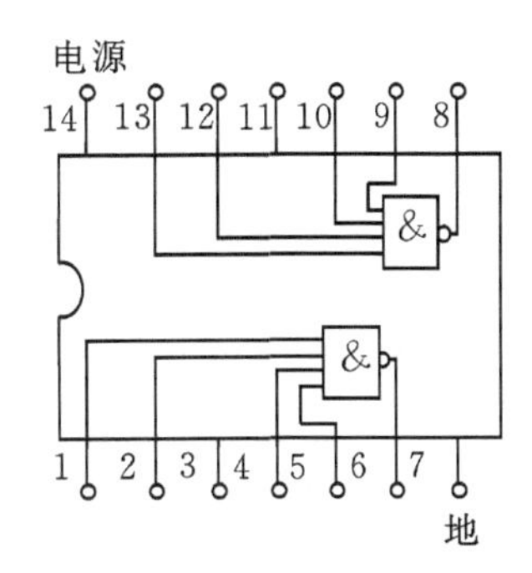

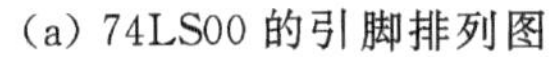

(a) 74LS00 的引脚排列图　　(b) 74LS20 的引脚排列图

图 6-9　TTL 与非门 74LS00 和 74LS20 的引脚排列图

(2)TTL 三态门

三态门是在普通门的基础上,加上控制信号和控制电路构成的。图 6-10 所示为三态非门的电路结构和逻辑符号,其中 E 为控制端,又称使能端,A 为输入端,F 为输出端。与图 6-7所示的 TTL 与非门相比,TTL 三态非门多了一个二极管 VD。

①当 E=0 时,二极管 VD 导通,三极管 V_1 基极和 V_2 集电极均被钳制在低电平,因而 V_2~V_5 均截止,输出端开路,电路处于高阻状态。

②E=1 时,二极管 VD 截止,三态门的输出状态完全取决于输入信号 A 的状态,电路输出与输入的逻辑关系和一般非门相同,即:$F=\overline{A}$,A=0 时 F=1,为高电平;A=1 时 F=0,为低电平。

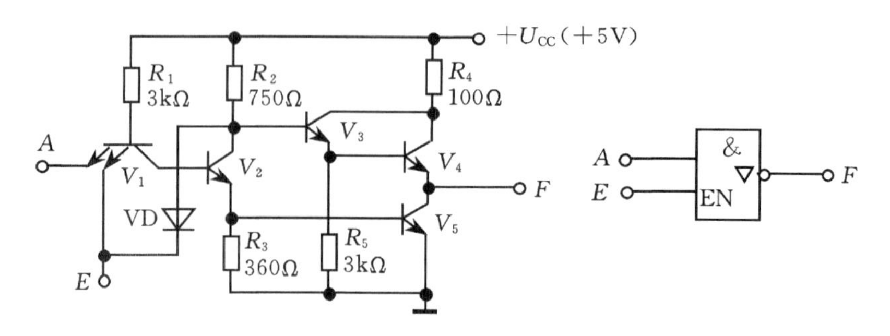

图 6-10　TTL 三态非门的电路结构及其逻辑符号

综上分析可知，图 6-10 所示电路的输出有高阻态、高电平和低电平 3 种状态，故称为三态门。由于三态门处于高阻态时电路不工作，所以高阻态又叫做禁止态。

表 6-9 所示为三态非门的真值表。由于电路结构不同，也有 $E=0$ 时处于工作状态，而 $E=1$时处于高阻状态的三态门。

表 6-9　三态非门的真值表

控制	输入	输出
E	A	F
0	×	高阻
1	0	1
1	1	0

三态门最重要的一个用途是实现多路数据的分时传输，即用一根导线轮流传送几个不同的数据，如图 6-11 所示，这根导线称为总线或母线。只要让各门的控制端轮流处于低电平，即任何时刻只让一个三态门处于工作状态，而其余三态门均处于高阻状态，这样总线就会轮流接受各三态门的输出。这种用总线来传送数据的方法，在计算机中被广泛采用。

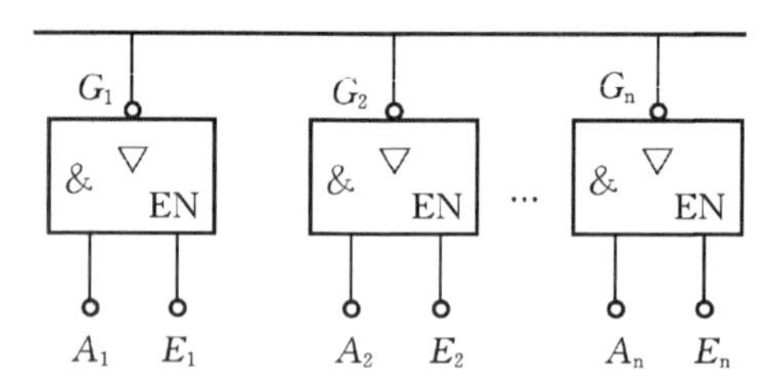

图 6-11　三态门应用举例

2. CMOS 门电路

CMOS 集成电路的许多最基本的逻辑单元，都是用 P 沟道增强型 MOS 管和 N 沟道增强型 MOS 管按照互补对称形式联接起来构成的，故称为互补型 MOS 集成电路，简称 COMS 集成电路。CMOS 集成电路具有电压控制、功耗极低、联接方便等一系列优点，是目前应用最广泛的集成电路之一。

图 6-12 所示为 CMOS 非门电路，其中 V_N 是 N 沟道增强型 MOS 管，V_P 是 P 沟道增强型 MOS 管，两者联接成互补对称的结构。它们的栅极联接起来作为信号输入端，漏极联接起

来作为信号输出端，V_N 的源极接电源 U_{DD}。当输入 A 为低电平 0 时，V_N 截止，V_P 导通，输出 F 为高电平 1；当输入 A 为高电平 1 时，V_N 导通，V_P 截止，输出 F 为低电平 0。可见电路实现了非逻辑功能。

图 6-13 所示为 CMOS 与非门电路。两个 N 沟道增强型 MOS 管 V_{N1} 和 V_{N2} 串联，两个 P 沟道增强型 MOS 管 V_{P1} 和 V_{P2} 并联。V_{P1} 和 V_{N1} 的栅极联接起来作为输入端 A，V_{P2} 和 V_{N2} 的栅极联接起来作为输入端 B。若 A、B 当中有一个或全为低电平 0 时，V_{N1}、V_{N2} 中有一个或全部截止，V_{P1}、V_{P2} 中有一个或全部导通，输出 F 为高电平 1。只有当输入 A、B 全为高电平 1 时，V_{N1} 和 V_{N2} 才会都导通，V_{P1} 和 V_{P2} 才会都截止，输出 F 才会为低电平 0。可见电路实现了与非逻辑功能。

图 6-14 所示为 CMOS 或非门电路。V_{N1} 和 V_{N2} 是 N 沟道增强型 MOS 管，两者并联；V_{P1} 和 V_{P2} 是 P 沟道增强型 MOS 管，两者串联。V_{P1} 和 V_{N1} 的栅极联接起来作为输入端 A，V_{P2} 和 V_{N2} 的栅极联接起来作为输入端 B。只要输入 A、B 当中有一个或全为高电平 1，V_{P1}、V_{P2} 中有一个或全部截止，V_{N1}、V_{N2} 中有一个或全部导通，输出 F 为低电平 0。只有当 A、B 全为低电平 0 时，V_{P1} 和 V_{P2} 才会都导通，V_{N1} 和 V_{N2} 才会都截止，输出 F 才会为高电平 1。可见电路实现了或非逻辑功能。

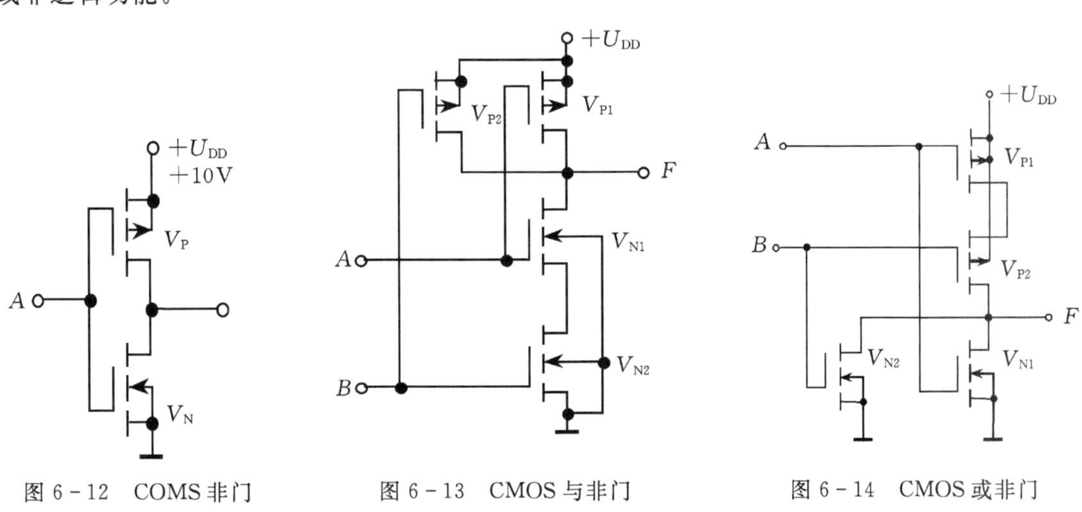

图 6-12　COMS 非门　　图 6-13　CMOS 与非门　　图 6-14　CMOS 或非门

(六)逻辑代数

将门电路按照一定的规律联接起来，可以组成具有各种逻辑功能的逻辑电路。分析和设计逻辑电路的数学工具就是逻辑代数(又叫布尔代数或开关代数)。逻辑代数虽然和普通代数一样也用字母(A、B、C…)表示变量，但变量的取值只有 0 和 1 两种，即所谓的逻辑 0 和逻辑 1。逻辑代数中的 0 和 1 不是数字符号，而是代表两种相反的逻辑状态。逻辑代数所表示的是逻辑关系，不是数量关系。在逻辑代数中，只有逻辑乘(与运算)、逻辑加(或运算)和逻辑非(非运算)3 种基本运算。根据这 3 种基本运算可以推导出逻辑运算的一些基本公式和定理。

1. 逻辑代数的公式和定理

(1)逻辑代数的基本公式

①逻辑常量运算公式见表 6-10。

②逻辑变量、常量运算公式见表 6-11。

表 6-10 逻辑常量运算公式

与运算	或运算	非运算
$0\cdot0=0$	$0+0=0$	$\overline{1}=0$
$0\cdot1=0$	$0+1=1$	
$1\cdot0=0$	$1+0=1$	$\overline{0}=1$
$1\cdot1=1$	$1+1=1$	

表 6-11 逻辑变量、常量运算公式

与运算	或运算	非运算
$A\cdot0=0$	$A+0=A$	$\overline{\overline{A}}=A$
$A\cdot1=A$	$A+1=1$	
$A\cdot A=A$	$A+A=A$	
$A\cdot\overline{A}=0$	$A+\overline{A}=1$	

(2)逻辑代数的基本定理

逻辑代数的交换律、结合律的运算规律与普通代数相同，只有分配律的第二个公式与普通代数不同，可用真值表加以证明。

交换律：

$$AB=BA$$
$$A+B=B+A$$

结合律：

$$(AB)C=A(BC)$$
$$(A+B)+C=A+(B+C)$$

分配率：

$$A(B+C)=AB+AC$$
$$A+BC=(A+B)(A+C)$$

吸收率：

$$AB+A\overline{B}=A$$
$$(A+B)(A+\overline{B})=A$$
$$A+AB=A$$
$$A(A+B)=A$$
$$A(\overline{A}+B)=AB$$
$$A+\overline{A}B=A+B$$

反演律(又称摩根定律)：

$$\overline{AB}=\overline{A}+\overline{B}$$
$$\overline{A+B}=\overline{A}\,\overline{B}$$

2. 逻辑函数的表示方法

因为数字电路的输出信号与输入信号之间的关系就是逻辑关系，所以数字电路的工作状态可以用逻辑函数来描述。逻辑函数有真值表、逻辑表达式、逻辑图、波形图和卡诺图 5 种表示形式。只要知道其中一种表示形式，就可转换为其他几种表示形式。

(1)真值表

真值表就是由变量的所有可能的取值组合及其对应的函数值所构成的表格。

真值表列写方法：每一个变量均有 0、1 两种取值，所以 n 个变量共有 2^n 种不同的取值，将这 2^n 种不同的取值按顺序(一般按二进制递增规律)排列起来，同时在相应位置上填入函数的值，便可得到逻辑函数的真值表。

例如，要表示这样一个函数关系：当3个变量 A、B、C 的取值中有偶数个1时，函数取值为1；否则，函数取值为0。此函数称为判偶函数，可用表6-12所示的真值表来表示。

表6-12　判偶函数的真值表

A	B	C	F
0	0	0	1
0	0	1	0
0	1	0	0
0	1	1	1
1	0	0	0
1	0	1	1
1	1	0	1
1	1	1	0

(2)逻辑表达式

逻辑表达式就是由逻辑变量和与、或、非3种运算符连接起来所构成的式子。

如果已经列出了函数的真值表，则可按以下步骤写出逻辑表达式。

①取 $F=1$ 写逻辑表达式。

②对一种取值组合而言，输入变量之间是与逻辑关系。对应于 $F=1$，如果输入变量的值为1，则取其原变量(如 A)；如果输入变量的值为0，则取其反变量(如 $\overline{A}$)，而后取乘积项。

③各种取值组合之间是或逻辑关系，故取以上乘积项之和。

例如，对表6-12所示的判偶函数，当变量 A、B、C 的取值分别为000、011、101、110时，函数值 $F=1$。对应这些变量取值组合的乘积项分别为 $\overline{A}\,\overline{B}\,\overline{C}$、$\overline{A}BC$、$A\overline{B}C$、$AB\overline{C}$，将这些乘积项相加，即得到判偶函数的逻辑表达式为：

$$F=\overline{A}\,\overline{B}\,\overline{C}+\overline{A}BC+A\overline{B}C+AB\overline{C}$$

(3)逻辑图

逻辑图就是由表示逻辑运算的逻辑符号所构成的图形。

一般由逻辑表达式画出逻辑图，逻辑乘用与门实现，逻辑加用或门实现，逻辑非用非门实现。如判偶函数 $F=\overline{A}\,\overline{B}\,\overline{C}+\overline{A}BC+A\overline{B}C+AB\overline{C}$，就可用3个非门、4个与门和1个或门来实现，如图6-15所示。

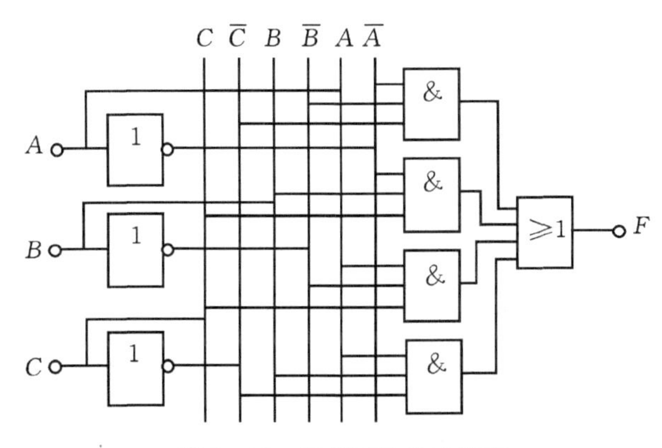

图6-15　判偶函数的逻辑图

因为逻辑表达式不是唯一的，所以逻辑图也不是唯一的。反之，由逻辑图也可以写出逻辑表达式。

(4)波形图

波形图就是由输入变量的所有可能取值组合的高、低电平及其对应的输出函数值的高、低电平所构成的图形。波形图可以将输出函数的变化和输入变量的变化之间在时间上的对应关系直观地表示出来，因此又称为时间图或时序图。如判偶函数的波形图如图 6-16 所示。

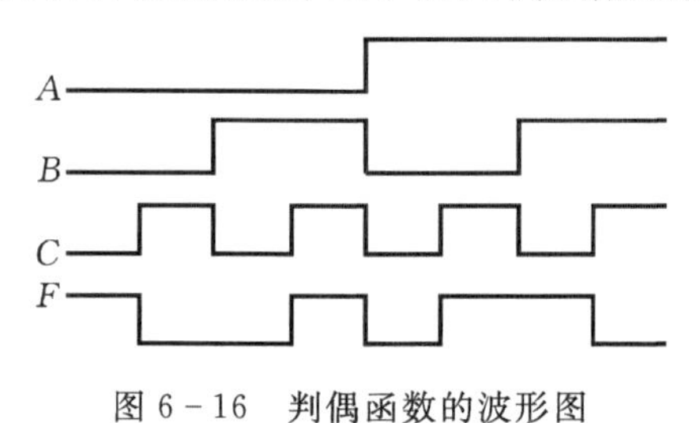

图 6-16　判偶函数的波形图

(5)卡诺图

将逻辑函数真值表中的各行排列成矩阵形式，在矩阵的左方和上方按照格雷码的顺序写上输入变量的取值，在矩阵的各个小方格内填入输入变量各组取值所对应的输出函数值，这样构成的图形就是卡诺图。如判偶函数 $F=\overline{A}\,\overline{B}\,\overline{C}+\overline{A}BC+A\overline{B}C+AB\overline{C}$，在变量 A、B、C 的取值分别为 000、011、101、110 所对应的小方格内填入 1，其余小方格内填入 0(也可以空着不填)，便得到该函数的卡诺图，如图 6-17 所示。

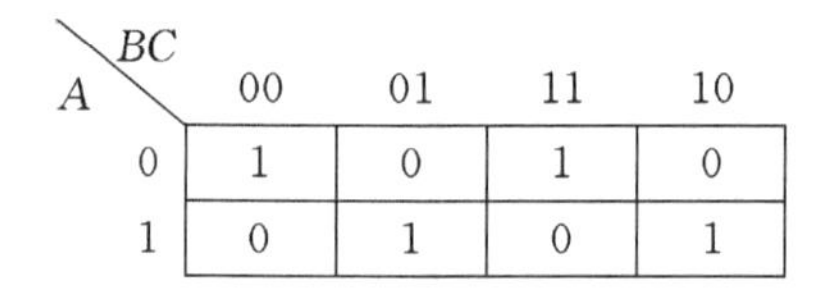

A \ BC	00	01	11	10
0	1	0	1	0
1	0	1	0	1

图 6-17　判偶函数的卡诺图

画卡诺图时要注意，矩阵的左方和上方输入变量的取值要按照格雷码的顺序，即按 00、01、11、10 的次序，而不是二进制递增的次序 00、01、10、11。将输入变量的取值按这样的顺序排列，其目的是为了使任意两个相邻小方格之间只有一个变量取值不同。

图 6-18 所示为四变量函数 $F=\overline{A}BD+\overline{C}D$ 的卡诺图。

AB \ CD	00	01	11	10
00	0	1	0	0
01	0	1	1	0
11	0	1	0	0
10	0	1	0	0

图 6-18　四变量函数 $F=\overline{A}BD+\overline{C}D$ 的卡诺图

例 6-1　某逻辑函数的真值表如表 6-13 所示，试用其它 4 种方法表示该逻辑函数。

表 6－13　例 6－1 的真值表

A	B	C	F
0	0	0	0
0	0	1	1
0	1	0	1
0	1	1	0
1	0	0	1
1	0	1	0
1	1	0	0
1	1	1	0

解：(1)由真值表写出逻辑表达式，为：

$$F=\overline{A}\,\overline{B}C+\overline{A}B\overline{C}+A\overline{B}\,\overline{C}$$

(2)由逻辑表达式画出逻辑图，如图 6－19 所示。

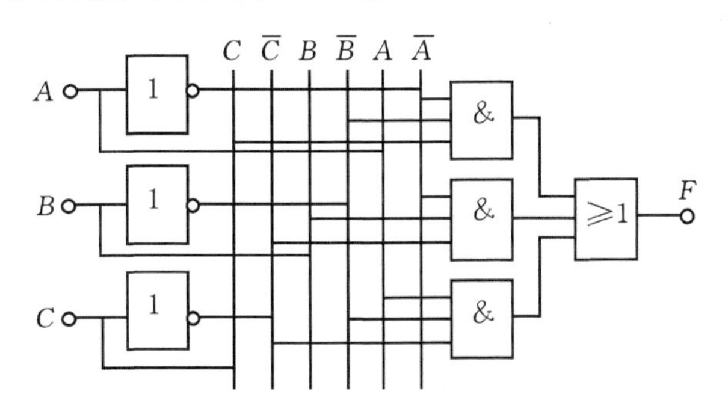

图 6－19　例 6－1 的逻辑图

(3)由真值表画出波形图，如图 6－20 所示。

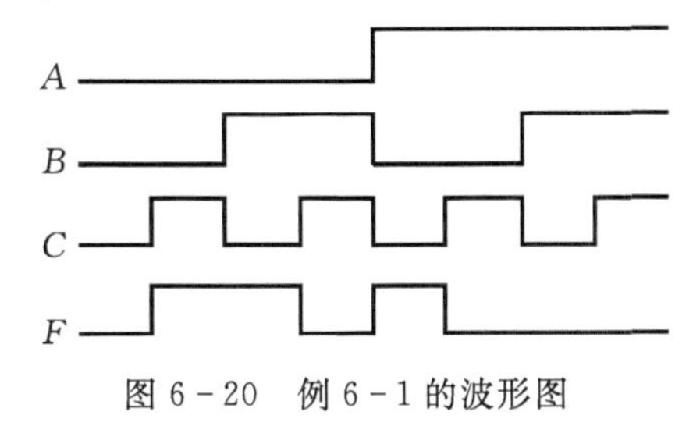

图 6－20　例 6－1 的波形图

(4)由真值表画出卡诺图，如图 6－21 所示。

A \ BC	00	01	11	10
0	0	1	0	1
1	1	0	0	0

图 6－21　例 6－1 的卡诺图

例 6-2 某逻辑函数的逻辑图如图 6-22 所示，试用其它 4 种方法表示该逻辑函数。

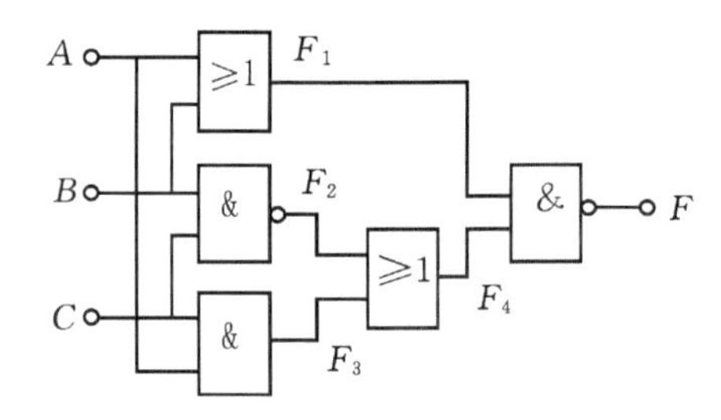

图 6-22 例 6-2 的逻辑图

解:(1)由逻辑图写出逻辑表达式。

$$F_1 = A + B$$

$$F_2 = \overline{BC}$$

$$F_3 = AC$$

$$F_4 = F_2 + F_3 = \overline{BC} + AC$$

$$F = \overline{F_1 F_4} = \overline{(A+B)(\overline{BC}+AC)}$$

(2)将输入变量 A、B、C 的所有各种可能取值分别代入逻辑表达式中进行计算，列出函数的真值表。为了计算方便，可用反演律将逻辑表达式变换为与或表达式。

$$\begin{aligned} F &= \overline{(A+B)(\overline{BC}+AC)} \\ &= \overline{A+B} + \overline{\overline{BC}+AC} \\ &= \overline{A}\,\overline{B} + BC\,\overline{AC} \\ &= \overline{A}\,\overline{B} + BC(\overline{A}+\overline{C}) \\ &= \overline{A}\,\overline{B} + \overline{A}BC \end{aligned}$$

函数的真值表如表 6-14 所示。

表 6-14 例 6-2 的真值表

A	B	C	F
0	0	0	1
0	0	1	1
0	1	0	0
0	1	1	1
1	0	0	0
1	0	1	0
1	1	0	0
1	1	1	0

(3)由真值表画出波形图，如图 6-23 所示。

(4)由真值表画出卡诺图，如图 6-24 所示。

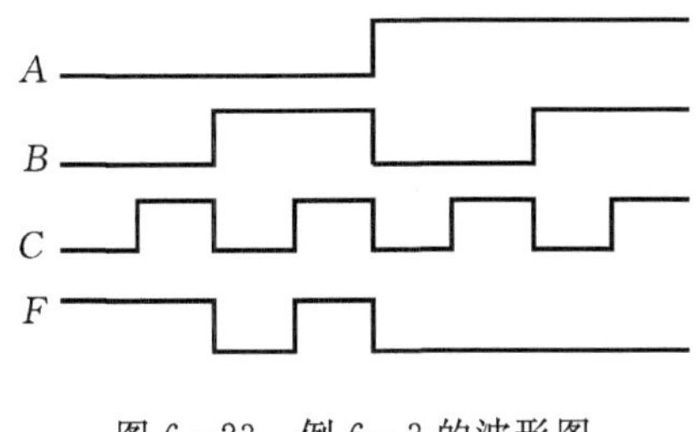

图 6-23　例 6-3 的波形图

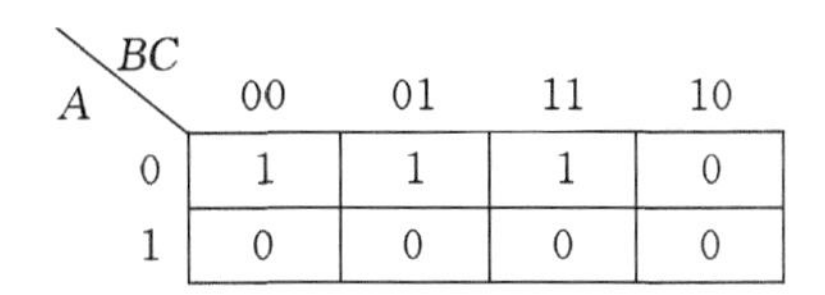

A \ BC	00	01	11	10
0	1	1	1	0
1	0	0	0	0

图 6-24　例 6-3 的卡诺图

3. 逻辑函数的化简

根据逻辑表达式，可以画出相应的逻辑图。但是直接根据逻辑要求而归纳出来的逻辑表达式及其对应的逻辑电路，往往不是最简单的形式，这就需要对逻辑表达式进行化简。用化简后的逻辑表达式来构成逻辑电路，所需门电路的数目最少，而且每个门电路的输入端数目也最少。逻辑函数的化简有公式法和卡诺图法等。

(1)公式化简法

公式化简法就是运用逻辑代数的基本公式和定理来化简逻辑函数的一种方法。

例 6-3

$$\begin{aligned}F&=ABC+A\overline{B}+A\overline{C}\\&=ABC+A(\overline{B}+\overline{C})\\&=ABC+A\,\overline{BC}\\&=A(BC+\overline{BC})\\&=A\end{aligned}$$

例 6-4

$$\begin{aligned}F&=ABC+AB\overline{C}+A\overline{B}C+\overline{A}BC\\&=(ABC+AB\overline{C})+(ABC+A\overline{B}C)+(ABC+\overline{A}BC)\\&=AB+AC+BC\end{aligned}$$

例 6-5

$$\begin{aligned}F&=A\overline{B}+B\overline{C}+\overline{B}C+\overline{A}B\\&=A\overline{B}+B\overline{C}+(A+\overline{A})\overline{B}C+\overline{A}B(C+\overline{C})\\&=A\overline{B}+B\overline{C}+A\overline{B}C+\overline{A}\,\overline{B}C+\overline{A}BC+\overline{A}B\overline{C}\\&=A\overline{B}(1+C)+B\overline{C}(1+\overline{A})+\overline{A}C(\overline{B}+B)\\&=A\overline{B}+B\overline{C}+\overline{A}C\end{aligned}$$

例 6-6

$$\begin{aligned}F&=A\overline{B}+AC+ADE+\overline{C}D\\&=A\overline{B}+AC+\overline{C}D+ADE(C+\overline{C})\\&=A\overline{B}+(AC+ADEC)+(\overline{C}D+ADE\overline{C})\\&=A\overline{B}+AC+\overline{C}D\end{aligned}$$

例 6－7

$$
\begin{aligned}
F &= \overline{\overline{AB+\overline{A}\,\overline{B}}\;\overline{BC+\overline{B}\,\overline{C}}} \\
&= \overline{\overline{AB+\overline{A}\,\overline{B}}}+\overline{\overline{BC+\overline{B}\,\overline{C}}} \\
&= AB+\overline{A}\,\overline{B}+BC+\overline{B}\,\overline{C} \\
&= AB+\overline{A}\,\overline{B}(C+\overline{C})+BC(A+\overline{A})+\overline{B}\,\overline{C} \\
&= AB+\overline{A}\,\overline{B}C+\overline{A}\,\overline{B}\,\overline{C}+ABC+\overline{A}BC+\overline{B}\,\overline{C} \\
&= AB(1+C)+\overline{A}C(B+\overline{B})+\overline{B}\,\overline{C}(1+\overline{A}) \\
&= AB+\overline{A}C+\overline{B}\,\overline{C}
\end{aligned}
$$

(2)卡诺图化简法

卡诺图化简法是将逻辑函数用卡诺图来表示，在卡诺图上进行函数化简的方法。卡诺图化简法是吸收律 $AB+\overline{A}B=A$ 的直接应用。利用卡诺图的相邻性，即卡诺图中任意两个相邻小方格对应的输入变量只有一个不同，当相邻小方格内的值都为 1 时，应用该公式即可将它们对应的变量合并。重复应用该公式，可逐步将逻辑函数化简。

利用卡诺图化简逻辑函数可按以下步骤进行：

①将逻辑函数正确地用卡诺图表示出来。

②将取值为 1 的相邻小方格圈成矩形或方形。相邻小方格包括最上行与最下行同列两端的两个小方格，以及最左列与最右列同行两端的两个小方格。所圈取值为 1 的相邻小方格的个数应为 2^n（n=0、1、2、3、…），即 1、2、4、8、…，不允许 3、6、10 等。

③圈的个数应最少，圈内小方格个数应尽可能多。每圈一个新的圈时，必须包含至少一个在已圈过的圈中没有出现过的小方格，否则重复而得不到最简单的表达式。每一个取值为 1 的小方格可被圈多次，但不能漏掉任何一个小方格。

④将各个圈进行合并。含 2 个小方格的圈可合并为一项，并消去 1 个变量；含 4 个小方格的圈可合并为一项，并消去 2 个变量；以此类推，含 2^n 个小方格的圈可合并为一项，并消去 n 个变量。若圈内只含一个小方格，则不能化简。最后将合并的结果相加，即为所求的最简与或表达式。

例 6－8 用卡诺图化简函数 $F=C+A\overline{C}\,\overline{D}+ABD+\overline{A}\,\overline{B}\,\overline{C}\,\overline{D}$

解：

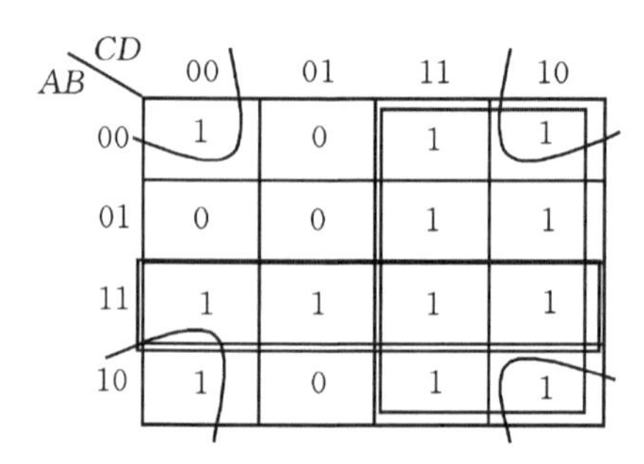

图 6－25 例 6－8 的卡诺图

$$F=C+AB+\overline{B}\,\overline{D}$$

三、任务实施——TTL 集成逻辑门的测试

1. 实训目的

①掌握 TTL 集成与非门的逻辑功能和主要参数的测试方法；

②掌握 TTL 器件的使用规则。

2. 实训器材

+5 V 直流电源、逻辑电平开关、逻辑电平显示器、直流数字电压表、直流毫安表、直流微安表、74LS20×2、1K、10K 电位器、200 Ω 电阻器(0.5W)。

3. 实训原理

本实训采用四输入双与非门 74LS20，即在一块集成块内含有两个互相独立的与非门，每个与非门有四个输入端。其逻辑框图、符号及引脚排列如图 6－26(a)、(b)、(c)所示。

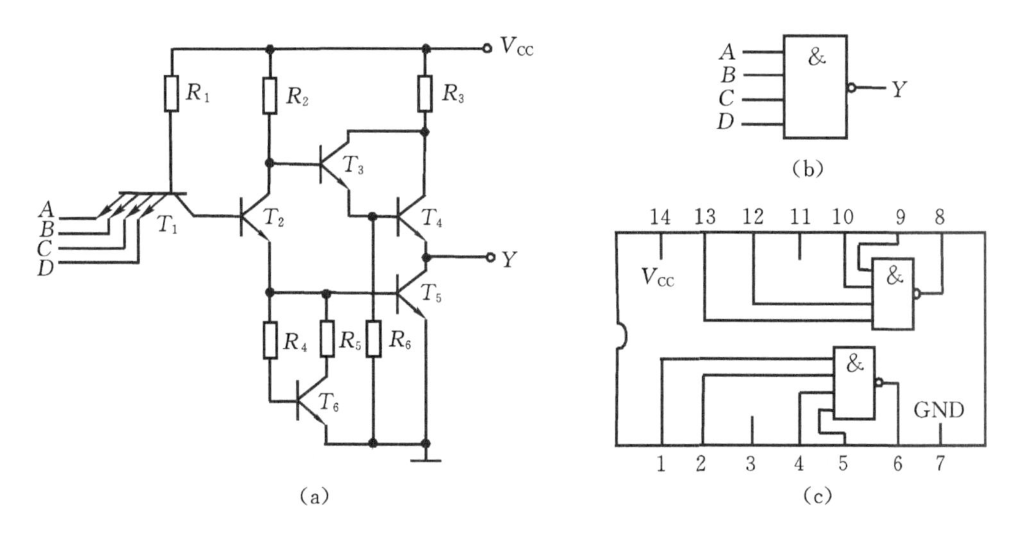

图 6－26　74LS20 逻辑框图、逻辑符号及引脚排列

(1)与非门的逻辑功能

与非门的逻辑功能是：当输入端中有一个或一个以上是低电平时，输出端为高电平；只有当输入端全部为高电平时，输出端才是低电平(即有“0”得“1”，全“1”得“0”。)

其逻辑表达式为 $Y=\overline{AB\cdots}$

(2)电压传输特性

门的输出电压 V_O 随输入电压 V_i 而变化的曲线 $V_o=f(V_i)$ 称为门的电压传输特性，通过它可读得门电路的一些重要参数，如输出高电平 V_{OH}、输出低电平 V_{OL}、关门电平 V_{Off}、开门电平 V_{ON}、阈值电平 V_T 及抗干扰容限 V_{NL}、V_{NH}等值。测试电路如图 6－27 所示，采用逐点测试法，即调节 R_W，逐点测得 V_i 及 V_O，然后绘成曲线。

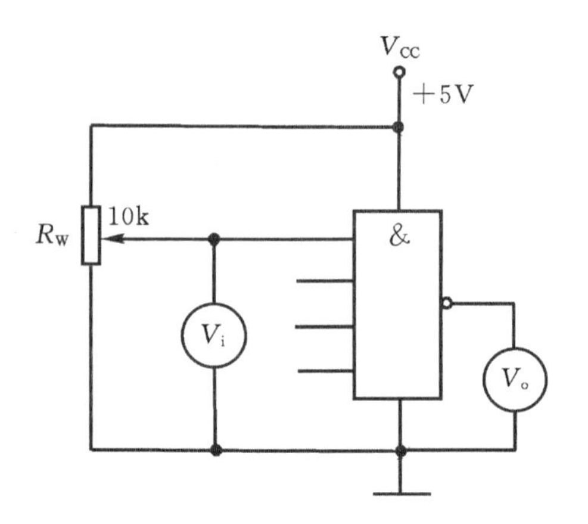

图 6-27　传输特性测试电路

4. 实训内容及步骤

在合适的位置选取一个 14P 插座，按定位标记插好 74LS20 集成块。

(1)测试 TTL 集成与非门 74LS20 的逻辑功能

按图 6-28 接线，门的四个输入端接逻辑开关输出插口，以提供“0”与“1”电平信号，开关向上，输出逻辑“1”，向下为逻辑“0”。门的输出端接由 LED 发光二极管组成的逻辑电平显示器（又称 0—1 指示器）的显示插口，LED 亮为逻辑“1”，不亮为逻辑“0”。按表 6-15 的真值表逐个测试集成块中两个与非门的逻辑功能。74LS20 有 4 个输入端，有 16 个最小项，在实际测试时，只要通过对输入 1111、0111、1011、1101、1110 五项进行检测就可判断其逻辑功能是否正常。

表 6-15　与非门逻辑功能测试表

输入				输出	
A_n	B_n	C_n	D_n	Y_1	Y_2
1	1	1	1		
0	1	1	1		
1	0	1	1		
1	1	0	1		
1	1	1	0		

(2)测试 74LS20 的电压传输特性。

按图 6-27 接线，调节电位器 R_W，使 V_i 从 0 V 向高电平变化，逐点测量 V_i 和 V_O 的对应值，记入表 6-16 中。

表 6-16　74LS20 的电压传输特性

V_i/V	0	0.2	0.4	0.6	0.8	1.0	1.5	2.0	2.5	3.0	3.5	4.0	…
V_O/V													

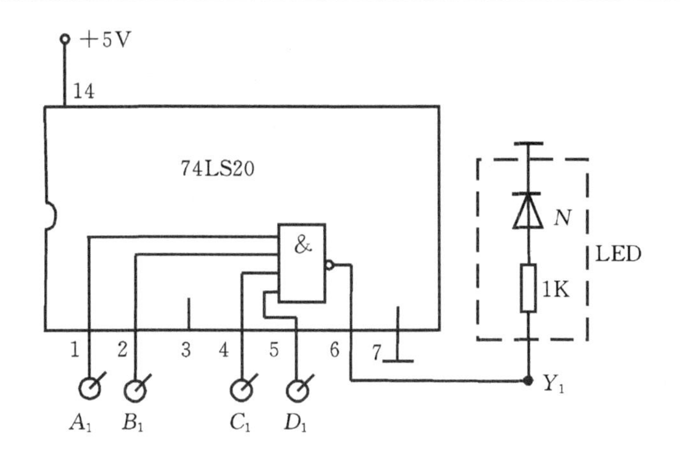

图 6-28　与非门逻辑功能测试电路

5. 实训总结

①记录、整理实训结果，并对结果进行分析；

②画出实测的电压传输特性曲线，并从中读出各有关参数值。

任务二　组合逻辑电路的分析与设计

一、任务导入

在数字系统中，数字逻辑电路按照结构和逻辑功能的不同可分为两大类，一类称为组合逻辑电路，另一类称为时序逻辑电路。以逻辑门电路作为基本单元的数字电路称为组合逻辑电路。组合逻辑电路在某一时刻的输出状态由该时刻电路的输入信号决定，而与电路的原状态无关。它的特点是：没有记忆单元，没有从输出反馈到输入的网络。实用组合逻辑器件有加法器、数值比较器、编码器、译码器、数据选择器、数据分配器等。

二、相关知识

(一)组合逻辑电路的分析

对于一个已知的逻辑电路，要研究它的工作特性和逻辑功能称为分析；反过来，对于已经确定要完成的逻辑功能，要给出相应的逻辑电路称为设计。

组合逻辑电路的分析可以按以下步骤进行：

①由给定的逻辑电路图逐级写出各输出端的逻辑表达式；

②对得到的逻辑表达式进行化简或逻辑变换；

③由简化的逻辑表达式列出输入、输出真值表；

④由真值表对逻辑电路进行分析，判断该电路的逻辑功能。

例 6-9　分析图 6-29 所示组合逻辑电路的逻辑功能。

解：(1)由逻辑图写出逻辑表达式为：

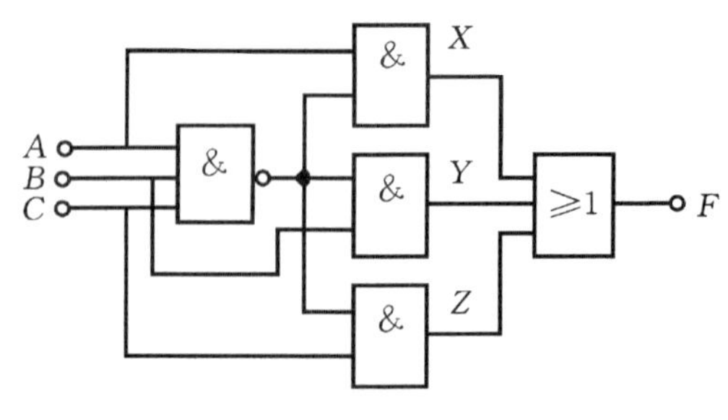

图 6-29　例 6-9 的图

$$X = A\overline{ABC}$$
$$Y = B\overline{ABC}$$
$$Z = C\overline{ABC}$$
$$F = \overline{X+Y+Z} = \overline{A\overline{ABC}+B\overline{ABC}+C\overline{ABC}}$$

(2)将逻辑表达式化简及变换：

$$\begin{aligned} F &= \overline{A\overline{ABC}+B\overline{ABC}+C\overline{ABC}} \\ &= \overline{(A+B+C)(\overline{A}+\overline{B}+\overline{C})} \\ &= \overline{A}\,\overline{B}\,\overline{C}+ABC \end{aligned}$$

(3)真值表，如表 6-17 所示。

表 6-17　例 6-9 的真值表

A	B	C	F
0	0	0	1
0	0	1	0
0	1	0	0
0	1	1	0
1	0	0	0
1	0	1	0
1	1	0	0
1	1	1	1

(4)电路逻辑功能的描述。由表 6-17 可知，当 3 个输入变量 A、B、C 取值一致时，输出 $F=1$，否则输出 $F=0$。所以这个电路可以判断 3 个输入变量的取值是否一致，故该电路称为“输入一致电路”或称“输入一致表决器”。

(二)组合逻辑电路的设计

与分析过程相反，组合逻辑电路的设计是根据给定的逻辑功能要求，求出实现其逻辑功能的最简单的逻辑电路。组合逻辑电路的设计一般可按以下步骤进行：

①分析给定的实际逻辑问题，根据设计的逻辑要求列出真值表；

②根据真值表写出组合逻辑电路的逻辑函数表达式并化简；

③根据集成芯片的类型变换逻辑函数表达式并画出逻辑图。

例 6-10　设计一个3人表决电路。每人1个按键(A、B、C)，按键按下表示同意，否则表示不同意；结果用指示灯表示，多数同意时指示灯亮，否则不亮。

解：(1)分析设计要求，设定输入、输出变量并逻辑赋值。

设3个按键 A、B、C 按下时为"1"，不按时为"0"。输出结果用 F 表示，多数赞成时为"1"，否则为"0"。

(2)根据题意列出真值表，见表6-18。

表 6-18　例 6-10 的真值表

A	B	C	F
0	0	0	0
0	0	1	0
0	1	0	0
0	1	1	1
1	0	0	0
1	0	1	1
1	1	0	1
1	1	1	1

(3)由真值表6-18写出逻辑表达式并化简。

$$F = \overline{A}BC + A\overline{B}C + AB\overline{C} + ABC = BC + AC + AB$$

根据逻辑表达式实现逻辑电路，如图6-30(a)所示。

(4)用与非门实现逻辑电路，变换逻辑表达式。

$$F = BC + AC + AB = \overline{\overline{BC + AC + AB}} = \overline{\overline{BC} \cdot \overline{AC} \cdot \overline{AB}}$$

根据变换后的逻辑表达式画出逻辑电路如图6-30(b)所示。

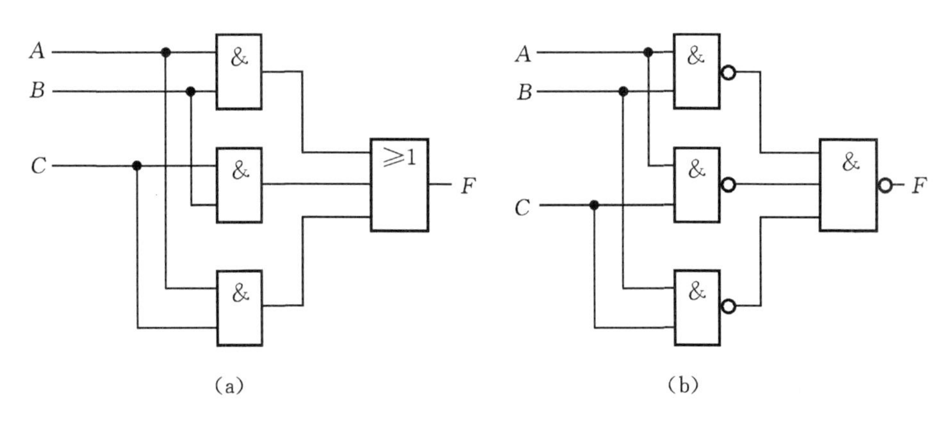

图6-30　例6-10的图

例 6-11　交通信号灯有红、绿、黄3种，3种灯分别单独工作或黄、绿灯同时工作时属正常情况，其他情况均属故障，要求出现故障时输出报警信号。试用与非门设计一个交通报警控制电路。

解：(1)根据逻辑要求列真值表。设输入变量为 A、B、C，分别代表红、绿、黄 3 种灯，灯亮时其值为 1，灯灭时其值为 0；输出报警信号用 F 表示，灯正常工作时其值为 0，灯出现故障时其值为 1。则该报警控制电路的真值表如表 6-19 所示。

(2)写逻辑表达式并化简。由表 6-19 可得函数 F 的与或表达式为：

$$F=\overline{A}\,\overline{B}\,\overline{C}+A\overline{B}C+AB\overline{C}+ABC=\overline{A}\,\overline{B}\,\overline{C}+AB+AC$$

(3)将函数表达式变换为与非表达式，画出逻辑图，见图 6-31。

$$F=\overline{\overline{\overline{A}\,\overline{B}\,\overline{C}}\;\overline{AB}\;\overline{AC}}$$

表 6-19　例 6-11 的真值表

A	B	C	F
0	0	0	1
0	0	1	0
0	1	0	0
0	1	1	0
1	0	0	0
1	0	1	1
1	1	0	1
1	1	1	1

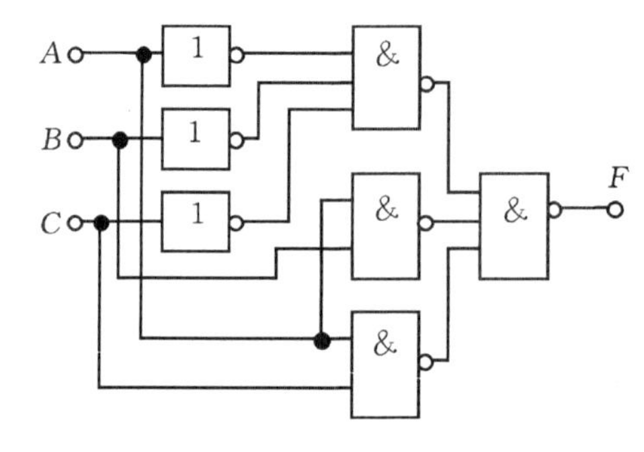

图 6-31　例 6-11 的图

(三)加法器

能实现二进制加法运算的逻辑电路称为加法器。在各种数字系统尤其是在计算机中，二进制加法器是基本部件之一。

1. 半加器

能对两个 1 位二进制数相加而求得和及进位的逻辑电路称为半加器。

设两个加数分别用 A_i、B_i 表示，和用 S_i 表示，向高位的进位用 C_i 表示。根据半加器的功能及二进制加法运算规则，可以列出半加器的真值表，如表 6-20 所示。由真值表可得半加器的逻辑表达式为：

$$S_i = \overline{A_i}B_i + A_i\overline{B_i} = A_i \oplus B_i$$
$$C_i = A_iB_i$$

根据上述逻辑表达式，可画出半加器的逻辑图，如图 6－32 所示。

表 6－20　半加器的真值表

输入		输出	
A_i	B_i	S_i	C_i
0	0	0	0
0	1	1	0
1	0	1	0
1	1	0	1

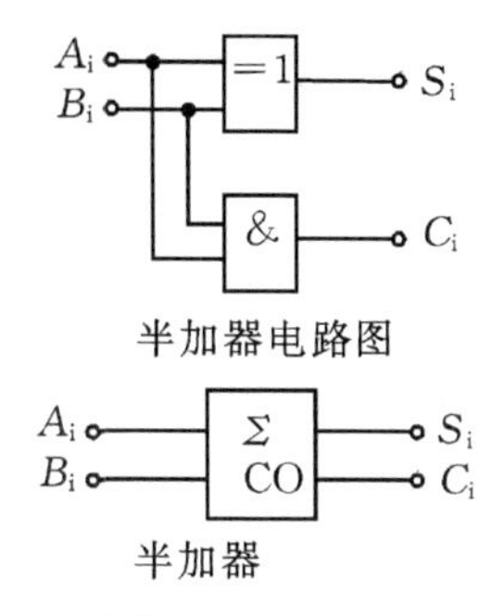

图 6－32　半加器的逻辑图和逻辑符号

2. 全加器

能对两个 1 位二进制数相加并考虑低位来的进位，即相当于 3 个 1 位二进制数相加，求得和及进位的逻辑电路称为全加器。

设两个加数分别用 A_i、B_i 表示，低位来的进位用 C_{i-1} 表示，和用 S_i 表示，向高位的进位用 C_i 表示。根据全加器的逻辑功能及二进制加法运算规则，可以列出全加器的真值表，如表 6－21 所示。图 6－33 所示为全加器的逻辑符号。

表 6－21　全加器的真值表

输入			输出	
A_i	B_i	C_{i-1}	S_i	C_i
0	0	0	0	0
0	0	1	1	0
0	1	0	1	0
0	1	1	0	1
1	0	0	1	0
1	0	1	0	1
1	1	0	0	1
1	1	1	1	1

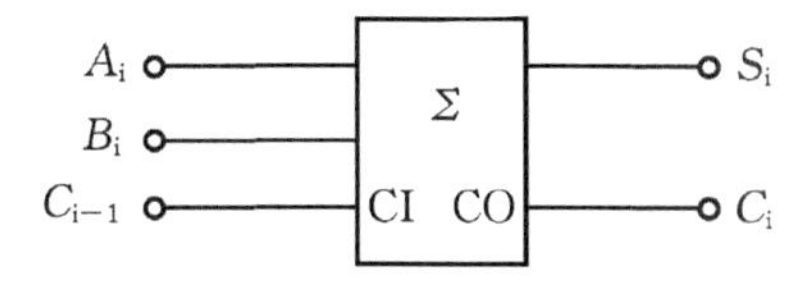

图 6－33　全加器的逻辑符号

由真值表可得 S_i 和 C_i 的逻辑表达式为：

$$S_i = \overline{A_i}\,\overline{B_i}C_{i-1} + \overline{A_i}B_i\overline{C_{i-1}} + A_i\overline{B_i}\,\overline{C_{i-1}} + A_iB_iC_{i-1}$$
$$C_i = \overline{A_i}B_iC_{i-1} + A_i\overline{B_i}C_{i-1} + A_iB_i\overline{C_{i-1}} + A_iB_iC_{i-1}$$

利用全加器可以构成多位数的加法器。把 n 个全加器串联起来，低位全加器的进位输出联接到相邻的高位全加器的进位输入，便构成了 n 位的加法器。图 6－34 所示为这种结构的 4 位加法器的逻辑图。这种加法器任一位的加法运算，都必须等到低位的运算完成后，送来进位时才能进行，因此运算速度不高。这种结构的多位数加法器称为串行进位加法器。

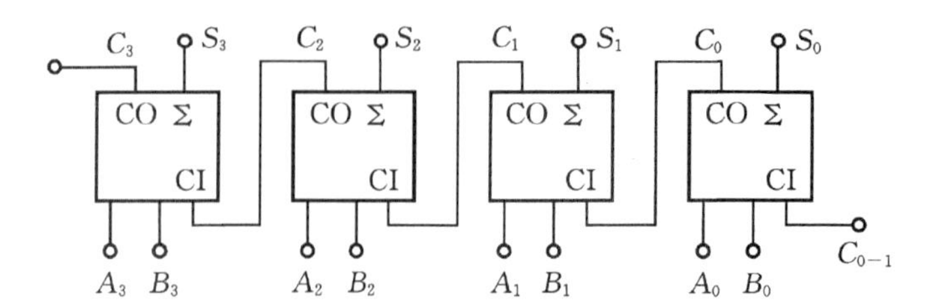

图 6-34　4 位串行进位加法器

为了提高运算速度，在设计上采用超前进位的方法，即每一位的进位根据各位的输入预先形成，而不需要等到低位的进位送来后才形成，这种结构的多位数加法器称为超前进位加法器。中规模集成 4 位超前进位加法器 74LS283、CC4008 的引脚排列图如图 6-35 所示。

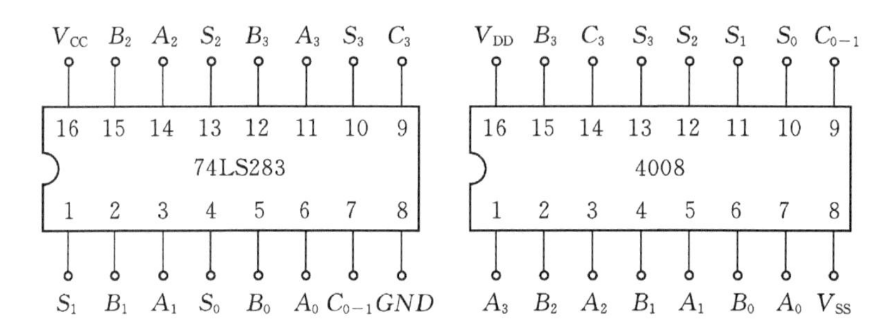

图 6-35　集成 4 位二进制超前进位加法器引脚排列图

(四)数值比较器

用来完成两个二进制数大小比较的逻辑电路称为数值比较器，简称比较器。在数字电路中，数值比较器的输入是要进行比较的两个二进制数，输出是比较的结果。

两个 1 位二进制数进行比较，输入信号是两个要进行比较的 1 位二进制数，现用 A、B 表示；输出是比较结果，有三种情况：$A>B$、$A<B$ 和 $A=B$，现分别用 F_1、F_2 和 F_3 表示。设 $A>B$ 时 $F_1=1$；$A<B$ 时 $F_2=1$；$A=B$ 时 $F_3=1$。由此可列出 1 位数值比较器的真值表如表 6-22所示。根据此表可写出各个输出的逻辑表达式：

$$F_1=A\overline{B}$$

$$F_2=\overline{A}B$$

$$F_3=\overline{A}\,\overline{B}+AB$$

表 6-22　1 位数值比较器的真值表

输入		输出		
A	B	$F_1(A>B)$	$F_2(A<B)$	$F_3(A=B)$
0	0	0	0	1
0	1	0	1	0
1	0	1	0	0
1	1	0	0	1

图 6-36 所示是集成 4 位数值比较器 74LS85、CC4585 的引脚排列图。

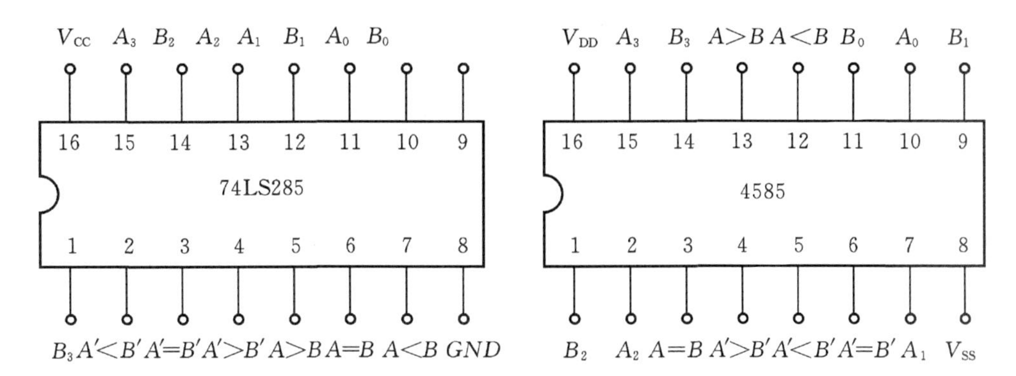

图 6-36　集成 4 位数值比较器的引脚排列图

三、任务实施——组合逻辑电路的设计与测试

1. 实训目的

①掌握组合逻辑电路的设计方法；

②验证所设计的组合逻辑电路的逻辑功能。

2. 实训器材

+5 V 直流电源、逻辑电平开关、逻辑电平显示器、直流数字电压表、CC4011×2(74LS00)、CC4012×3(74LS20)、CC4030(74LS86)、CC4081(74LS08)、74LS54×2(CC4085)、CC4001(74LS02)。

3. 实训原理

①使用中、小规模集成电路来设计组合电路是最常见的逻辑电路。设计组合电路的一般步骤如图 6-37 所示。

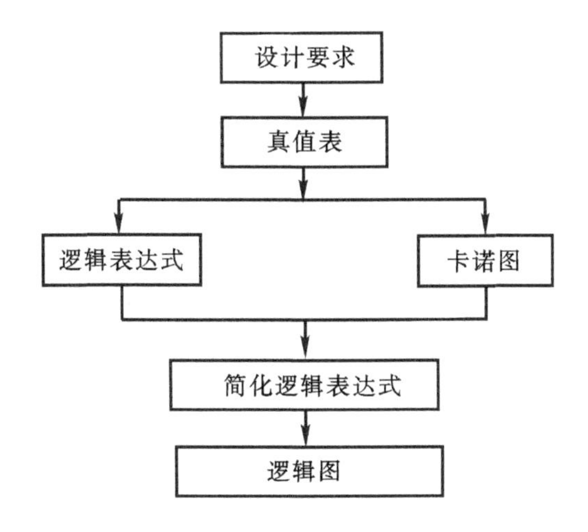

图 6-37　组合逻辑电路设计流程图

根据设计任务的要求建立输入、输出变量，并列出真值表。然后用逻辑代数或卡诺图化简法求出简化的逻辑表达式。并按实际选用逻辑门的类型修改逻辑表达式。根据简化后的逻辑

表达式，画出逻辑图，用标准器件构成逻辑电路。最后，用实训来验证设计的正确性。

②组合逻辑电路设计举例。用“与非”门设计一个表决电路。当四个输入端中有三个或四个为“1”时，输出端才为“1”。

设计步骤：根据题意列出真值表如表 6－23 所示，再填入卡诺图表 6－24 中。

表 6－23　表决电路的真值表

D	0	0	0	0	0	0	0	0	1	1	1	1	1	1	1	1
A	0	0	0	0	1	1	1	1	0	0	0	0	1	1	1	1
B	0	0	1	1	0	0	1	1	0	0	1	1	0	0	1	1
C	0	1	0	1	0	1	0	1	0	1	0	1	0	1	0	1
Z	0	0	0	0	0	0	0	1	0	0	0	1	0	1	1	1

表 6－24　表决电路的卡诺图

DA / BC	00	01	11	10
00				
01			1	
11		1	1	1
10			1	

由卡诺图得出逻辑表达式，并演化成“与非”的形式

$$Z = ABC + \mathrm{BCD} + ACD + ABD$$
$$= \overline{\overline{ABC} \cdot \overline{\mathrm{BCD}} \cdot \overline{ACD} \cdot \overline{ABC}}$$

根据逻辑表达式画出用“与非门”构成的逻辑电路如图 6－38 所示。

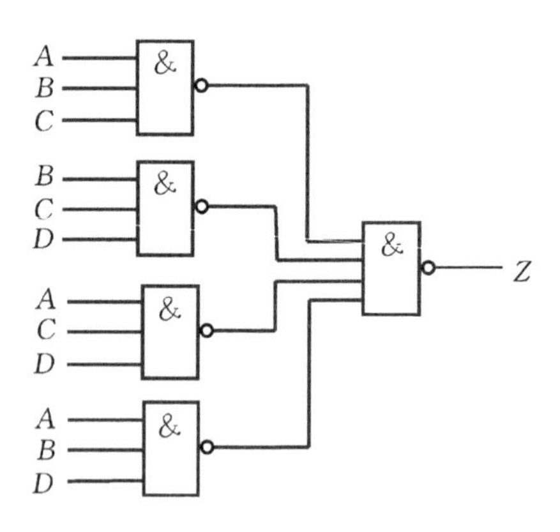

图 6－38　表决电路逻辑图

用实训验证逻辑功能：

在实训装置适当位置选定三个 14P 插座，按照集成块定位标记插好集成块 CC4012。

按图 6－38 接线，输入端 A、B、C、D 接至逻辑开关输出插口，输出端 Z 接逻辑电平显示输入插口，按真值表（自拟）要求，逐次改变输入变量，测量相应的输出值，验证逻辑功能，与表 6－23进行比较，验证所设计的逻辑电路是否符合要求。

4. 实训内容及步骤

①设计用与非门及用异或门、与门组成的半加器电路。要求按本文所述的设计步骤进行，直到测试电路逻辑功能符合设计要求为止。

②设计一个一位全加器，要求用异或门、与门、或门组成。

③设计一位全加器，要求用与或非门实现。

④设计一个对两个两位无符号的二进制数进行比较的电路；根据第一个数是否大于、等于、小于第二个数，使相应的三个输出端中的一个输出为"1"，要求用与门、与非门及或非门实现。

5. 实训报告

①列写实训任务的设计过程，画出设计的电路图；

②对所设计的电路进行实训测试，记录测试结果；

③组合电路设计体会。

任务三　编码器和译码器的识别及应用

一、任务导入

用数字或某种文字和符号来表示某一对象或信号的过程称为编码。实现编码操作的电路称为编码器。译码是编码的逆过程。在编码时，每一种二进制代码状态都赋予了特定的含义，即都表示了一个确定的信号或者对象。把代码状态的特定含义翻译出来的过程称为译码，实现译码操作的电路称为译码器。

二、相关知识

(一)编码器

在数字电路中，一般用的是二进制编码。二进制只有 0 和 1 两个数码，可以把若干个 0 和 1 按一定规律编排起来组成不同的代码(二进制数)来表示某一对象或信号。一位二进制代码有 0 和 1 两种，可以表示两个信号；两位二进制代码有 00，01，10，11 四种，可以表示 4 个信号；n 位二进制代码有 2^n 种，可以表示 2^n 个信号。这种二进制编码在电路上容易实现。按照编码工作的不同特点，可以将编码器分为二进制编码器、二—十进制编码器和优先编码器等种类。

1. 二进制编码器

用 n 位二进制代码来表示 $N=2^n$ 个信号的电路称为二进制编码器。二进制编码器输入有 $N=2^n$ 个信号，输出为 n 位二进制代码。根据编码器输出代码的位数，二进制编码器可分为 3 位二进制编码器，4 位二进制编码器等。

3 位二进制编码器是把 8 个输入信号 $I_0 \sim I_7$ 编成对应的 3 位二进制代码输出。因为输入有 8 个信号，要求有 8 种状态，所以输出的是 3 位($2^n=8$，$n=3$)二进制代码。这种编码器通常称为 8/3 编码器。现用 000～111 表示 $I_0 \sim I_7$，其真值表如表 6-25 所示。由真值表得各个输出的逻辑表达式为：

$$Y_2 = I_4 + I_5 + I_6 + I_7 = \overline{\overline{I_4}\ \overline{I_5}\ \overline{I_6}\ \overline{I_7}}$$

$$Y_1 = I_2 + I_3 + I_6 + I_7 = \overline{\overline{I_2}\ \overline{I_3}\ \overline{I_6}\ \overline{I_7}}$$

$$Y_0 = I_1 + I_3 + I_5 + I_7 = \overline{\overline{I_1}\ \overline{I_3}\ \overline{I_5}\ \overline{I_7}}$$

表 6-25　3 位二进制编码器的编码表

输入	输出		
	Y_2	Y_1	Y_0
I_0	0	0	0
I_1	0	0	1
I_2	0	1	0
I_3	0	1	1
I_4	1	0	0
I_5	1	0	1
I_6	1	1	0
I_7	1	1	1

逻辑图如图 6-39 所示。输入信号一般不允许出现两个或两个以上同时输入。

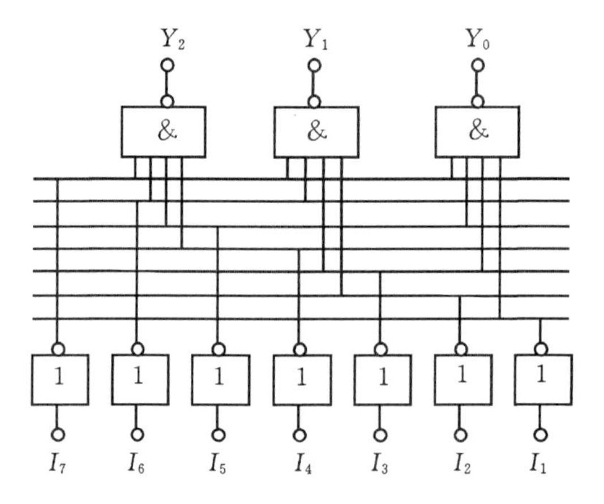

图 6-39　3 位二进制编码器

2. 二—十进制编码器

将十进制的 10 个数码 0～9 编成二进制代码的逻辑电路称为二—十进制编码器。因为输入有 10 个数码，要求有 10 种状态，所以输出需用 4 位（$2^n > 10$，取 $n=4$）二进制代码。这种编码器通常称为 10/4 线编码器。

设输入的 10 个数码分别用 $I_0 \sim I_9$ 表示，输出的二进制代码分别为 Y_3, Y_2, Y_1, Y_0。4 位二进制代码共有 16 种状态，其中任何 10 种状态都可以表示 0～9 这 10 个数码。最常用的是以 8421 码编码方式，其真值表如表 6-26 所示。

由真值表可写出各输出函数的逻辑表达式为：

$$Y_3 = I_8 + I_9 = \overline{\overline{I_8}\ \overline{I_9}}$$

$$Y_2 = I_4 + I_5 + I_6 + I_7 = \overline{\overline{I_4}\ \overline{I_5}\ \overline{I_6}\ \overline{I_7}}$$

$$Y_1 = I_2 + I_3 + I_6 + I_7 = \overline{\overline{I_2}\ \overline{I_3}\ \overline{I_6}\ \overline{I_7}}$$

$$Y_0 = I_1 + I_3 + I_5 + I_7 + I_9 = \overline{\overline{I_1}\,\overline{I_3}\,\overline{I_5}\,\overline{I_7}\,\overline{I_9}}$$

表 6－26　8421 码编码器的真值表

输入	输出			
	Y_3	Y_2	Y_1	Y_0
I_0	0	0	0	0
I_1	0	0	0	1
I_2	0	0	1	0
I_3	0	0	1	1
I_4	0	1	0	0
I_5	0	1	0	1
I_6	0	1	1	0
I_7	0	1	1	1
I_8	1	0	0	0
I_9	1	0	0	1

逻辑图如图 6－40 所示。

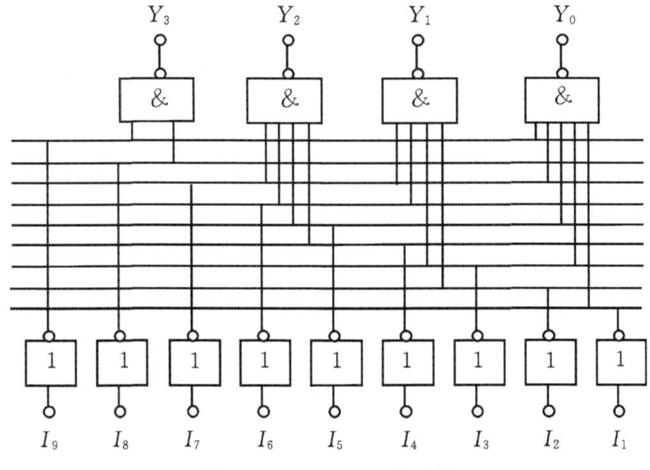

图 6－40　8421 码编码器

3. 优先编码器

当多个输入端同时有编码请求时，编码器只对其中优先级最高的有效输入信号进行编码，而不考虑其他优先级别比较低的输入信号，优先级别可以根据实际需要确定，这样的编码器称为优先编码器。优先编码器能保证编码工作有序、可靠，因而被广泛应用。常用的优先编码器中中规模集成电路有：8 线—3 线优先编码器 74LS148、74HC148、CD4532，10 线—4 线优先编码器 74LS147、74HC147、CD40147 等。下面以 8 线—3 线优先编码器 74LS148 为例，了解此集成组件的逻辑功能及使用方法。

(1)74LS148 的引脚排列图及逻辑功能示意图如图 6－41 所示。

(2)74LS148 的引脚功能。编码器 74LS148 为双列直插式封装、16 个引脚的集成芯片，各引脚功能如下：$\overline{I_7}$～$\overline{I_0}$为 8 个编码输入端，低电平有效；$\overline{Y_2}$～$\overline{Y_0}$为 3 个编码输出端，采用反码形式输出。$\overline{ST}$、Y_S、$\overline{Y_{EX}}$均为使能端。

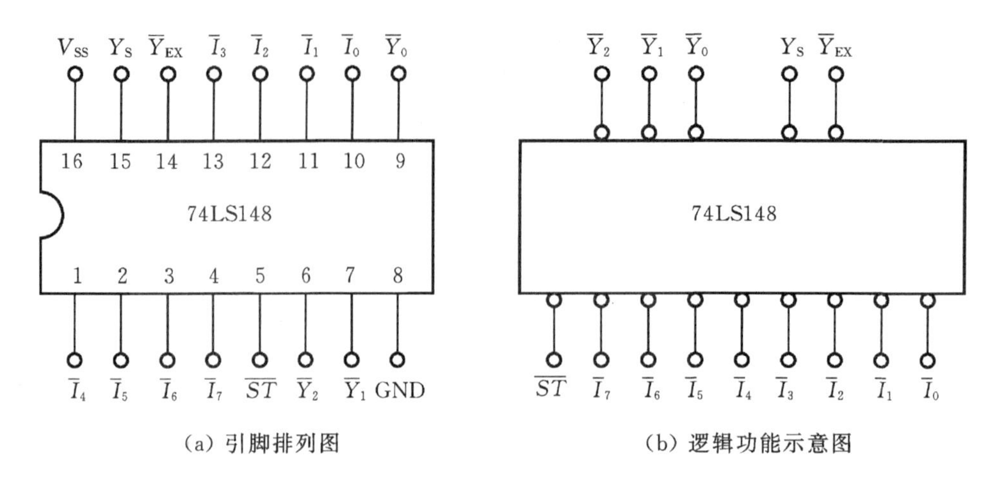

(a) 引脚排列图　　(b) 逻辑功能示意图

图 6-41　74LS148 的引脚排列图及逻辑功能示意图

(3)74LS148 的真值表见表 6-27。

$\overline{ST}$为选通输入端(编码器的工作标志),Y_S 为选通输出端,$\overline{Y_{EX}}$是扩展输出端。$\overline{ST}$、Y_S、$\overline{Y_{EX}}$3 个使能端可用于集成芯片的功能扩展。

编码器的 8 个输入信号$\overline{I_7}\sim\overline{I_0}$中,$\overline{I_7}$优先级别最高,$\overline{I_0}$优先级别最低。若$\overline{I_7}=0$,则不管其他编码输入为何值,编码器只对$\overline{I_7}$编码,输出相应的代码$\overline{Y_2}\overline{Y_1}\overline{Y_0}=000$(反码输出);若$\overline{I_7}=1$,$\overline{I_6}=0$,则不管其他编码输入为何值,编码器只对$\overline{I_6}$编码,输出相应的编码$\overline{Y_2}\overline{Y_1}\overline{Y_0}=001$,以此类推。

表 6-27　编码器 74LS148 的真值表

输入									输出				
$\overline{ST}$	$\overline{I_0}$	$\overline{I_1}$	$\overline{I_2}$	$\overline{I_3}$	$\overline{I_4}$	$\overline{I_5}$	$\overline{I_6}$	$\overline{I_7}$	$\overline{Y_2}$	$\overline{Y_1}$	$\overline{Y_0}$	$\overline{Y_{EX}}$	Y_S
1	×	×	×	×	×	×	×	×	1	1	1	1	1
0	1	1	1	1	1	1	1	1	1	1	1	1	0
0	×	×	×	×	×	×	×	0	0	0	0	0	1
0	×	×	×	×	×	×	0	1	0	0	1	0	1
0	×	×	×	×	×	0	1	1	0	1	0	0	1
0	×	×	×	×	0	1	1	1	0	1	1	0	1
0	×	×	×	0	1	1	1	1	1	0	0	0	1
0	×	×	0	1	1	1	1	1	1	0	1	0	1
0	×	0	1	1	1	1	1	1	1	1	0	0	1
0	0	1	1	1	1	1	1	1	1	1	1	0	1

从表 6-27 中可以看出,当$\overline{ST}=1$时,禁止编码器工作,此时无论 8 个输入端为何种状态(表中用×表示),3 个输出端均为高电平。当$\overline{ST}=0$时,允许编码器工作,若无输入信号,3 个输出端均为高电平;若有输入信号按优先级别编码。

Y_S 只在允许编码($\overline{ST}=0$)而本片又没有输出信号时为 0;$\overline{Y_{EX}}$为扩展输出端,它在允许编码($\overline{ST}=0$),且有编码信号时为 0。在$\overline{ST}=0$时,选通输出端 Y_S 和扩展输出端$\overline{Y_{EX}}$的信号总是相反的。

当$\overline{Y_2}\overline{Y_1}\overline{Y_0}=111$时,用$\overline{Y_{EX}}Y_S$ 的不同状态来区分电路的工作情况。当$\overline{Y_{EX}}Y_S=11$时,表示

电路处于禁止工作状态；当$\overline{Y_{EX}}Y_S=10$时，表示电路处于工作状态，但无有效编码信号；当$\overline{Y_{EX}}Y_S=01$时，表示电路对$\overline{I}_7\sim\overline{I}_0$编码。

(二)译码器

译码器是将输入二进制代码的状态翻译成输出信号，以表示其原来含义的电路。实际上，译码器是通过输出端的逻辑电平来识别不同的代码。译码器的种类很多，有二进制译码器、二—十进制译码器和显示译码器等。

1. 二进制译码器

将输入的 n 位二进制代码译成相应的 2^n 个输出信号的电路，称为二进制译码器。

(1)集成 3 线—8 线译码器 74LS138 的引脚排列及逻辑功能示意图如图 6-42 所示。

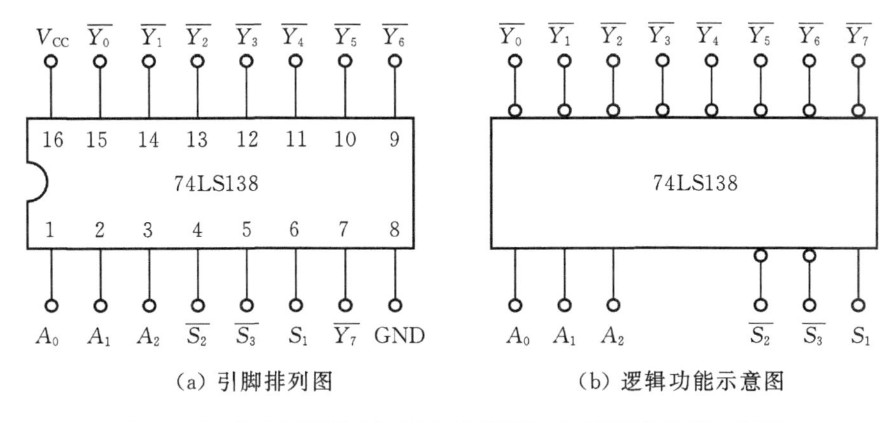

图 6-42　集成译码器 74LS138 的引脚排列图及逻辑功能示意图

(2)集成译码器 74LS138 的真值表如表 6-28 所示。

表 6-28　74LS138 的真值表

输入					输出							
使能		选择										
S_1	$\overline{S_2}+\overline{S_3}$	A_2	A_1	A_0	$\overline{Y_7}$	$\overline{Y_6}$	$\overline{Y_5}$	$\overline{Y_4}$	$\overline{Y_3}$	$\overline{Y_2}$	$\overline{Y_1}$	$\overline{Y_0}$
×	1	×	×	×	1	1	1	1	1	1	1	1
0	×	×	×	×	1	1	1	1	1	1	1	1
1	0	0	0	0	1	1	1	1	1	1	1	0
1	0	0	0	1	1	1	1	1	1	1	0	1
1	0	0	1	0	1	1	1	1	1	0	1	1
1	0	0	1	1	1	1	1	1	0	1	1	1
1	0	1	0	0	1	1	1	0	1	1	1	1
1	0	1	0	1	1	1	0	1	1	1	1	1
1	0	1	1	0	1	0	1	1	1	1	1	1
1	0	1	1	1	0	1	1	1	1	1	1	1

(3)引脚功能介绍。

A_2、A_1、A_0为二进制译码输入端，$\overline{Y_7}\sim\overline{Y_0}$为译码输出端(低电平有效)，$S_1$、$\overline{S_2}$、$\overline{S_3}$为选通控制端。

当 $S_1=1, \overline{S_2}+\overline{S_3}=0$ 时，译码器处于译码状态；当 $S_1=0, \overline{S_2}+\overline{S_3}=1$ 时，译码器处于禁止状态。

(4)译码器的应用。

由于译码器的每个输出端分别与一个最小项相对应，因此辅以适当的门电路，便可用译码器实现组合逻辑电路。

例 6-12 用 3/8 线译码器 74LS138 和两个与非门实现全加器。

解：全加器的函数表达式为：

$$S_i = \overline{A_i}\,\overline{B_i}C_{i-1} + \overline{A_i}B_i\,\overline{C_{i-1}} + A_i\,\overline{B_i}\,\overline{C_{i-1}} + A_iB_iC_{i-1}$$

$$C_i = \overline{A_i}B_iC_{i-1} + A_i\,\overline{B_i}C_{i-1} + A_iB_i\,\overline{C_{i-1}} + A_iB_iC_{i-1}$$

将输入变量 A_i、B_i、C_{i-1} 分别对应地接到译码器的输入端 A_2、A_1、A_0，由上述逻辑表达式及表 6-28 所示的真值表可得：

$$Y_1 = \overline{A_i}\,\overline{B_i}C_{i-1}$$

$$Y_2 = \overline{A_i}B_i\,\overline{C_{i-1}}$$

$$Y_3 = \overline{A_i}B_iC_{i-1}$$

$$Y_4 = A_i\,\overline{B_i}\,\overline{C_{i-1}}$$

$$Y_5 = A_i\,\overline{B_i}C_{i-1}$$

$$Y_6 = A_iB_i\,\overline{C_{i-1}}$$

$$Y_7 = A_iB_iC_{i-1}$$

因此得出：

$$S_i = Y_1 + Y_2 + Y_4 + Y_7 = \overline{\overline{Y_1}\,\overline{Y_2}\,\overline{Y_4}\,\overline{Y_7}}$$

$$C_i = Y_3 + Y_5 + Y_6 + Y_7 = \overline{\overline{Y_3}\,\overline{Y_5}\,\overline{Y_6}\,\overline{Y_7}}$$

用 3/8 线译码器 74LS138 和两个与非门便可实现上列上述，如图 6-43 所示。

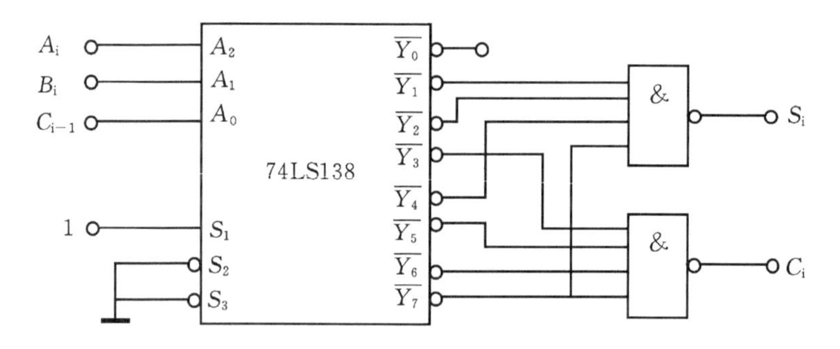

图 6-43　3/8 线译码器 74LS138 和两个与非门实现的全加器

2. 二—十进制译码器

把二—十进制代码翻译成 10 个十进制数字信号的电路，称为二—十进制译码器。二—十进制译码器的输入是十进制数的 4 位二进制编码(BCD 码)，分别用 A_3、A_2、A_1、A_0 表示；输出的是与 10 个十进制数字相对应的 10 个信号，用 $Y_9 \sim Y_0$ 表示。由于二—十进制译码器有 4 根输入线、10 根输出线，所以又称为 4 线—10 线译码器。

常用集成二—十进制译码器 74LS42 的引脚排列及逻辑功能示意图如图 6-44 所示，真值表见表 6-29。

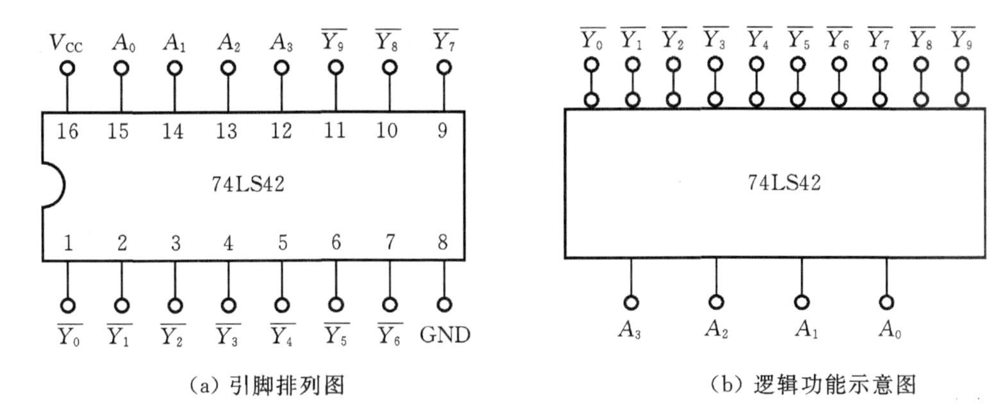

(a) 引脚排列图　　(b) 逻辑功能示意图

图 6-44　集成二—十进制译码器 74LS42

由真值表可知，该译码器有 4 个输入端 A_3、A_2、A_1、A_0，并且按 8421BCD 编码输入数据。它有 10 个输出端，分别与十进制数 0～9 相对应，低电平有效。对于某个 8421BCD 码的输入，相应的输出端为低电平，其他输出端为高电平。当输入的二进制数超过 BCD 码时，所有输出端都输出高电平，呈无效状态。

3. 显示译码器

数字系统中有时不仅需要译码，而且还要把译码的结果显示出来，供人们读取或监视系统的工作情况。用来驱动各种显示器件，从而将用二进制代码表示的数字、文字、符号翻译成人们习惯的形式直观地显示出来的电路，称为显示译码器。

表 6-29　74LS42 的真值表

D	输入				输出									
	A_3	A_2	A_1	A_0	$\overline{Y_0}$	$\overline{Y_1}$	$\overline{Y_2}$	$\overline{Y_3}$	$\overline{Y_4}$	$\overline{Y_5}$	$\overline{Y_6}$	$\overline{Y_7}$	$\overline{Y_8}$	$\overline{Y_9}$
0	0	0	0	0	0	1	1	1	1	1	1	1	1	1
1	0	0	0	1	1	0	1	1	1	1	1	1	1	1
2	0	0	1	0	1	1	0	1	1	1	1	1	1	1
3	0	0	1	1	1	1	1	0	1	1	1	1	1	1
4	0	1	0	0	1	1	1	1	0	1	1	1	1	1
5	0	1	0	1	1	1	1	1	1	0	1	1	1	1
6	0	1	1	0	1	1	1	1	1	1	0	1	1	1
7	0	1	1	1	1	1	1	1	1	1	1	0	1	1
8	1	0	0	0	1	1	1	1	1	1	1	1	0	1
9	1	0	0	1	1	1	1	1	1	1	1	1	1	0
伪码	1	0	1	0	1	1	1	1	1	1	1	1	1	1
	1	0	1	1	1	1	1	1	1	1	1	1	1	1
	1	1	0	0	1	1	1	1	1	1	1	1	1	1
	1	1	0	1	1	1	1	1	1	1	1	1	1	1
	1	1	1	0	1	1	1	1	1	1	1	1	1	1
	1	1	1	1	1	1	1	1	1	1	1	1	1	1

数码显示器简称数码管，是常用的显示器件之一。其包括半导体发光二极管（LED）数码管和液晶数码管（LCD）。这两种显示器件都有笔画段和点阵型两大类。笔画段型由一些特定的笔画段组成，以显示一些特定的字形和符号；点阵型则由许多成行成列的发光元素点组成，由不同行和列上的发光点组成一定的字形、符号和图形。目前应用最广泛的是由发光二极管构成的七段数字显示器。

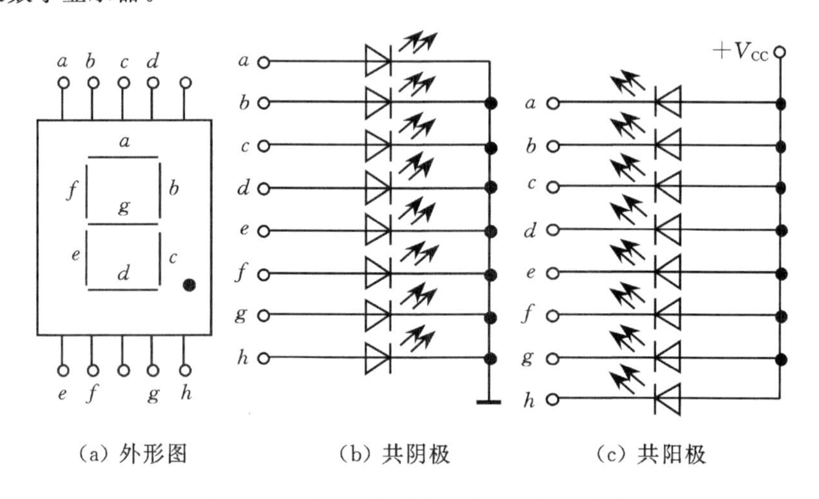

图 6-45　LED 数码显示器的外形和结构

小尺寸的 LED 显示器件一般是笔画段型的，广泛用于显示仪表之中；大型尺寸的一般是点阵型器件，往往用于大型或特大型显示屏的制作。笔画段型数码管用 7 段发光管做成“日”字形，用来显示“0～9”10 个数码，LED 数码显示器的外形图和结构图如图 6-45 所示。共阴极结构的数码管需要高电平驱动才能显示；共阳极结构的数码管需要低电平驱动才能显示。所以，驱动数码管的译码器除逻辑关系和连接要正确外，电源电压和驱动电流应在数码管规定的范围内，不得超过数码管的允许功耗。LED 显示器的优点是工作电压较低（1.5～3 V）、体积小、寿命长、亮度高、响应速度快、工作可靠性高。缺点是工作电流大，每个字段的工作电流约为 10 mA。

七段显示译码器 74LS48 是一种与共阴极数字显示器配合使用的集成译码器，它的功能是将输入的 4 位二进制代码转换成显示器所需要的 7 个段信号 a～g。

74LS48 是一个 16 脚的集成器件，除电源、接地端外，有 4 个输入端（A_3、A_2、A_1、A_0）输入 BCD 码，高电平有效；7 个输出端 a～g（内部的输出电路上有上拉电阻），可以直接驱动共阴极数码管；3 个使能端$\overline{LT}$、$\overline{BI}/\overline{RBO}$和$\overline{RBI}$。集成芯片引脚排列和逻辑功能示意图如图 6-46 所示。

74LS48 的逻辑功能如下：

①灯测试端$\overline{LT}$：当$\overline{LT}=0$，$\overline{BI}=1$ 时，不论其他输入端为何种电平，所有的输出端全部输出“1”，驱动数码管显示数字 8。所以$\overline{LT}$端可以用来测试数码管是否发生故障、输出端和数码管之间的连接是否接触不良。正常使用时，$\overline{LT}$应处于高电平或者悬空。

②灭灯输入端$\overline{BI}$：当$\overline{BI}=0$ 时，不论其他输入端为何种电平，所有的输出端全部输出为低电平“0”，数码管不显示。

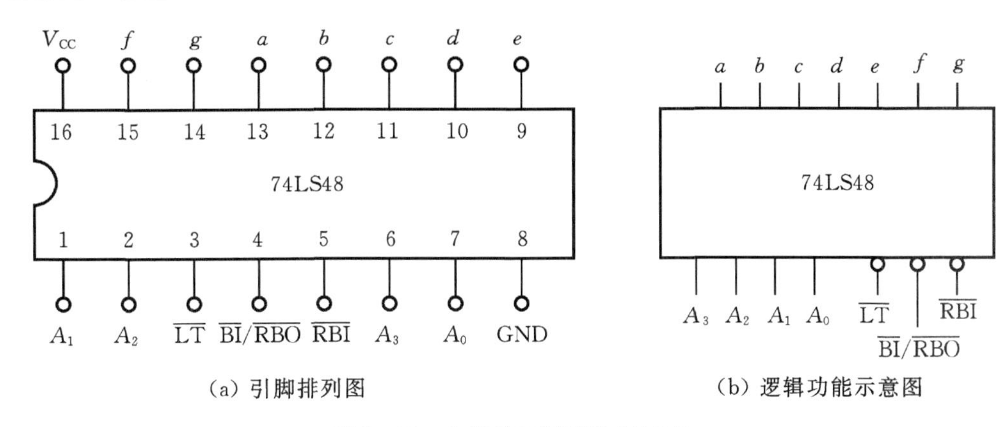

(a) 引脚排列图　　(b) 逻辑功能示意图

图 6-46　七段显示译码器 74LS48

③动态灭零输入端$\overline{RBI}$：当$\overline{LT}=\overline{BI}=1$，$\overline{RBI}=0$ 时，若 $A_3A_2A_1A_0=0000$，所有的输出端全部输出为“0”，数码管不显示；若 A_3、A_2、A_1、A_0 输入其他代码组合时，译码器正常输出。

④灭零输出端$\overline{RBO}$：$\overline{RBO}$和灭灯输入端$\overline{BI}$连在一起。$\overline{RBI}=0$ 且 $A_3A_2A_1A_0=000$ 时，$\overline{RBO}$输出为 0，表明译码器处于灭零状态。在多位显示系统中，利用$\overline{RBO}$输出的信号，可以将整数前部（将高位的$\overline{RBO}$连接相邻低位的$\overline{RBI}$）和小数尾部（将低位的$\overline{RBO}$连接相邻高位的$\overline{RBI}$）多余的 0 灭掉，以便读取结果。

⑤正常工作状态下，$\overline{LT}$、$\overline{BI}/\overline{RBO}$和$\overline{RBI}$悬空或接高电平，在 A_3、A_2、A_1、A_0 端输入一组 8421BCD 码，在输出端可得到一组 7 位的二进制代码，代码组送入数码管，数码管就可以显示与输入相对应的十进制数。

74LS48 的功能真值表见表 6-30。

表 6-30　74LS48 的真值表

$\overline{LT}$	$\overline{RBI}$	$\overline{BI}/\overline{RBO}$	A_3	A_2	A_1	A_0	a	b	c	d	e	f	g	功能显示
0	×	1	×	×	×	×	1	1	1	1	1	1	1	试灯
×	×	0	×	×	×	×	0	0	0	0	0	0	0	熄灭
1	0	0	0	0	0	0	0	0	0	0	0	0	0	灭 0
1	1	1	0	0	0	0	1	1	1	1	1	1	0	0
1	×	1	0	0	0	1	0	1	1	0	0	0	0	1
1	×	1	0	0	1	0	1	1	0	1	1	0	1	2
1	×	1	0	0	1	1	1	1	1	1	0	0	1	3
1	×	1	0	1	0	0	0	1	1	0	0	1	1	4
1	×	1	0	1	0	1	1	0	1	1	0	1	1	5
1	×	1	0	1	1	0	0	0	1	1	1	1	1	6
1	×	1	0	1	1	1	1	1	1	0	0	0	0	7
1	×	1	1	0	0	0	1	1	1	1	1	1	1	8

$\overline{LT}$	$\overline{RBI}$	$\overline{BI}/\overline{RBO}$	A_3	A_2	A_1	A_0	a	b	c	d	e	f	g	功能显示
1	×	1	1	0	0	1	1	1	1	0	0	1	1	9
1	×	1	1	0	1	0	0	0	0	1	1	0	1	
1	×	1	1	0	1	1	0	0	1	1	0	0	1	
1	×	1	1	1	0	0	0	1	0	0	0	1	1	
1	×	1	1	1	0	1	1	0	0	1	0	1	1	
1	×	1	1	1	1	0	0	0	0	1	1	1	1	
1	×	1	1	1	1	1	0	0	0	0	0	0	0	无显示

用七段显示译码器 74LS48 直接驱动共阴极七段 LED 数码管的驱动电路如图 6 - 47 所示。

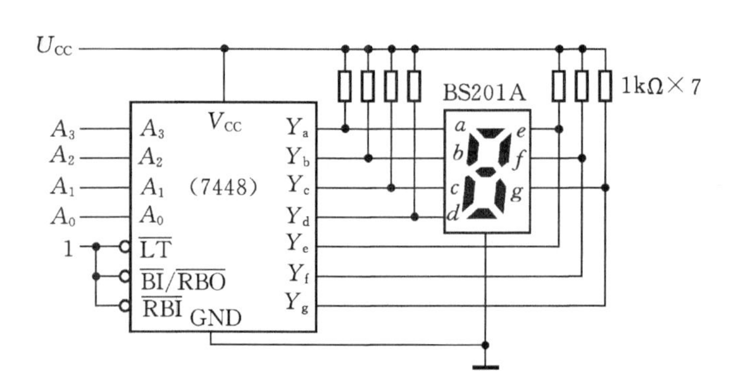

图 6 - 47 七段显示译码器驱动电路

将$\overline{BI}/\overline{RBO}$和$\overline{RBI}$配合使用，还可以实现多位数显示时的“无效 0 消隐功能”，如图 6 - 48 所示。整数部分的连接：高位的$\overline{BI}/\overline{RBO}$和低位的$\overline{RBI}$相连，最高位的$\overline{BI}/\overline{RBO}$接地。小数部分的连接：低位$\overline{BI}/\overline{RBO}$与高位的$\overline{RBI}$相连，最低位的$\overline{BI}/\overline{RBO}$接地。

在多位十进制数码显示时，整数前和小数后的 0 是无意义的，称为“无效 0”。在图 6 - 48 所示的多位数码显示系统中，可将无效 0 灭掉。从图中可见，由于整数部分 74LS48 除最高位的$\overline{RBI}$接 0、最低位的$\overline{RBI}$接 1 外，其余各位的$\overline{RBI}$均接受高位的$\overline{RBO}$输出信号，所以整数部分只有在高位是 0，而且被熄灭时，低位才有灭零输入信号。同理，小数部分除最高位的$\overline{RBI}$接 1、最低位的$\overline{RBI}$接 0 外，其余各位均接受低位的$\overline{RBO}$输出信号。所以小数部分只有在低位是 0、而且被熄灭时，高位才有灭零输入信号。从而实现了多位十进制数码显示器的“无效 0 消隐”功能。

三、任务实施——译码器及其应用

1. 实训目的

①掌握中规模集成译码器的逻辑功能和使用方法；

②熟悉数码管的使用。

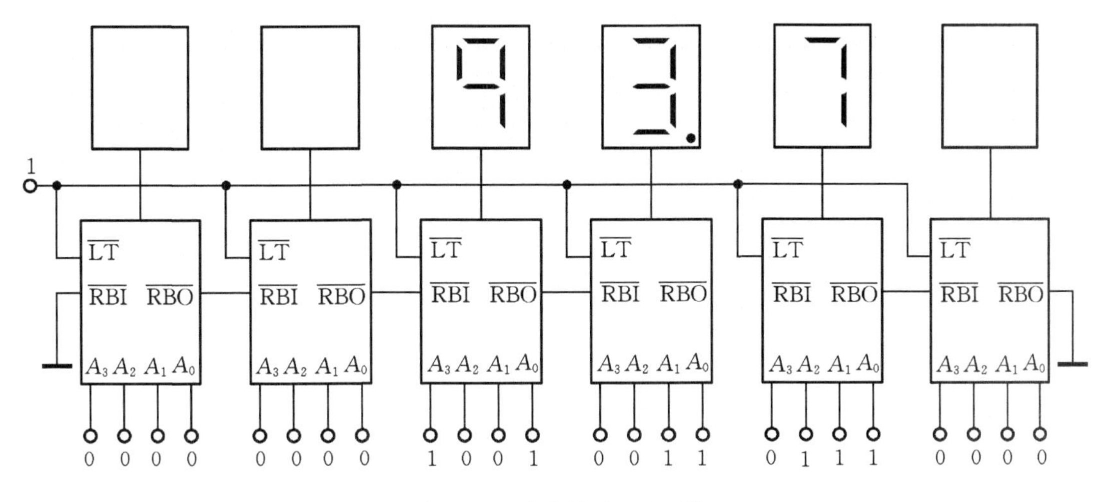

图 6-48　多位数码显示系统

2. 实训器材

+5 V 直流电源、双踪示波器、连续脉冲源、逻辑电平开关、逻辑电平显示器、拨码开关组、译码显示器、74LS138×2、CC4511。

3. 实训原理

以 3 线—8 线译码器 74LS138 为例进行分析，图 6-49(a)、(b)分别为其逻辑图及引脚排列。其中 A_2、A_1、A_0 为地址输入端，$\overline{Y}_0 \sim \overline{Y}_7$ 为译码输出端，S_1、$\overline{S}_2$、$\overline{S}_3$ 为使能端。

表 6-31 为 74LS138 功能表。当 $S_1=1$，$\overline{S}_2+\overline{S}_3=0$ 时，器件使能，地址码所指定的输出端有信号(为 0)输出，其它所有输出端均无信号(全为 1)输出。当 $S_1=0$，$\overline{S}_2+\overline{S}_3=X$ 时，或 $S_1=X$，$\overline{S}_2+\overline{S}_3=1$ 时，译码器被禁止，所有输出同时为 1。

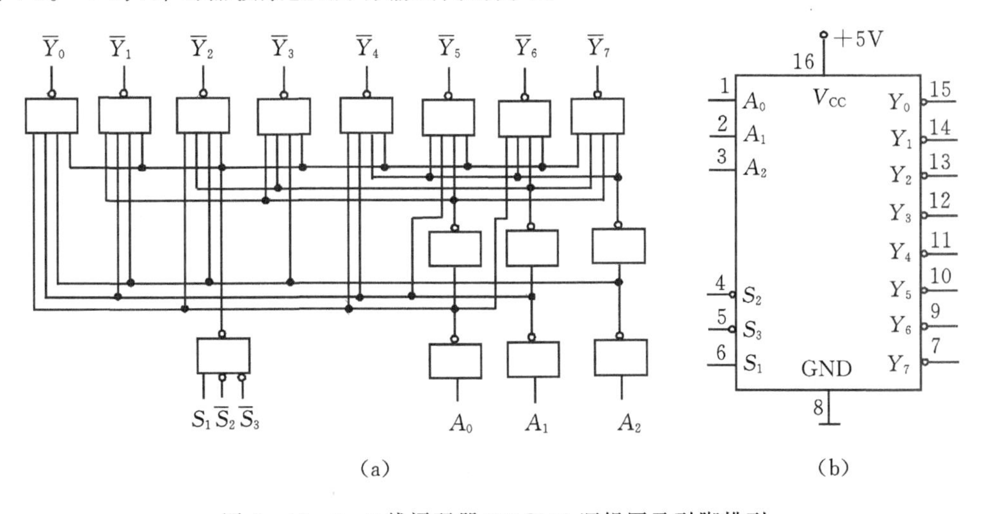

图 6-49　3—8 线译码器 74LS138 逻辑图及引脚排列

表 6-31　74LS138 功能表

输入					输出							
S_1	$\overline{S}_2+\overline{S}_3$	A_2	A_1	A_0	$\overline{Y}_0$	$\overline{Y}_1$	$\overline{Y}_2$	$\overline{Y}_3$	$\overline{Y}_4$	$\overline{Y}_5$	$\overline{Y}_6$	$\overline{Y}_7$
1	0	0	0	0	0	1	1	1	1	1	1	1
1	0	0	0	1	1	0	1	1	1	1	1	1
1	0	0	1	0	1	1	0	1	1	1	1	1
1	0	0	1	1	1	1	1	0	1	1	1	1
1	0	1	0	0	1	1	1	1	0	1	1	1
1	0	1	0	1	1	1	1	1	1	0	1	1
1	0	1	1	0	1	1	1	1	1	1	0	1
1	0	1	1	1	1	1	1	1	1	1	1	0
0	×	×	×	×	1	1	1	1	1	1	1	1
×	1	×	×	×	1	1	1	1	1	1	1	1

二进制译码器实际上也是负脉冲输出的脉冲分配器。若利用使能端中的一个输入端输入数据信息，器件就成为一个数据分配器(又称多路分配器)，如图 6-50 所示。若在 S_1 输入端输入数据信息，$\overline{S}_2=\overline{S}_3=0$，地址码所对应的输出是 S_1 数据信息的反码；若从 $\overline{S}_2$ 端输入数据信息，令 $S_1=1$、$\overline{S}_3=0$，地址码所对应的输出就是 $\overline{S}_2$ 端数据信息的原码。若数据信息是时钟脉冲，则数据分配器便成为时钟脉冲分配器。

根据输入地址的不同组合译出唯一地址，故可用作地址译码器。接成多路分配器，可将一个信号源的数据信息传输到不同的地点。

二进制译码器还能方便地实现逻辑函数，如图 6-51 所示，实现的逻辑函数是

$$Z=\overline{A}\,\overline{B}\,\overline{C}+\overline{A}\,\overline{B}\,C+\overline{A}\,B\overline{C}+ABC$$

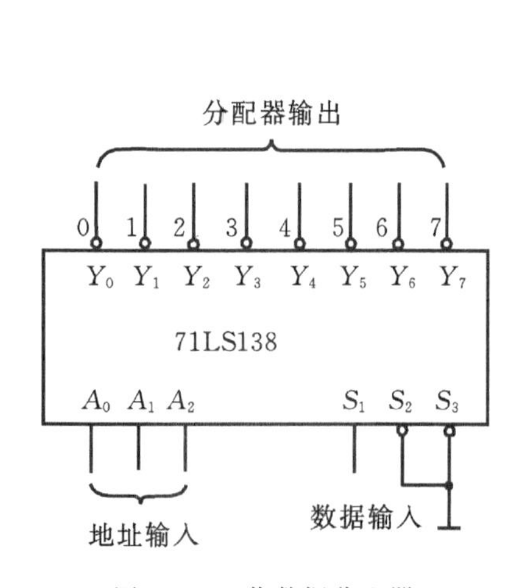

图 6-50　作数据分配器

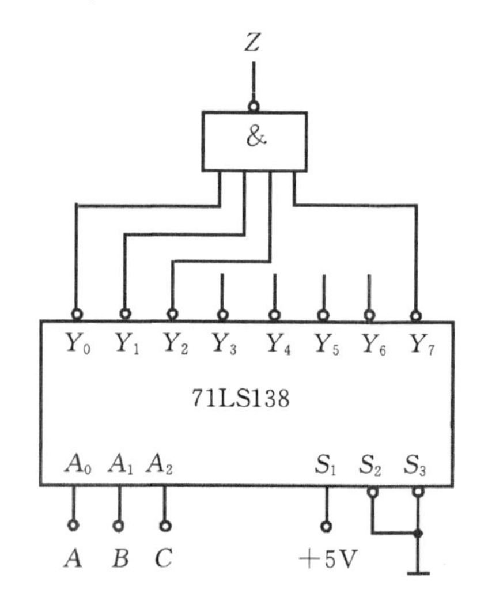

图 6-51　实现逻辑函数

利用使能端能方便地将两个 3/8 译码器组合成一个 4/16 译码器，如图 6-52 所示。

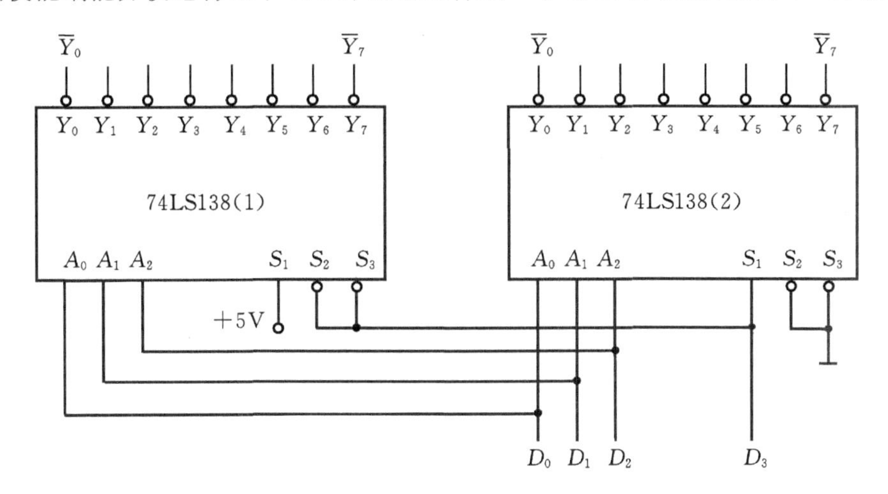

图 6-52　用两片 74LS138 组合成 4/16 译码器

BCD 七段译码器型号有 74LS47(共阳)，74LS48(共阴)，CC4511(共阴)等，本实训系采用 CC4511 BCD 码锁存/七段译码/驱动器。译码器驱动共阴极 LED 数码管。图 6-53 为 CC4511 引脚排列。

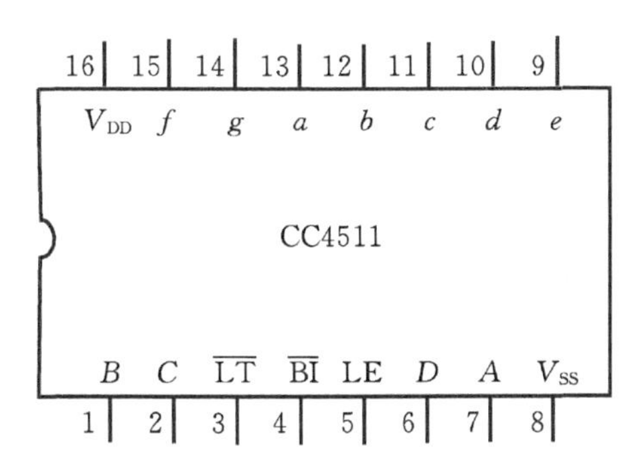

图 6-53　CC4511 引脚排列

其中：

A、B、C、D—BCD 码输入端。

a、b、c、d、e、f、g—译码输出端，输出“1”有效，用来驱动共阴极 LED 数码管。

$\overline{LT}$—测试输入端，$\overline{LT}$=“0”时，译码输出全为“1”；

$\overline{BI}$—消隐输入端，$\overline{BI}$=“0”时，译码输出全为“0”；

LE—锁定端，LE=“1”时译码器处于锁定(保持)状态，译码输出保持在 $LE=0$ 时的数值，$LE=0$ 为正常译码。

表 6-32 为 CC4511 功能表。CC4511 内接有上拉电阻，故只需在输出端与数码管笔段之间串入限流电阻即可工作。译码器还有拒伪码功能，当输入码超过 1001 时，输出全为“0”，数码管熄灭。

在本数字电路实训装置上已完成了译码器 CC4511 和数码管 BS202 之间的连接。实训时，只要接通 +5 V 电源和将十进制数的 BCD 码接至译码器的相应输入端 A、B、C、D 即可显示 0～9 的数字。四位数码管可接受四组 BCD 码输入。

4. 实训内容及步骤

(1)数据拨码开关的使用。

将实训装置上的四组拨码开关的输出 A_i、B_i、C_i、D_i 分别接至 4 组显示译码/驱动器 CC4511 的对应输入口，LE、$\overline{BI}$、$\overline{LT}$接至三个逻辑开关的输出插口，接上＋5 V 显示器的电源，然后按功能表 6－32 输入的要求拨动四个数码的增减键(“＋”与“－”键)和操作与 LE、$\overline{BI}$、$\overline{LT}$ 对应的三个逻辑开关，观测拨码盘上的四位数与 LED 数码管显示的对应数字是否一致，及译码显示是否正常。

表 6－32　CC4511 功能

输入							输出							
LE	$\overline{BI}$	$\overline{LT}$	D	C	B	A	a	b	c	d	e	f	g	显示字形
×	×	0	×	×	×	×	1	1	1	1	1	1	1	8
×	0	1	×	×	×	×	0	0	0	0	0	0	0	消隐
0	1	1	0	0	0	0	1	1	1	1	1	1	0	0
0	1	1	0	0	0	1	0	1	1	0	0	0	0	1
0	1	1	0	0	1	0	1	1	0	1	1	0	1	2
0	1	1	0	0	1	1	1	1	1	1	0	0	1	3
0	1	1	0	1	0	0	0	1	1	0	0	1	1	4
0	1	1	0	1	0	1	1	0	1	1	0	1	1	5
0	1	1	0	1	1	0	0	0	1	1	1	1	1	6
0	1	1	0	1	1	1	1	1	1	0	0	0	0	7
0	1	1	1	0	0	0	1	1	1	1	1	1	1	8
0	1	1	1	0	0	1	1	1	1	0	0	1	1	9
0	1	1	1	0	1	0	0	0	0	0	0	0	0	消隐
0	1	1	1	0	1	1	0	0	0	0	0	0	0	消隐
0	1	1	1	1	0	0	0	0	0	0	0	0	0	消隐
0	1	1	1	1	0	1	0	0	0	0	0	0	0	消隐
0	1	1	1	1	1	0	0	0	0	0	0	0	0	消隐
0	1	1	1	1	1	1	0	0	0	0	0	0	0	消隐
1	1	1	×	×	×	×	锁存							锁存

(2)74LS138 译码器逻辑功能测试

将译码器使能端 S_1、$\overline{S}_2$、$\overline{S}_3$ 及地址端 A_2、A_1、A_0 分别接至逻辑电平开关输出口，八个输出端 $\overline{Y}_7...\overline{Y}_0$ 依次连接在逻辑电平显示器的八个输入口上，拨动逻辑电平开关，按表 6－31 逐项测试 74LS138 的逻辑功能。

(3)用 74LS138 构成时序脉冲分配器

参照图 6－50 和实训原理说明,时钟脉冲 CP 频率约为 10 kHz,要求分配器输出端 $\overline{Y}_0...\overline{Y}_7$ 的信号与 CP 输入信号同相。

画出分配器的实训电路,用示波器观察和记录在地址端 A_2、A_1、A_0 分别取 000～111 8 种不同状态时 $\overline{Y}_0...\overline{Y}_7$ 端的输出波形,注意输出波形与 CP 输入波形之间的相位关系。

(4)用两片 74LS138 组合成一个 4 线—16 线译码器,并进行实训。

5. 实训报告

①根据实训任务,画出所需的实训线路及记录表格;

②对实训结果进行分析、讨论。

任务四　数据选择器和数据分配器的识别及应用

一、任务导入

数据选择器又称多路选择器或多路开关,它是一个具有多端输入、单端输出的组合逻辑电路。数据分配器又叫多路分配器,与数据选择器相反,它是一个单端输入多端输出的组合逻辑电路。

二、相关知识

(一)数据选择器

数据选择器能从多路数据中选择某一路数据作为输出。数据选择器类似一个多投开关,到底选择哪一路输入数据作为输出,由相应的一组控制信号(又称地址信号)控制。

数据选择器的示意图如图 6－54 所示。4 选 1 数据选择器有 4 个数据输入端 D_0、D_1、D_2、D_3,一个数据输出端 Y。两个选择控制信号 A_1 和 A_0,A_1A_0 的取值分别为 00、01、10、11 时,分别选择数据 D_0、D_1、D_2、D_3 输出。

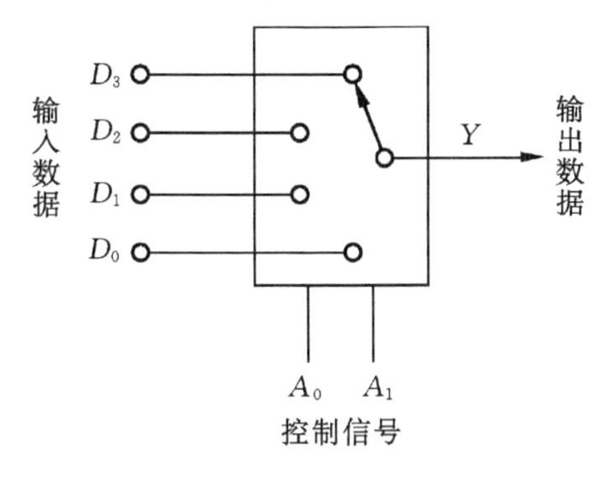

图 6－54　数据选择器的示意图

表 6-33　4 选 1 数据选择器的真值表

输入			输出
D	A_1	A_0	D
D_0	0	0	D_0
D_1	0	1	D_1
D_2	1	0	D_2
D_3	1	1	D_3

4 选 1 数据选择器的真值表见表 6-33。由真值表可以写出输出逻辑表达式为：

$$Y = \overline{A}_1\overline{A}_0D_0 + \overline{A}_1A_0D_1 + A_1\overline{A}_0D_2 + A_1A_0D_3$$

由逻辑表达式画出逻辑图，如图 6-55 所示。

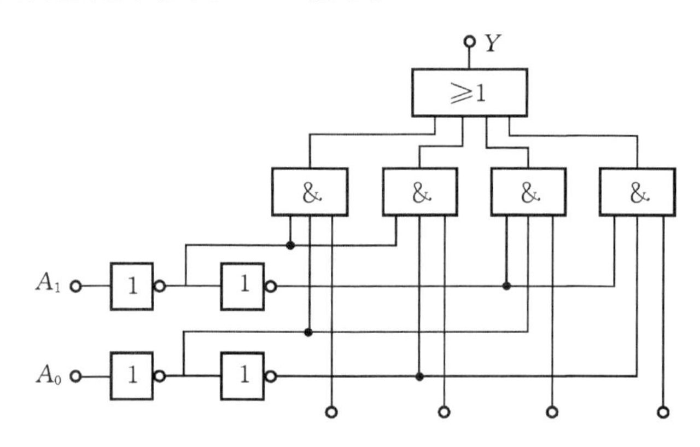

图 6-55　4 选 1 数据选择器逻辑图

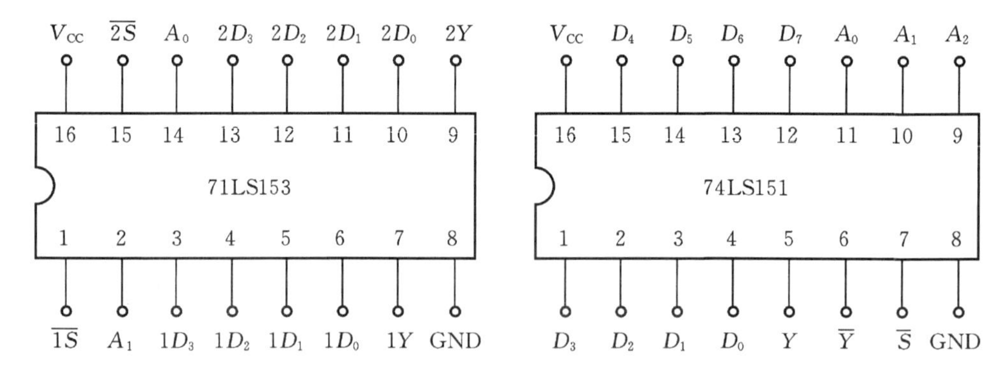

图 6-56　集成数据选择器 74LS153 和 74LS151 的引脚排列图

集成数据选择器的规格品种较多，图 6-56 为集成双 4 选 1 数据选择器 74LS153 和集成 8 选 1 数据选择器 74LS151 的引脚排列图。

表 6－34　8 选 1 数据选择器 74LS151 真值表

输入					输出	
数据	地址信号			使能端		
D	A_2	A_1	A_0	$\overline{S}$	Y	$\overline{Y}$
×	×	×	×	1	0	1
D_0	0	0	0	0	D_0	$\overline{D}_0$
D_1	0	0	1	0	D_1	$\overline{D}_1$
D_2	0	1	0	0	D_2	$\overline{D}_2$
D_3	0	1	1	0	D_3	$\overline{D}_3$
D_4	1	0	0	0	D_4	$\overline{D}_4$
D_5	1	0	1	0	D_5	$\overline{D}_5$
D_6	1	1	0	0	D_6	$\overline{D}_6$
D_7	1	1	1	0	D_7	$\overline{D}_7$

由图 6－56 可知，74LS151 芯片有 8 个信号输入端 $D_0 \sim D_7$，3 个地址输入端 A_0、A_1、A_2，两个互补的输出端 Y、$\overline{Y}$，一个使能控制端 $\overline{S}$。其真值表见表 6－34。

由真值表可以看出，当使能端 $\overline{S}=1$ 时，选择器被禁止；当 $\overline{S}=0$ 时，选择器处于工作状态，此时选择器输出哪一路信号由地址码决定。

双 4 选 1 数据选择器 74LS153 的引脚排列如图 6－56 所示。74LS153 由两个完全相同的 4 选 1 数据选择器构成，A_1、A_0 为共用的地址输入，$\overline{1S}$和$\overline{2S}$分别为两个数据选择器的使能控制端，其真值表见表 6－35。

表 6－35　4 选 1 数据选择器 74LS153 真值表

输入				输出
数据	地址信号		使能端	
D	A_1	A_0	$\overline{S}$	Y
×	×	×	1	高阻
D_0	0	0	0	D_0
D_1	0	1	0	D_1
D_2	1	0	0	D_2
D_3	1	1	0	D_3

(二)数据分配器

数据分配器的逻辑功能是将 1 个输入数据传送到多个输出端中的 1 个输出端，具体传送到哪一个输出端，也是由一组选择控制信号确定。通常数据分配器有 1 根输入线，n 根选择控制线和 2^n 根输出线，称为 1 路—2^n 路数据分配器。

1 路—4 路数据分配器有 1 路数据输入数据，用 D 表示；2 个输入选择控制信号，用 A_1、A_0

表示；4个数据输出端，用Y_0、Y_1、Y_2、Y_3表示。设$A_1A_0=00$时选中输出端Y_0，即$Y_0=D$；$A_1A_0=01$时选中输出端Y_1，即$Y_1=D$；$A_1A_0=10$时选中输出端Y_2，即$Y_2=D$；$A_1A_0=11$时选中输出端Y_3，即$Y_3=D$。则1路—4路数据分配器的真值表如表6-36所示。

表6-36　1路—4路数据分配器的真值表

输入			输出			
	A_1	A_0	Y_0	Y_1	Y_2	Y_3
D	0	0	D	0	0	0
	0	1	0	D	0	0
	1	0	0	0	D	0
	1	1	0	0	0	D

由表6-36得各输出函数的逻辑表达式为：

$$Y_0=D\overline{A}_1\overline{A}_0$$

$$Y_1=D\overline{A}_1A_0$$

$$Y_2=DA_1\overline{A}_0$$

$$Y_3=DA_1A_0$$

根据上述逻辑表达式可画出1路—4路数据分配器的逻辑图，如图6-57所示。

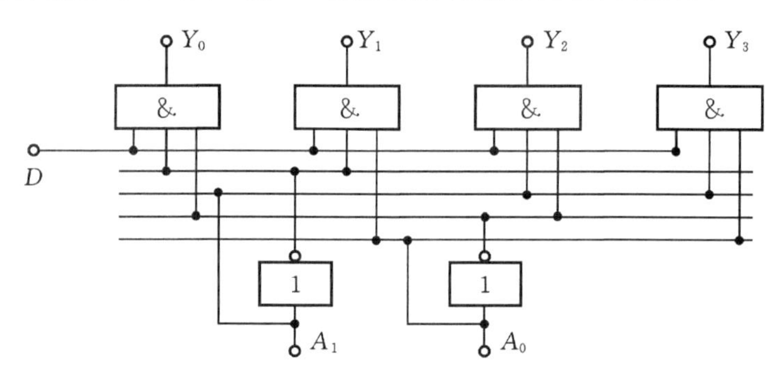

图6-57　1路—4路数据分配器的逻辑图

三、任务实施——数据选择器及其应用

1. 实训目的

①掌握中规模集成数据选择器的逻辑功能及使用方法；

②学习用数据选择器构成组合逻辑电路的方法。

2. 实训器材

+5 V直流电源、逻辑电平开关、逻辑电平显示器、74LS151（或CC4512）、74LS153（或CC4539）。

3. 实训原理

数据选择器的应用—实现逻辑函数。

例 1:用 8 选 1 数据选择器 74LS151 实现函数 $F=A\overline{B}+\overline{A}C+B\overline{C}$。

采用 8 选 1 数据选择器 74LS151 可实现任意三输入变量的组合逻辑函数。作出函数 F 的功能表,如表 6-37 所示,将函数 F 功能表与 8 选 1 数据选择器的功能表相比较,可知(1)将输入变量 C、B、A 作为 8 选 1 数据选择器的地址码 A_2、A_1、A_0。(2)使 8 选 1 数据选择器的各数据输入 $D_0 \sim D_7$ 分别与函数 F 的输出值一一相对应。

即:$A_2A_1A_0=CBA$,$D_0=D_7=0$,$D_1=D_2=D_3=D_4=D_5=D_6=1$,则 8 选 1 数据选择器的输出 Q 便实现了函数 $F=A\overline{B}+\overline{A}C+B\overline{C}$。接线图如图 6-58 所示。

显然,采用具有 n 个地址端的数据选择实现 n 变量的逻辑函数时,应将函数的输入变量加到数据选择器的地址端(A),选择器的数据输入端(D)按次序以函数 F 输出值来赋值。

例 2:用 8 选 1 数据选择器 74LS151 实现函数 $F=A\overline{B}+\overline{A}B$。

(1)列出函数 F 的功能表如表 6-38 所示。

(2)将 A、B 加到地址端 A_1、A_0,而 A_2 接地,由表 6-38 可见,将 D_1、D_2 接"1"及 D_0、D_3 接地,其余数据输入端 $D_4 \sim D_7$ 都接地,则 8 选 1 数据选择器的输出 Q,便实现了函数 $F=A\overline{B}+B\overline{A}$。接线图如图 6-59 所示。

表 6-37　函数 $F=A\overline{B}+\overline{A}C+B\overline{C}$ 功能表

输入			输出
C	B	A	F
0	0	0	0
0	0	1	1
0	1	0	1
0	1	1	1
1	0	0	1
1	0	1	1
1	1	0	1
1	1	1	0

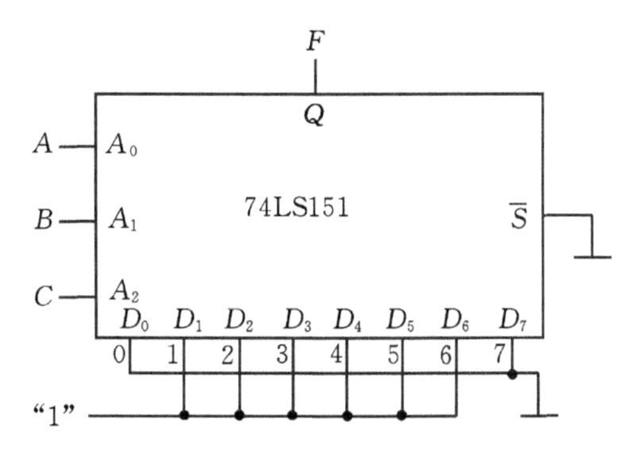

图 6-58　用 74LS151 实现 $F=A\overline{B}+\overline{A}C+B\overline{C}$

表 6-38　函数 $F=A\overline{B}+\overline{A}B$ 功能表

B	A	F
0	0	0
0	1	1
1	0	1
1	1	0

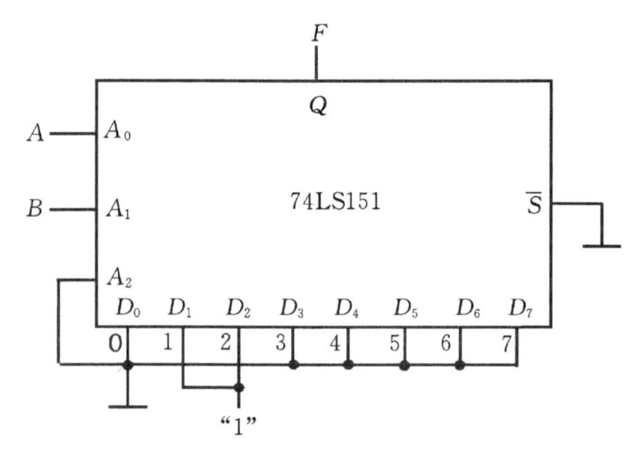

图 6-59　用 74LS151 实现 $F=A\overline{B}+\overline{A}B$

表 6-39　例 3 的功能表

输 入			输出
A	B	C	F
0	0	0	0
0	0	1	0
0	1	0	0
0	1	1	1
1	0	0	0
1	0	1	1
1	1	0	1
1	1	1	1

显然，当函数输入变量数小于数据选择器的地址端(A)时，应将不用的地址端及不用的数据输入端(D)都接地。

例 3：用 4 选 1 数据选择器 74LS153 实现函数

$$F=\overline{A}BC+A\overline{B}C+AB\overline{C}+ABC$$

函数 F 的功能如表 6-39 所示。

函数 F 有三个输入变量 A、B、C，而数据选择器有两个地址端 A_1、A_0 少于函数输入变量个数，在设计时可任选 A 接 A_1，B 接 A_0。将函数功能表改画成 6-40 形式，可见当将输入变

量 A、B、C 中 A、B 接选择器的地址端 A_1、A_0，由表 6-40 不难看出：

$$D_0 = 0, D_1 = D_2 = C, D_3 = 1$$

则 4 选 1 数据选择器的输出，便实现了函数 $F=\overline{A}BC+A\overline{B}C+AB\overline{C}+ABC$

接线图如图 6-60 所示。

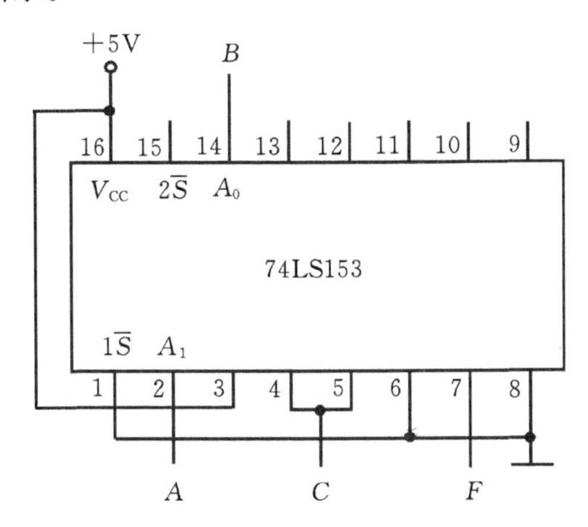

图 6-60　用 4 选 1 数据选择器

表 6-40　例 3 功能表的转换形式

输入			输出	中选数据端
A	B	C	F	
0	0	0 1	0 0	$D_0=0$
0	1	0 1	0 1	$D_1=C$
1	0	0 1	0 1	$D_2=C$
1	1	0 1	1 1	$D_3=1$

实现 $F=\overline{A}BC+A\overline{B}C+AB\overline{C}+ABC$

当函数输入变量大于数据选择器地址端(A)时，可能随着选用函数输入变量作地址的方案不同，而使其设计结果不同，需对几种方案比较，以获得最佳方案。

4. 实训内容

①测试数据选择器 74LS151 的逻辑功能。

按图 6-61 接线，地址端 A_2、A_1、A_0、数据端 $D_0 \sim D_7$、使能端 $\overline{S}$ 接逻辑开关，输出端 Q 接逻辑电平显示器，按 74LS151 功能表逐项进行测试，记录测试结果。

②测试 74LS153 的逻辑功能。测试方法及步骤同上，记录之。

③用 8 选 1 数据选择器 74LS151 设计三输入表决电路。

④用双 4 选 1 数据选择器 74LS153 实现全加器。

5. 实训报告

①用数据选择器对实训内容进行设计，写出设计全过程、画出接线图、进行逻辑功能测试。

②总结实训收获、体会。

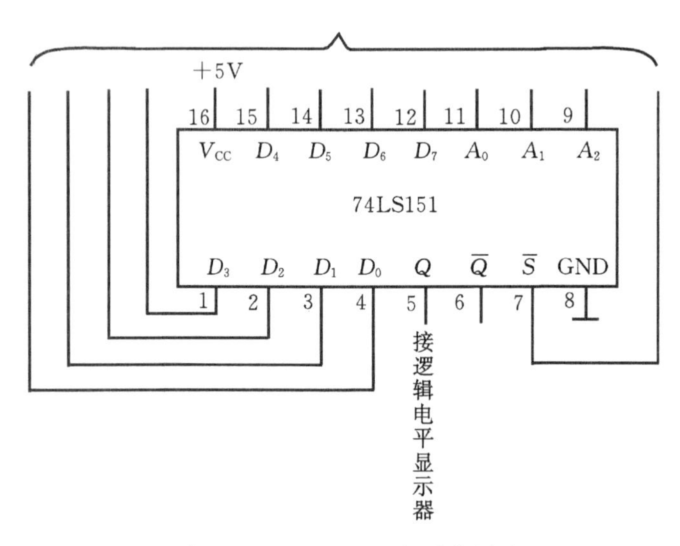

图 6 - 61　74LS151 逻辑功能测试

思考与练习

6 - 1　将十进制数 2075 转换成二进制和 16 进制数。

6 - 2　将下列各数转换成十进制数：$(101)_2$，$(101)_{16}$。

6 - 3　将二进制数 110111、1001101 分别转换成十进制和 16 进制数。

6 - 4　将十进制数 3692 转换成二进制码及 8421 码。

6 - 5　数码 100100101001 作为二进制码或 8421 码时，其相应的十进制数各为多少？

6 - 6　将下列各逻辑函数化简成为最简与或表达式。

(1)$F=\overline{A}\,\overline{B}C+\overline{A}BC+AB\overline{C}+ABC$

(2)$F+\overline{A}+\overline{B}+\overline{C}+ABC$

(3)$F=AC\overline{D}+AB\overline{D}+BC+\overline{A}CD+ABD$

(4)$F=A\overline{B}C+A\overline{B}+A\overline{D}+A\overline{D}$

(5)$F=A(\overline{A}+B)+B(B+C)+B$

(6)$F=\overline{\overline{ABC+\overline{A}\,\overline{B}}+BC}$

(7)$F=\overline{\overline{A\overline{B}+ABC}+A(B+A\overline{B})}$

(8)$F=(AB+A\overline{B}+\overline{A}B)(A+B+D+\overline{A}\,\overline{B}\,\overline{D}$

6 - 7　逻辑图如图 6 - 62 所示，试用其他 4 种方法表示该逻辑函数。

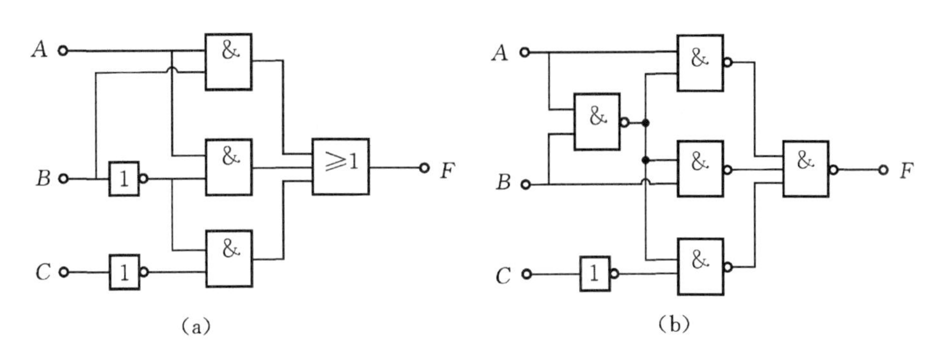

图 6-62　题 6-7 的图

6-8　写出图 6-63 所示电路输出信号的逻辑表达式，并说明电路的逻辑功能。

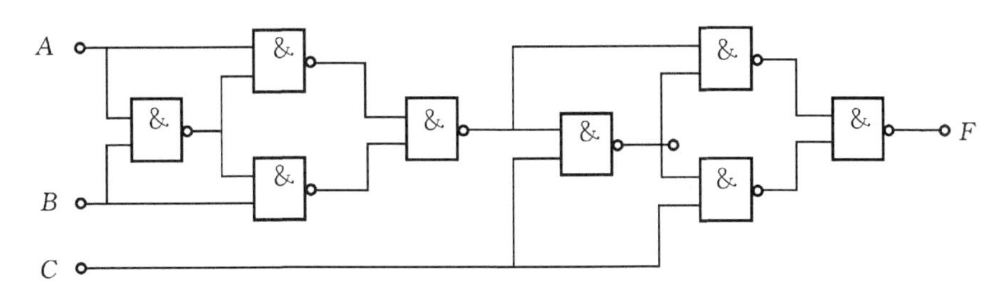

图 6-63　题 6-8 的图

6-9　分别用与非门设计实现下列功能的组合逻辑电路。

(1)4 变量多数表决电路(4 个变量中有 3 个或 4 个变量为 1 时输出为 1)；

(2)4 变量判奇电路(4 个变量中 1 的个数为奇数时输出为 1)；

(3)4 变量判偶电路(4 个变量中 1 的个数为偶数时输出为 1)；

(4)4 变量一致电路(4 个变量状态完全相同时输出为 1)。

6-10　用红、黄、绿 3 个指示灯表示 3 台设备的工作状况；绿灯亮表示 3 台设备全部正常，黄灯亮表示有 1 台设备不正常，红灯亮表示有 2 台设备不正常，红、黄灯都亮表示 3 台设备都不正常。试列出控制电路的真值表，并用合适的门电路实现。

6-11　现有 4 台设备，由 2 台发电机组供电，每台设备用电均为 10 kW，4 台设备的工作情况是：4 台设备不可能同时工作，但可能是任意 3 台、2 台同时工作，至少是任意 1 台工作。若 X 发电机组功率为 10 kW，Y 发电机组功率为 20 kW。试设计一个供电控制电路，以达到节省能源的目的。

6-12　用集成二进制译码器 74LS138 和与非门实现下列逻辑函数。

(1) $F=AC+B\overline{C}+\overline{A}\,\overline{B}$

(2) $F=A\overline{B}+AC$

(3) $F=A\overline{C}+A\overline{B}+\overline{A}B+\overline{B}C$

(4) $F=A\overline{B}+BC+AB\overline{C}$

项目七 时序逻辑电路

【学习目标】

1. 知识目标

(1)掌握各种 RS 触发器、JK 触发器和 D 触发器的工作原理和逻辑功能；

(2)理解寄存器和计数器的工作原理；

(3)掌握555定时器的工作原理和逻辑功能。

2. 能力目标

(1)能够熟练分析寄存器、计数器电路及其应用；

(2)能够用555定时构成单稳态触发器、无稳态触发器和施密特触发器，并分析其实际应用。

任务一 双稳态触发器功能测试及应用

一、任务导入

在数字电路中，组合逻辑电路没有记忆功能，任何时刻电路的输出状态仅由该时刻的输入状态决定，与电路的原状态无关。电路在任何时刻的输出状态不仅与该时刻的输入信号有关，而且与电路的原状态有关，这样的电路称为时序逻辑电路。时序逻辑电路一般包括组合逻辑电路和具有记忆功能的存储电路即触发器。

触发器有两个稳定的状态：0状态和1状态；在不同的输入情况下，它可以被置成0状态或1状态；当输入信号消失后，所置成的状态能够保持不变。

双稳态触发器按结构可分为基本触发器、同步触发器、主从触发器和边沿触发器。按逻辑功能可分为 RS 触发器、JK 触发器、D 触发器、T 触发器和 T' 触发器。

二、相关知识

(一) RS 触发器

1. 基本 RS 触发器

(1)基本 RS 触发器的电路结构及逻辑符号。

基本 RS 触发器是由两个与非门交叉联接起来构成的，如图7-1(a)所示。信号输入端分别为 $\overline{R}$、$\overline{S}$，低电平有效；Q、$\overline{Q}$ 既表示触发器的状态，又是两个互补的信号输出端。$Q=0$，$\overline{Q}=1$ 的状态称为0状态；$Q=1$，$\overline{Q}=0$ 的状态称为1状态。图7-1(b)是基本 RS 触发器的逻辑符号，方框下面输入端处的小圆圈表示低电平有效。

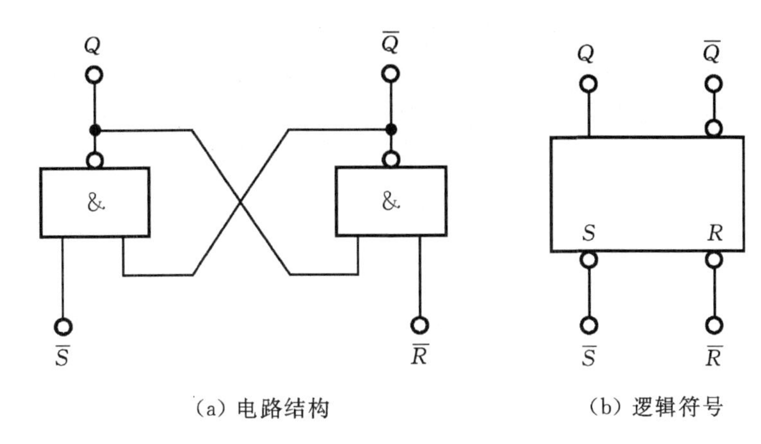

(a) 电路结构　　(b) 逻辑符号

图 7－1　基本 RS 触发器及其逻辑符号

(2)基本 RS 触发器的逻辑功能,其逻辑功能表见表 7－1。

表 7－1　基本 RS 触发器的逻辑功能表

输入		输出	功能描述
$\overline{R}$	$\overline{S}$	Q^{n+1}	
0	0	不定	不允许
0	1	0	置 0
1	0	1	置 1
1	1	Q^n	保持

表中,Q^n 表示现态,是指触发器接受输入信号之前的状态,即触发器原来的稳定状态;Q^{n+1} 表示次态,是指触发器接受输入信号之后所处的状态。由表 7－1 可以总结如下。

①当 $\overline{R}=0$,$\overline{S}=1$ 时,不论 Q^n 为 0 还是 1,触发器的输出状态都为 0。由于是在 $\overline{R}$ 端加输入信号(负脉冲)将触发器置 0,所以把 $\overline{R}$ 端称为触发器的置 0 端或复位端。

②当 $\overline{R}=1$,$\overline{S}=0$ 时,不论 Q^n 为 0 还是 1,触发器的输出状态都为 1。由于是在 $\overline{S}$ 端加输入信号(负脉冲)将触发器置 1,所以把 $\overline{S}$ 端称为触发器的置 1 端或置位端。

③当 $\overline{R}=1$,$\overline{S}=1$ 时,触发器保持原有状态不变,即原来的状态被触发器存储起来,这体现了触发器具有记忆能力。

④当 $\overline{R}=0$,$\overline{S}=0$ 时,两个与非门的输出端 $Q^{n+1}=1$,$\overline{Q^{n+1}}=1$ 不符合触发器的逻辑关系,所以触发器不允许出现这种情况,这就是基本 RS 触发器的约束条件。

(3)基本 RS 触发器的特点。

①触发器的次态不仅与输入信号的状态有关,而且与触发器原来的状态有关。

②电路具有两个稳定状态,在无外来触发信号作用时,电路将保持原状态不变。

③在外加触发信号有效时,电路可以触发翻转,实现置 0 或置 1。

④在稳定状态下两个输出端的状态必须是互补关系,即有约束条件。

2. 同步 RS 触发器

基本 RS 触发器直接由输入信号控制着输出端的状态,这不仅使电路的抗干扰能力下降,而且也不便于多个触发器同步工作。同步 RS 触发器是在基本 RS 触发器的基础上增加了两个控制门 G_3、G_4 和一个输入控制信号 CP，如图 7－2(a)所示。图 7－2(b)所示为同步 RS 触发器的逻辑符号。输入控制信号 CP 称为时钟脉冲。

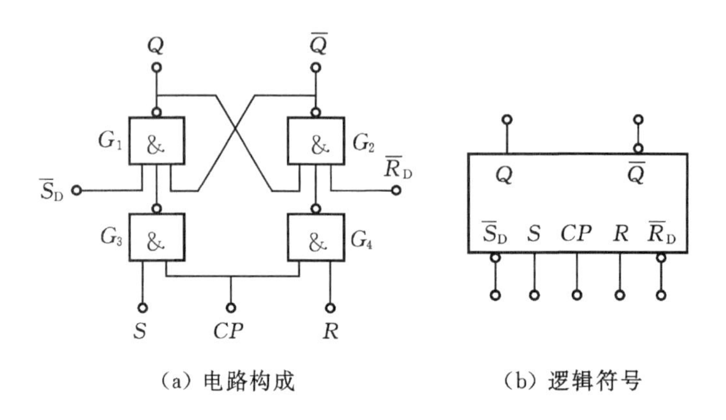

(a) 电路构成　　(b) 逻辑符号

图 7－2　同步 RS 触发器及其逻辑符号

由图 7－2 所示电路可知，$CP=0$ 时，触发器保持原来状态不变；$CP=1$ 时，工作情况与基本 RS 触发器相同。图中 $\overline{R}_D$、$\overline{S}_D$ 是直接置 0 端和直接置 1 端，也就是不经过时钟脉冲 CP 的控制直接将触发器置 0 或置 1，用以实现清 0 或预置数。同步 RS 触发器的逻辑功能见表7－2。

表 7－2 同步 RS 触发器的逻辑功能表

输入					输出	功能描述
$\overline{S}_D$	$\overline{R}_D$	CP	R	S	Q^{n+1}	
0	1	×	×	×	1	直接置 1
1	0				0	直接置 0
1	1	1	0	0	Q^n	保持
			0	1	1	置 1
			1	0	0	置 0
			1	1	不定	不允许

同步 RS 触发器的主要特点。

①时钟电平控制。在 $CP=1$ 期间接受输入信号，$CP=0$ 时状态保持不变，与基本 RS 触发器相比，对触发器状态的转变增加了时间控制。

②R、S 之间有约束。不允许出现 R 和 S 同时为 1 的情况，否则会使触发器处于不确定的状态。

③输入信号在 $CP=1$ 期间若多次发生变化，则触发器的状态也会多次发生变化，这种现象称为“空翻”。

(二)D触发器

1. 同步 D 触发器

为了克服同步 RS 触发器输入端 R、S 同时为 1 时所出现的状态不定的缺点，可增加一个反相器，通过反相器把加在 S 端的 D 信号反相之后再送到 R 端，如图 7-3(a)所示，这样便构成了只有单输入端的同步 D 触发器。同步 D 触发器又叫做 D 锁存器。

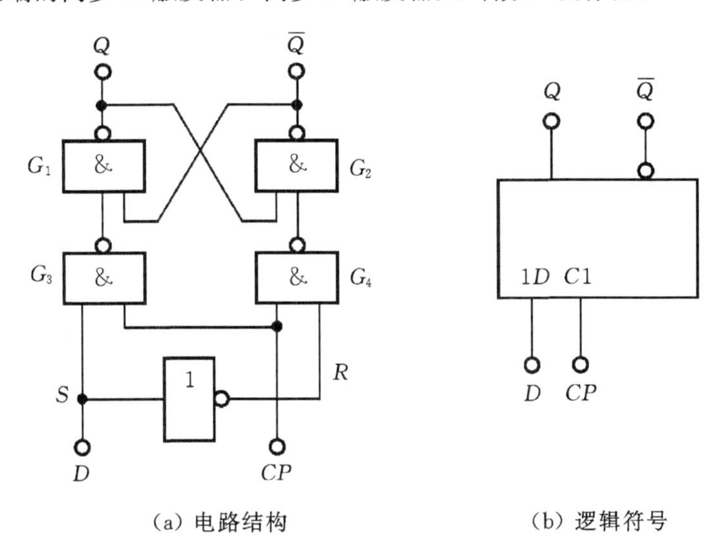

(a) 电路结构　　(b) 逻辑符号

图 7-3　同步 D 触发器的电路及逻辑符号

同步 D 触发器的逻辑功能比较简单。显然，$CP=0$ 时，触发器状态保持不变，$CP=1$ 时，根据同步 RS 触发器的逻辑功能可知，如果 $D=0$，则 $R=1$，$S=0$，触发器置 0；如果 $D=1$，则 $R=0$，$S=1$，触发器置 1。

根据以上分析可知，同步 D 触发器只有置 0 和置 1 两种功能。即有：

$Q^{n+1}=D$($C=1$ 期间有效)

同步 D 触发器克服了同步 RS 触发器输入端同时为 1 时，输出状态不定的缺点，但在 $CP=1$期间，输入信号仍然直接控制着触发器输出端的状态，存在"空翻"现象，实际应用中采用一种边沿触发器可有效解决这一问题。边沿触发器的次态仅仅取决于时钟信号的边沿到达时刻的输入状态。

2. 边沿 D 触发器

边沿 D 触发器具有在时钟脉冲上升沿(或下降沿)触发的持点，其逻辑功能为：输出端 Q 的状态随着输入端 D 的状态而变化，但总比输入端状态的变化晚一步，即某个时钟脉冲来到之后 Q 的状态和该脉冲来到之前 D 的状态一样。

边沿 D 触发器的特征方程为：

$Q^{n+1}=D$(CP 上升沿触发)

带置位、复位端的集成边沿 D 触发器的逻辑符号如图 7-4 所示。逻辑符号 CP 输入端处的三角形标记表示边沿触发，三角形标记下面不带小圆圈，说明它是在上升沿到来时触发，三角形标记下面带小圆圈，说明它是下降沿到来时触发。

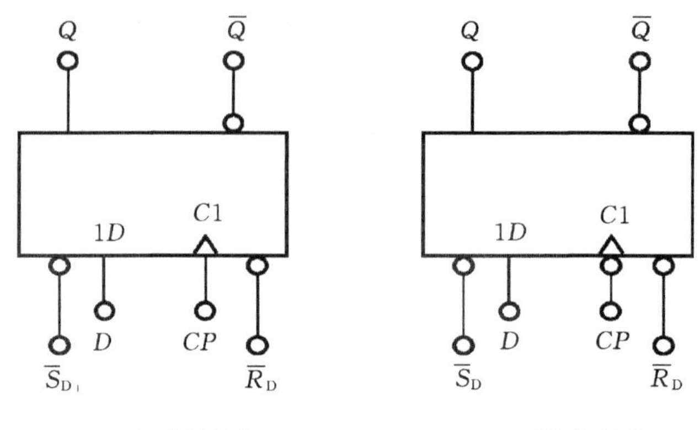

(a) 上升沿触发　　(b) 下降沿触发

图 7-4　边沿 D 触发器的逻辑符号

表 7-3　边沿 D 触发器(上升沿触发)的逻辑功能表

输入				输出	功能描述
$\overline{R}_D$	$\overline{S}_D$	CP	D	Q^{n+1}	
0	1	×	×	0	直接置 0
1	0			1	直接置 1
1	1	↑	0	0	置 0
			1	1	置 1

边沿 D 触发器的逻辑功能见表 7-3。由表 7-3 可以看出，复位端 $\overline{R}_D$(清零端)和置位端 $\overline{S}_D$(预置端)的优先级最高，CP 次之，D 最低。只要 $\overline{R}_D$ 和 $\overline{S}_D$ 端有低电平信号，触发器状态就根据 $\overline{R}_D$ 和 $\overline{S}_D$ 的要求变化；只有当 $\overline{R}_D$ 和 $\overline{S}_D$ 端无有效信号输入且 CP 脉冲上升沿到来时，触发器的状态才取决于 D 数据输入端。

设触发器的现态为 0 态，根据给定的时钟脉冲 CP 和 D 的波形，可画出边沿 D 触发器(上升沿触发)输出端 Q 的波形，如图 7-5 所示。

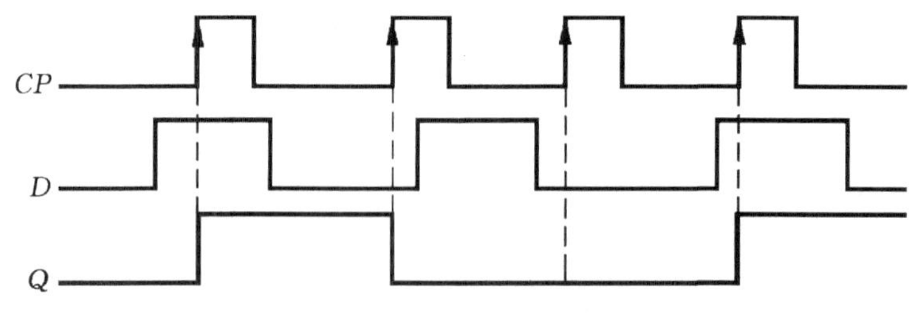

图 7-5　边沿 D 触发器的波形图

3. 集成 D 触发器

目前国内生产的集成 D 触发器主要是边沿 D 触发器，这种 D 触发器都是在时钟脉冲的上升沿或下降沿触发翻转。图 7-6 所示为常用集成 D 触发器的引脚排列图。

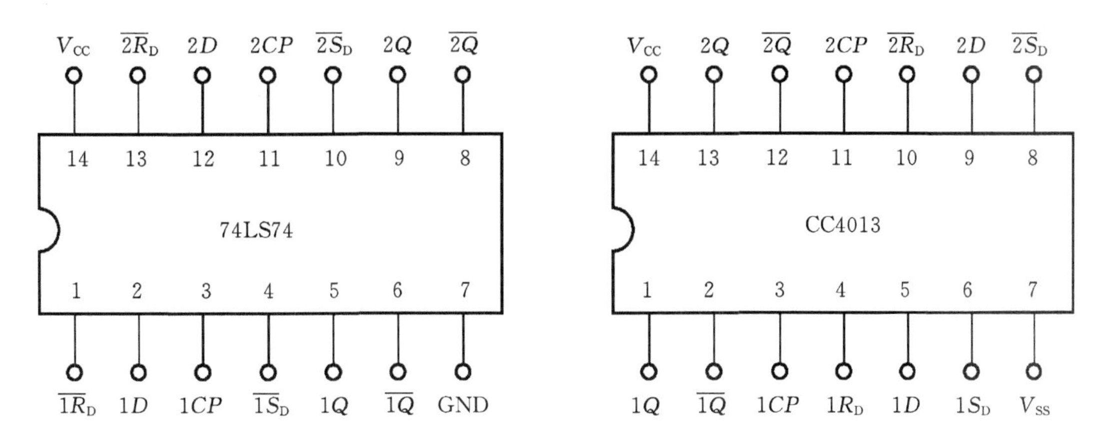

图 7-6　集成边沿 D 触发器的引脚排列图

(三)JK 触发器

1. 主从 JK 触发器

在同步 RS 触发器中虽然对触发器状态的转变增加了时间控制,但却存在着空翻现象;并且同步 RS 触发器不允许输入端 R 和 S 同时为 1 的情况出现,给使用带来了不便。主从 JK 触发器可从根本上解决这些问题。

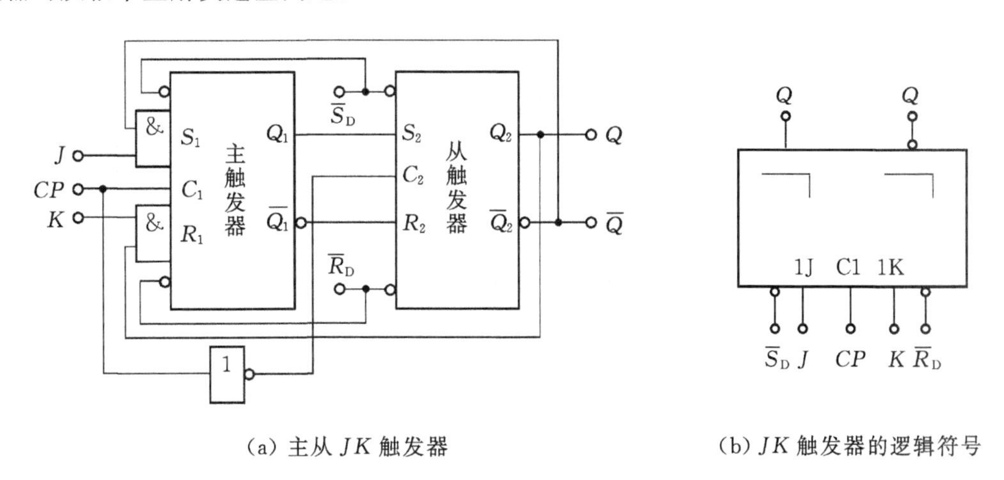

(a) 主从 JK 触发器　　(b) JK 触发器的逻辑符号

图 7-7　主从 JK 触发器的电路结构及逻辑符号

图 7-7(a)所示为主从 JK 触发器,它由两个与非门组成的同步 RS 触发器级联构成的。主触发器的控制信号是 CP,从触发器的控制信号是$\overline{CP}$。图 7-7(b)所示为主从 JK 触发器的逻辑符号,图中 CP 端的三角形加小圆圈表示触发器的状态在时钟脉冲 CP 的下降沿触发翻转。

主从 JK 触发器的逻辑功能表见表 7-4。由表可以得出 JK 触发器的特性方程为:

$$Q^{n+1} = J\overline{Q^n} + \overline{K}Q^n$$

从特性方程可以看出,JK 触发器消除了约束条件,使用更为方便。主从 JK 触发器具有保持、置 0、置 1 和翻转 4 种功能。

表 7-4　主从 JK 触发器的逻辑功能表

输入					输出	功能描述
$\overline{S}_D$	$\overline{R}_D$	CP	J	K	Q^{n+1}	
0	1	×	×	×	1	直接置 1
1	0				0	直接置 0
1	1	↓	0	0	Q^n	保持
			0	1	0	置 0
			1	0	1	置 1
			1	1	$\overline{Q^n}$	翻转

设主从 JK 触发器的现态为 0 态，根据给定的时钟脉冲 CP 和 J、K 的波形，可以画出主从 JK 触发器（下降沿触发）输出端的波形，如图 7-8 所示。

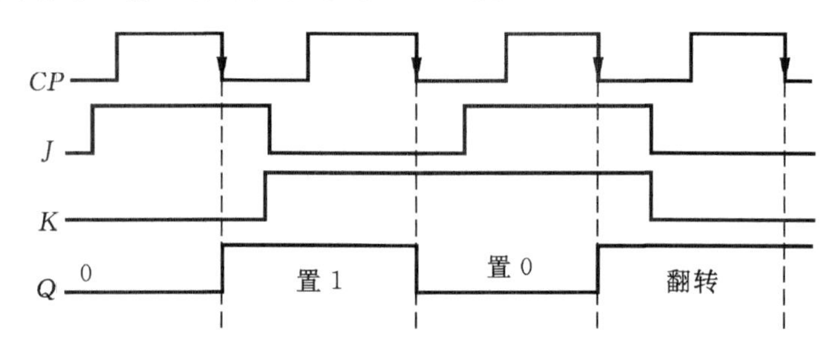

图 7-8　主从 JK 触发器的波形图

2. 触发器逻辑功能的转换

(1)将 JK 触发器转换为 D 触发器

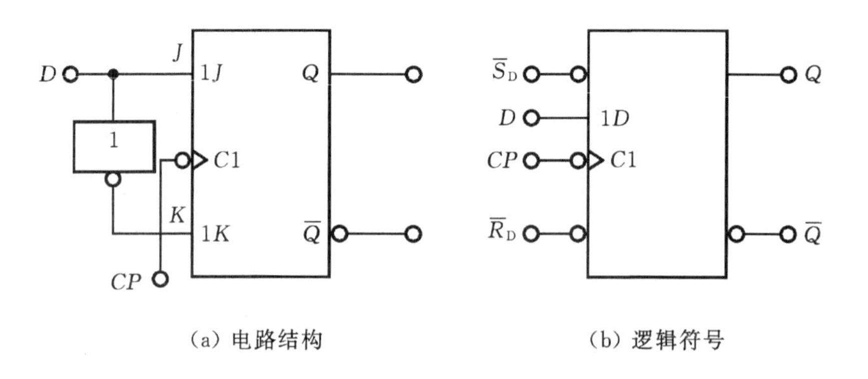

(a) 电路结构　　(b) 逻辑符号

图 7-9　D 触发器的构成及其逻辑符号

D 触发器的逻辑功能为：在时钟脉冲 CP 的控制下，$D=0$ 时触发器置 0，$D=1$ 时触发器置 1，即 $Q^{n+1}=D$，功能表如表 7-5 所示。图 7-9 所示为 JK 触发器转换成 D 触发器的接线图以及 D 触发器的逻辑符号。

表 7-5　边沿 D 触发器(下降沿触发)的逻辑功能表

输入				输出	功能描述
$\overline{R}_D$	$\overline{S}_D$	CP	D	Q^{n+1}	
0	1	×	×	0	直接置 0
1	0			1	直接置 1
1	1	↓	0	0	置 0
			1	1	置 1

(2)将 JK 触发器转换为 T 触发器

T 触发器的逻辑功能为:在时钟脉冲 CP 的控制下,$T=0$ 时触发器的状态保持不变,$Q^{n+1}=Q^n$;$T=1$ 时触发器翻转,$Q^{n+1}=\overline{Q^n}$,功能表如表 7-6 所示。图 7-10 所示为将 JK 触发器转换成 T 触发器的接线图以及 T 触发器的逻辑符号。

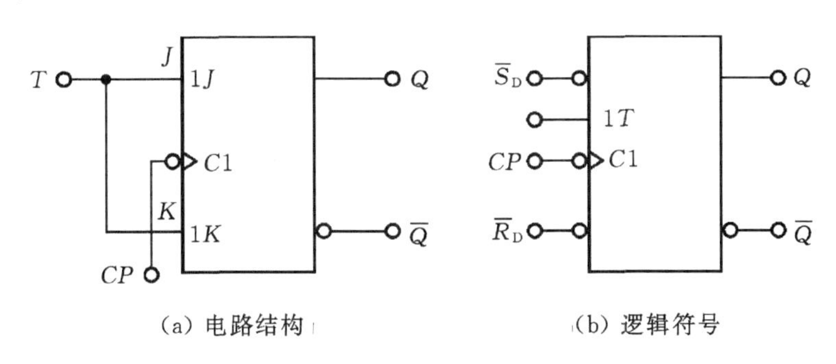

(a) 电路结构　　(b) 逻辑符号

图 7-10　T 触发器的构成及其逻辑符号

表 7-6　T 触发器的逻辑功能表

输入				输出	功能描述
$\overline{R}_D$	$\overline{S}_D$	CP	T	Q^{n+1}	
0	1	×	×	0	直接置 0
1	0			1	直接置 1
1	1	↓	0	Q^n	保持
			1	$\overline{Q^n}$	翻转

当 $T=1$ 时,T 触发器变成了 T' 触发器。T' 触发器的逻辑功能是每来一个计数脉冲,触发器的状态就翻转一次。T' 触发器常构成计数器,故也称为计数触发器。

三、任务实施——触发器的测试及应用

1. 实训目的

①掌握基本 RS、JK、D 和 T 触发器的逻辑功能;

②掌握集成触发器的逻辑功能及使用方法;

③熟悉触发器之间相互转换的方法。

2. 实训器材

+5 V 直流电源、双踪示波器、连续脉冲源、单次脉冲源、逻辑电平开关、逻辑电平显示器、74LS112(或 CC4027)、74LS00(或 CC4011)、74LS74(或 CC4013)。

3. 实训原理

触发器具有两个稳定状态，用以表示逻辑状态“1”和“0”，在一定的外界信号作用下，可以从一个稳定状态翻转到另一个稳定状态，它是一个具有记忆功能的二进制信息存储器件，是构成各种时序电路的最基本逻辑单元。

(1)基本 RS 触发器

图 7-11 为由两个与非门交叉耦合构成的基本 RS 触发器，它是无时钟控制低电平直接触发的触发器。基本 RS 触发器具有置“0”、置“1”和“保持”三种功能。通常称 $\overline{S}$ 为置“1”端，因为 $\overline{S}=0(\overline{R}=1)$时触发器被置“1”；$\overline{R}$ 为置“0”端，因为 $\overline{R}=0(\overline{S}=1)$时触发器被置“0”，当 $\overline{S}=\overline{R}=1$ 时状态保持；$\overline{S}=\overline{R}=0$ 时，触发器状态不定，应避免此种情况发生，表 7-7 为基本 RS 触发器的功能表。

基本 RS 触发器也可以用两个“或非门”组成，此时为高电平触发有效。

表 7-7　基本 RS 触发器的功能表

输入		输出	
$\overline{S}$	$\overline{R}$	Q^{n+1}	$\overline{Q}^{n+1}$
0	1	1	0
1	0	0	1
1	1	Q^n	$\overline{Q}^n$
0	0	φ	φ

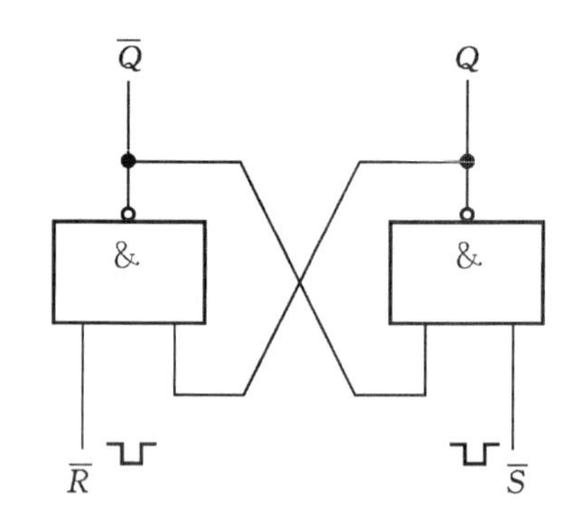

图 7-11　基本 RS 触发器

(2)JK 触发器

在输入信号为双端的情况下，JK 触发器是功能完善、使用灵活和通用性较强的一种触发器。本实训采用 74LS112 双 JK 触发器，是下降沿触发的边沿触发器。引脚功能及逻辑符号如图 7-12 所示。

JK 触发器的状态方程为：

$$Q^{n+1}=J\overline{Q}^n+\overline{K}Q^n$$

J 和 K 是数据输入端，是触发器状态更新的依据，若 J、K 有两个或两个以上输入端时，组成“与”的关系。Q 与 $\overline{Q}$ 为两个互补输出端。通常把 $Q=0$、$\overline{Q}=1$ 的状态定为触发器“0”状态；而把 $Q=1$，$\overline{Q}=0$ 定为“1”状态。

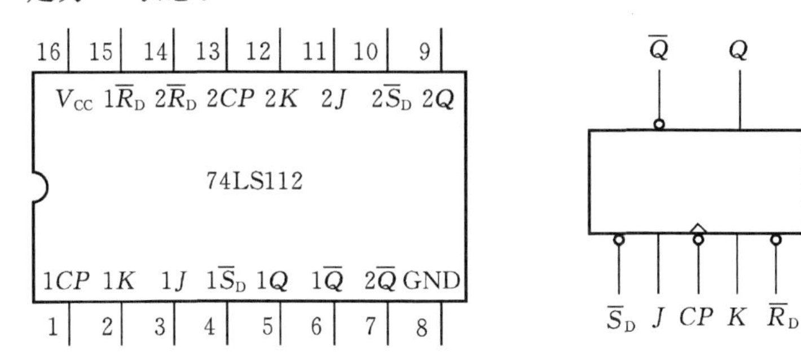

图 7-12　74LS112 双 JK 触发器引脚排列及逻辑符号

下降沿触发 JK 触发器的功能如表 7-8。

表 7-8　JK 触发器的功能表

输入					输出	
$\overline{S}_D$	$\overline{R}_D$	CP	J	K	Q^{n+1}	$\overline{Q}^{n+1}$
0	1	×	×	×	1	0
1	0	×	×	×	0	1
0	0	×	×	×	φ	φ
1	1	↓	0	0	Q^n	$\overline{Q}^n$
1	1	↓	1	0	1	0
1	1	↓	0	1	0	1
1	1	↓	1	1	$\overline{Q}^n$	Q^n
1	1	↑	×	×	Q^n	$\overline{Q}^n$

注：×—任意态　　↓—高到低电平跳变　　↑—低到高电平跳变
$Q^n(\overline{Q}^n)$—现态　　$Q^{n+1}(\overline{Q}^{n+1})$—次态　　φ—不定态

JK 触发器常被用作缓冲存储器、移位寄存器和计数器。

(3)D 触发器

在输入信号为单端的情况下，D 触发器用起来最为方便，其状态方程为 $Q^{n+1}=D^n$，其输出状态的更新发生在 CP 脉冲的上升沿，故又称为上升沿触发的边沿触发器，触发器的状态只取决于时钟到来前 D 端的状态，D 触发器的应用很广，可用作数字信号的寄存、移位寄存、分频和波形发生等。有很多种型号可供各种用途的需要而选用。如双 D 74LS74、四 D 74LS175、六 D 74LS174 等。

图 7-13 为双 D 74LS74 的引脚排列及逻辑符号。功能如表 7-9。

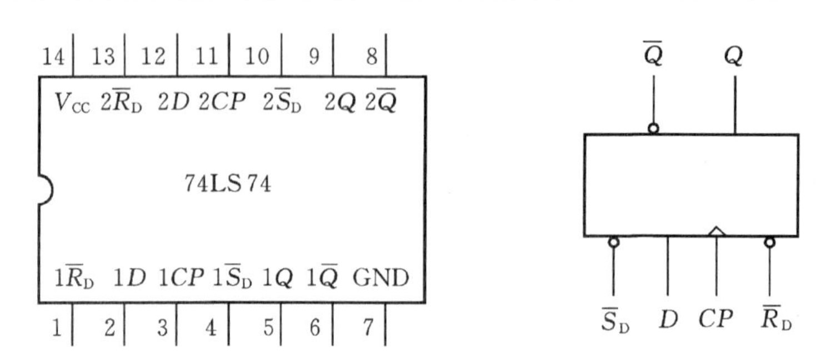

图 7-13 74LS74 引脚排列及逻辑符号

表 7-9 D 触发器的功能表

输入				输出	
$\overline{S}_D$	$\overline{R}_D$	CP	D	Q^{n+1}	$\overline{Q}^{n+1}$
0	1	×	×	1	0
1	0	×	×	0	1
0	0	×	×	φ	φ
1	1	↑	1	1	0
1	1	↑	0	0	1
1	1	↓	×	Q^n	$\overline{Q}^n$

(4)触发器之间的相互转换

在集成触发器的产品中,每一种触发器都有自己固定的逻辑功能。但可以利用转换的方法获得具有其它功能的触发器。例如将 JK 触发器的 J、K 两端连在一起,并认它为 T 端,就得到所需的 T 触发器。如图 7-14(a)所示,其状态方程为:$Q^{n+1}=T\overline{Q}^n+\overline{T}Q^n$。

表 7-10 T 触发器的功能表

输入				输出
$\overline{S}_D$	$\overline{R}_D$	CP	T	Q^{n+1}
0	1	×	×	1
1	0	×	×	0
1	1	↓	0	Q^n
1	1	↓	1	$\overline{Q}^n$

T 触发器的功能如表 7-10。由功能表可见,当 $T=0$ 时,时钟脉冲作用后,其状态保持不变;当 $T=1$ 时,时钟脉冲作用后,触发器状态翻转。所以,若将 T 触发器的 T 端置“1”,如图 7-14(b)所示,即得 T'触发器。在 T'触发器的 CP 端每来一个 CP 脉冲信号,触发器的状态就翻转一次,故称之为反转触发器,广泛用于计数电路中。

同样,若将 D 触发器 $\overline{Q}$ 端与 D 端相连,便转换成 T'触发器。如图 7-15 所示。

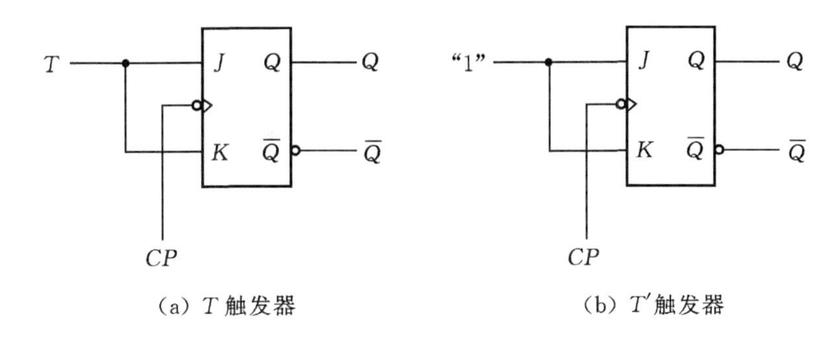

(a) T触发器　　(b) T'触发器

图 7-14　JK触发器转换为T、T'触发器

JK触发器也可转换为D触发器，如图 7-16。

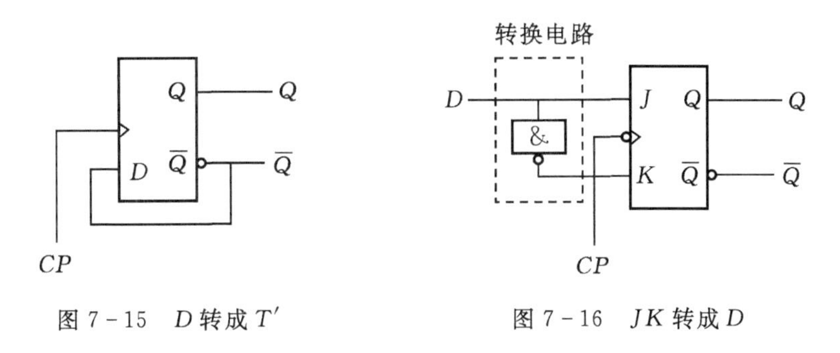

图 7-15　D转成T'　　图 7-16　JK转成D

4. 实训内容及步骤

(1)测试基本RS触发器的逻辑功能

按图 7-11，用两个与非门组成基本RS触发器，输入端$\overline{R}$、$\overline{S}$接逻辑开关的输出插口，输出端Q、$\overline{Q}$接逻辑电平显示输入插口，按表 7-11 要求测试，记录之。

(2)测试双JK触发器 74LS112 逻辑功能

①测试$\overline{R}_D$、$\overline{S}_D$的复位、置位功能。任取一只JK触发器，$\overline{R}_D$、$\overline{S}_D$、J、K端接逻辑开关输出插口，CP端接单次脉冲源，Q、$\overline{Q}$端接至逻辑电平显示输入插口。要求改变$\overline{R}_D$，$\overline{S}_D$(J、K、CP处于任意状态)，并在$\overline{R}_D=0$($\overline{S}_D=1$)或$\overline{S}_D=0$($\overline{R}_D=1$)作用期间任意改变J、K及CP的状态，观察Q、$\overline{Q}$状态。自拟表格并记录之。

表 7-11　基本RS触发器的逻辑功能测试表

$\overline{R}$	$\overline{S}$	Q	$\overline{Q}$
1	1→0		
	0→1		
1→0	1		
0→1			
0	0		

②测试 JK 触发器的逻辑功能。按表 7－12 的要求改变 J、K、CP 端状态，观察 Q、$\overline{Q}$ 状态变化，观察触发器状态更新是否发生在 CP 脉冲的下降沿（即 CP 由 1→0），记录之。

③将 JK 触发器的 J、K 端连在一起，构成 T 触发器。在 CP 端输入 1 Hz 连续脉冲，观察 Q 端的变化。在 CP 端输入 1 kHz 连续脉冲，用双踪示波器观察 CP、Q、$\overline{Q}$ 端波形，注意相位关系，描绘之。

表 7－12　JK 触发器的逻辑功能测试表

J	K	CP	Q^{n+1}	
0	0	0→1	$Q^n=0$	$Q^n=1$
		1→0		
0	1	0→1		
		1→0		
1	0	0→1		
		1→0		
1	1	0→1		
		1→0		

(3)测试双 D 触发器 74LS74 的逻辑功能

①测试 $\overline{R}_D$、$\overline{S}_D$ 的复位、置位功能。测试方法同实训内容(2)、①，自拟表格记录。

②测试 D 触发器的逻辑功能。按表 7－13 要求进行测试，并观察触发器状态更新是否发生在 CP 脉冲的上升沿（即由 0→1），记录之。

③将 D 触发器的 $\overline{Q}$ 端与 D 端相连接，构成 T' 触发器。测试方法同实训内容(2)、③，记录之。

表 7－13　D 触发器的逻辑功能测试表

D	CP	Q^{n+1}	
		$Q^n=0$	$Q^n=1$
0	0→1		
	1→0		
1	0→1		
	1→0		

5. 实训总结

①列表整理各类触发器的逻辑功能。

②总结观察到的波形，说明触发器的触发方式。

③体会触发器的应用。

任务二 寄存器的功能测试及应用

一、任务导入

在数字电路中，用来存放二进制数据或代码的电路称为寄存器。寄存器是一种基本时序逻辑电路。任何现代数字系统都必须把需要处理的数据和代码先寄存起来，以便随时取用。

寄存器是由具有存储功能的触发器组合起来构成的。一个触发器可以存储 1 位二进制代码，存放 n 位二进制代码的寄存器，需用 n 个触发器来构成。

按照功能的不同，可将寄存器分为数码寄存器和移位寄存器两大类。数码寄存器只能并行送入数据，需要时也只能并行输出。移位寄存器中的数据可以在移位脉冲作用下依次逐位右移或左移，数据既可以并行输入、并行输出，也可以串行输入、串行输出，还可以并行输入、串行输出，串行输入、并行输出，十分灵活，用途也很广。

二、相关知识

(一)数码寄存器

4 位数码寄存器的原理电路如图 7－17 所示。它是由 4 个 D 触发器和 4 个与门构成。4 个 D 触发器的 CP 脉冲连在一起作为寄存数据(送数)脉冲。无论寄存器中原来的内容是什么，只要送数控制时钟脉冲 CP 上升沿到来，加在并行数据输入端的数据 $D_0 \sim D_3$ 就立即被送入寄存器中，即有：$Q_3^{n+1}Q_2^{n+1}Q_1^{n+1}Q_0^{n+1}=D_3D_2D_1D_0$。

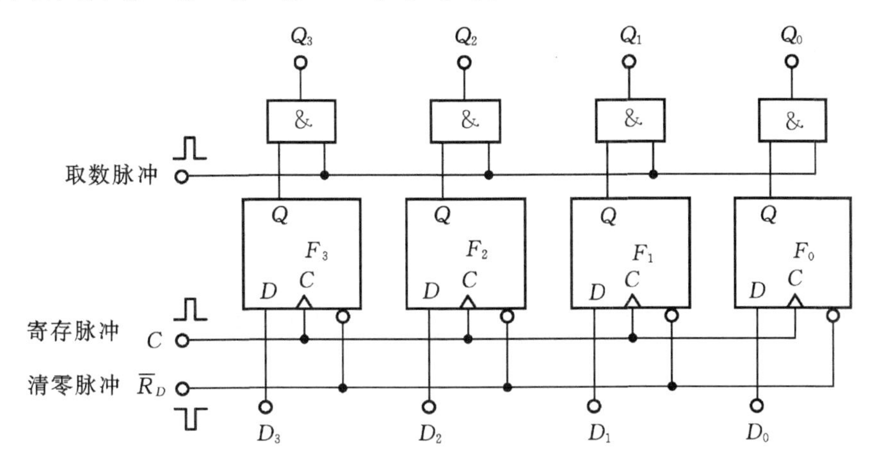

图 7－17 D 触发器组成的数码寄存器

(二)移位寄存器

移位寄存器除了具有存储数据的功能外，还可将所存储的数据逐位(由低位向高位或由高位向低位)移动。按照在移位控制时钟脉冲 CP 作用下移位情况的不同，移位寄存器又分为单向移位寄存器和双向移位寄存器两大类。

4 位右移移位寄存器电路如图 7－18 所示，它由 4 个上升沿触发的 D 触发器构成。右移移位寄存器的电路结构是：各高位触发器的输出端 Q 连接至相邻低位触发器的输入端 D，最高位的输入端 D_3 为待存数据送入端（从低位到高位逐位输入），最低位触发器的输出端 Q_0 为寄存器串行输出端。

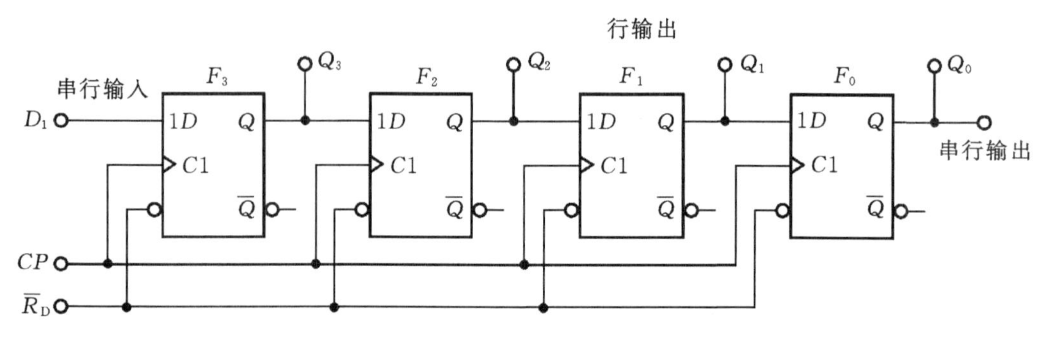

图 7－18　4 位右移移位寄存器

4 位待存的数码从触发器 F_3 的数据输入端 D_3 输入，CP 为移位脉冲输入端。待存数码在移位脉冲的作用下，从低位到高位依次串行送到 D_i 端。

若要将数码 $D_3D_2D_1D_0$（1011）存入寄存器，在存数操作之前，先用 $\overline{R}_D$（负脉冲）将各个触发器清零。然后，将数码 1011 依次加到最高位寄存器的输入端。根据数码右移的特点，在移位脉冲的控制下应先输入最低位 D_0，然后从低到高，依次输入 D_1、D_2、D_3。

当输入数码为 1011 时，移位情况见表 7－14。

表 7－14　右移寄存器的状态表

CP	输入数据	Q_3^n	Q_2^n	Q_1^n	Q_1^n	Q_3^{n+1}	Q_2^{n+1}	Q_1^{n+1}	Q_0^{n+1}	说明
↑	1	0	0	0	0	1	0	0	0	连续输入 4 个脉冲
↑	1	1	0	0	0	1	1	0	0	
↑	0	1	1	0	0	0	1	1	0	
↑	1	0	1	1	0	1	0	1	1	

从 4 个触发器的输出端 $Q_3Q_2Q_1Q_0$ 还可以同时输出数码，即并行输出。若要得到串行输出信号，可将 Q_0 作为信号输出端，再送进 4 个 CP 脉冲，Q_0 将依次输出 1011 的串行信号。

4 位左移移位寄存器电路如图 7－19 所示，其工作原理与右移移位寄存器没有本质区别，只是因为联接相反，所以移位方向也就由自左向右变为由右至左。

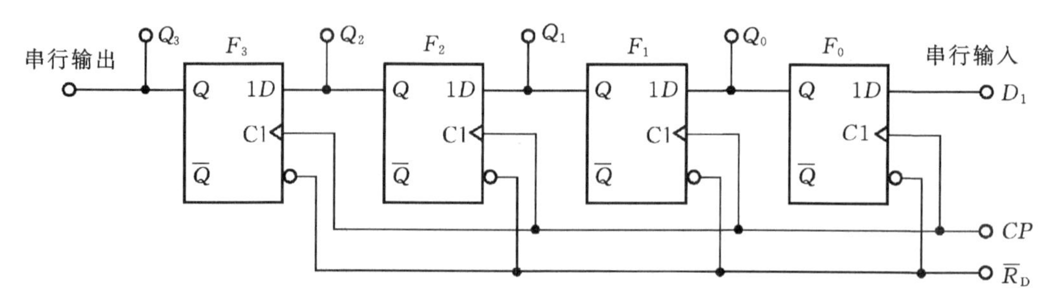

图 7－19　4 位左移移位寄存器电路

(三)集成双向移位寄存器

集成双向移位寄存器74LS194的引脚排列及逻辑功能示意图如图7－20所示。该寄存器数据的输入、输出均有并行和串行方式，Q_3 和 Q_0 兼作左、右移串行输出端。M_1、M_0 为工作方式控制端，M_1M_0 的4种取值(00、01、10、11)决定了寄存器的逻辑功能。表7－15所示是74LS194的功能表。

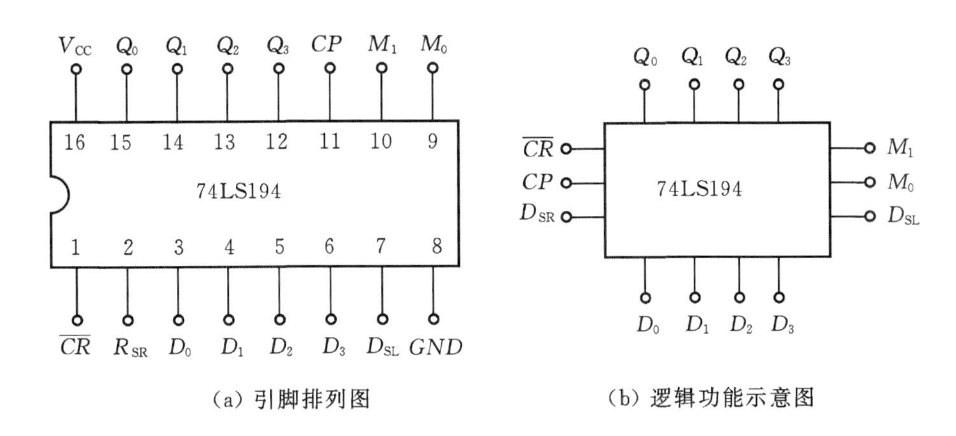

图7－20　74LS194的引脚排列图及逻辑功能示意图

表7－15　74LS194的逻辑功能表

$\overline{CR}$	M_1	M_0	CP	功能描述
0	×	×	×	异步清零 $Q_0Q_1Q_2Q_3=0000$
1	0	0	×	保持
1	0	1	↑	右移 $D_{SR}\to Q_0\to Q_1\to Q_2\to Q_3$
1	1	0	↑	左移 $D_{SL}\to Q_3\to Q_2\to Q_1\to Q_0$
1	1	1	↑	数据并行输入 $Q_0Q_1Q_2Q_3=D_0D_1D_2D_3$

由74LS194构成的能自启动的4位环形计数器的逻辑电路图如图7－21(a)所示。当输入一个低电平启动信号时，门 G_2 输出1，则 $M_1M_0=11$，寄存器执行并行输入功能，即 $Q_0Q_1Q_2Q_3=D_0D_1D_2D_3=0111$。启动信号撤销后，由于 $Q_0=0$，使门 G_1 的输出为1，G_2 的输出为0，$M_1M_0=01$，开始执行循环右移操作。在移位过程中，门 G_1 的输入总有一个0，因此总保持 G_1 的输出为1，G_2 的输出为0，维持 $M_1M_0=01$，使移位不断进行下去，波形图如图7－21(b)所示。

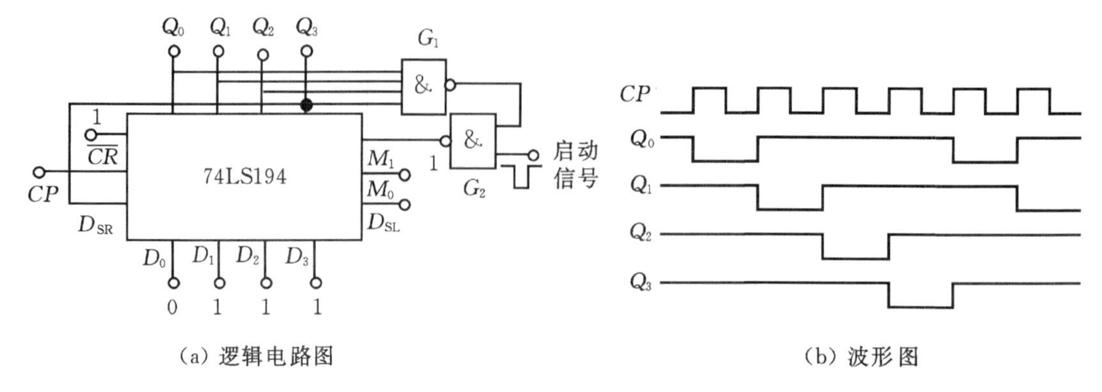

(a) 逻辑电路图　　(b) 波形图

图 7－21　由 74LS194 构成的环形计数器的逻辑电路及波形图

三、任务实施——移位寄存器及其应用

1. 实训目的

①掌握中规模 4 位双向移位寄存器逻辑功能及使用方法；

②熟悉移位寄存器的应用 — 实现数据的串行、并行转换和构成环形计数器。

2. 实训器材

＋5 V 直流电源、单次脉冲源、逻辑电平开关、逻辑电平显示器、CC40194×2(74LS194)、CC4011(74LS00)、CC4068(74*LS*30)。

3. 实训原理

本实训选用的 4 位双向通用移位寄存器，型号为 CC40194 或 74LS194，两者功能相同，可互换使用，其逻辑符号及引脚排列如图 7－22 所示。

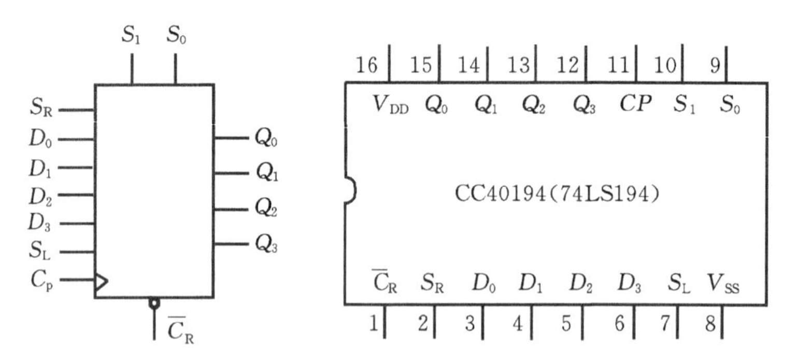

图 7－22　CC40194 的逻辑符号及引脚功能

其中 D_0、D_1、D_2、D_3 为并行输入端；Q_0、Q_1、Q_2、Q_3 为并行输出端；S_R 为右移串行输入端，S_L 为左移串行输入端；S_1、S_0 为操作模式控制端；$\overline{C}_R$ 为直接无条件清零端；CP 为时钟脉冲输入端。

CC40194 有 5 种不同操作模式：即并行送数寄存，右移(方向由 $Q_0 \to Q_3$)，左移(方向由 $Q_3 \to Q_0$)，保持及清零。S_1、S_0 和 $\overline{C}_R$ 端的控制作用如表 7－16。

表 7-16　CC40194 或 74LS194 的功能表

功能	输入										输出			
	CP	$\overline{C}_R$	S_1	S_0	S_R	S_L	D_0	D_1	D_2	D_3	Q_0	Q_1	Q_2	Q_3
清除	×	0	×	×	×	×	×	×	×	×	0	0	0	0
送数	↑	1	1	1	×	×	a	b	c	d	a	b	c	d
右移	↑	1	0	1	D_{SR}	×	×	×	×	×	D_{SR}	Q_0	Q_1	Q_2
左移	↑	1	1	0	×	D_{SL}	×	×	×	×	Q_1	Q_2	Q_3	D_{SL}
保持	↑	1	0	0	×	×	×	×	×	×	Q_0^n	Q_1^n	Q_2^n	Q_3^n
保持	↓	1	×	×	×	×	×	×	×	×	Q_0^n	Q_1^n	Q_2^n	Q_3^n

移位寄存器应用很广，可构成移位寄存器型计数器；顺序脉冲发生器；串行累加器；可用作数据转换，即把串行数据转换为并行数据，或把并行数据转换为串行数据等。本实训研究移位寄存器用作环形计数器和数据的串、并行转换。

(1)环形计数器

把移位寄存器的输出反馈到它的串行输入端，就可以进行循环移位，如图 7-23 所示，把输出端 Q_3 和右移串行输入端 S_R 相连接，设初始状态 $Q_0Q_1Q_2Q_3=1000$，则在时钟脉冲作用下 $Q_0Q_1Q_2Q_3$ 将依次变为 0100→0010→0001→1000→……，如表 7-17 所示，可见它是一个具有四个有效状态的计数器，这种类型的计数器通常称为环形计数器。图 7-23 电路可以由各个输出端输出在时间上有先后顺序的脉冲，因此也可作为顺序脉冲发生器。

表 7-17　环形计数器状态表

CP	Q_0	Q_1	Q_2	Q_3
0	1	0	0	0
1	0	1	0	0
2	0	0	1	0
3	0	0	0	1

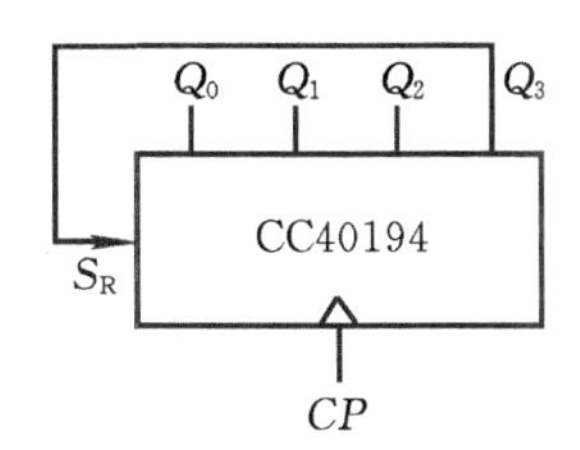

图 7-23　环形计数器电路

如果将输出 Q_O 与左移串行输入端 S_L 相连接，即可达左移循环移位。

(2)实现数据串、并行转换

①串行/并行转换器。串行/并行转换是指串行输入的数码，经转换电路之后变换成并行输出。图 7-24 是用二片 CC40194(74LS194)四位双向移位寄存器组成的七位串/并行数据转换电路。

电路中 S_0 端接高电平 1，S_1 受 Q_7 控制，二片寄存器连接成串行输入右移工作模式。Q_7 是转换结束标志。当 $Q_7=1$ 时，S_1 为 0，使之成为 $S_1S_0=01$ 的串入右移工作方式，当 $Q_7=0$ 时，$S_1=1$，有 $S_1S_0=10$，则串行送数结束，标志着串行输入的数据已转换成并行输出了。

串行/并行转换的具体过程如下：

转换前，$\overline{C}_R$ 端加低电平，使 1、2 两片寄存器的内容清 0，此时 $S_1S_0=11$，寄存器执行并行输入工作方式。当第一个 CP 脉冲到来后，寄存器的输出状态 Q_0～Q_7 为 01111111，与此同时

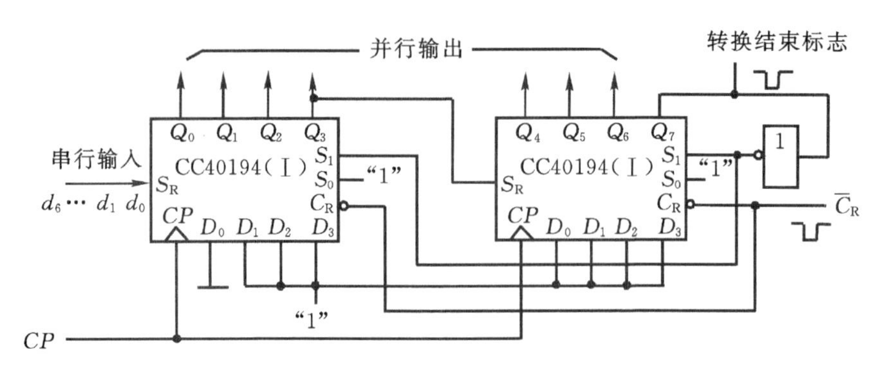

图 7-24 七位串行/并行转换器

S_1S_0 变为 01，转换电路变为执行串入右移工作方式，串行输入数据由 1 片的 S_R 端加入。随着 CP 脉冲的依次加入，输出状态的变化可列成表 7-18 所示。

表 7-18 串行/并行转换状态表

CP	Q_0	Q_1	Q_2	Q_3	Q_4	Q_5	Q_6	Q_7	说明
0	0	0	0	0	0	0	0	0	清零
1	0	1	1	1	1	1	1	1	送数
2	d_0	0	1	1	1	1	1	1	右移操作七次
3	d_1	d_0	0	1	1	1	1	1	
4	d_2	d_1	d_0	0	1	1	1	1	
5	d_3	d_2	d_1	d_0	0	1	1	1	
6	d_4	d_3	d_2	d_1	d_0	0	1	1	
7	d_5	d_4	d_3	d_2	d_1	d_0	0	1	
8	d_6	d_5	d_4	d_3	d_2	d_1	d_0	0	
9	0	1	1	1	1	1	1	1	送数

由表 7-18 可见，右移操作七次之后，Q_7 变为 0，S_1S_0 又变为 11，说明串行输入结束。这时，串行输入的数码已经转换成了并行输出了。当再来一个 CP 脉冲时，电路又重新执行一次并行输入，为第二组串行数码转换作好了准备。

②并行/串行转换器。并行/串行转换器是指并行输入的数码经转换电路之后，换成串行输出。图 7-25 是用两片 CC40194(74LS194)组成的七位并行/串行转换电路，它比图 7-24 多了两只与非门 G_1 和 G_2，电路工作方式同样为右移。

寄存器清"0"后，加一个转换起动信号(负脉冲或低电平)。此时，由于方式控制 S_1S_0 为 11，转换电路执行并行输入操作。当第一个 CP 脉冲到来后，$Q_0Q_1Q_2Q_3Q_4Q_5Q_6Q_7$ 的状态为 $0D_1D_2D_3D_4D_5D_6D_7$，并行输入数码存入寄存器。从而使得 G_1 输出为 1，G_2 输出为 0，结果，S_1S_2 变为 01，转换电路随着 CP 脉冲的加入，开始执行右移串行输出，随着 CP 脉冲的依次加入，输出状态依次右移，待右移操作七次后，$Q_0 \sim Q_6$ 的状态都为高电平 1，与非门 G_1 输出为低电平，G_2 门输出为高电平，S_1S_2 又变为 11，表示并/串行转换结束，且为第二次并行输入创造

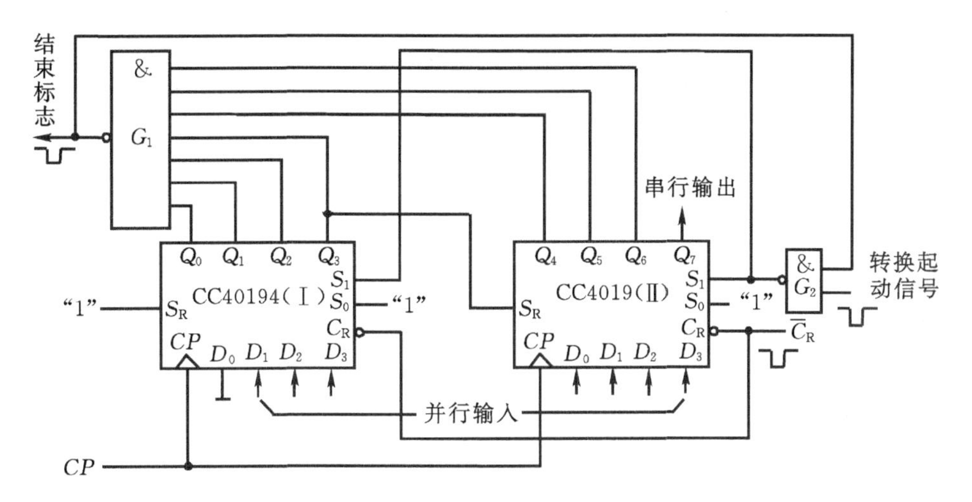

图 7-25 七位并行/串行转换器

了条件。转换过程如表 7-19 所示。

表 7-19 并行/串行转换状态表

CP	Q_0	Q_1	Q_2	Q_3	Q_4	Q_5	Q_6	Q_7	串行输出						
0	0	0	0	0	0	0	0	0							
1	0	D_1	D_2	D_3	D_4	D_5	D_6	D_7							
2	1	0	D_1	D_2	D_3	D_4	D_5	D_6	D_7						
3	1	1	0	D_1	D_2	D_3	D_4	D_5	D_6	D_7					
4	1	1	1	0	D_1	D_2	D_3	D_4	D_5	D_6	D_7				
5	1	1	1	1	0	D_1	D_2	D_3	D_4	D_5	D_6	D_7			
6	1	1	1	1	1	0	D_1	D_2	D_3	D_4	D_5	D_6	D_7		
7	1	1	1	1	1	1	0	D_1	D_2	D_3	D_4	D_5	D_6	D_7	
8	1	1	1	1	1	1	1	0	D_1	D_2	D_3	D_4	D_5	D_6	D_7
9	0	D_1	D_2	D_3	D_4	D_5	D_6	D_7							

中规模集成移位寄存器，其位数往往以 4 位居多，当需要的位数多于 4 位时，可把几片移位寄存器用级连的方法来扩展位数。

4. 实训内容及步骤

(1)测试 CC40194(或 74LS194)的逻辑功能

按图 7-26 接线，$\overline{C}_R$、S_1、S_0、S_L、S_R、D_0、D_1、D_2、D_3 分别接至逻辑开关的输出插口；Q_0、Q_1、Q_2、Q_3 接至逻辑电平显示输入插口。CP 端接单次脉冲源。按表 7-20 所规定的输入状态，逐项进行测试。

①清除：令 $\overline{C}_R=0$，其它输入均为任意态，这时寄存器输出 Q_0、Q_1、Q_2、Q_3 应均为 0。清除后，置 $\overline{C}_R=1$。

②送数：令 $\overline{C}_R=S_1=S_0=1$，送入任意 4 位二进制数，如 $D_0D_1D_2D_3=abcd$，加 CP 脉冲，观

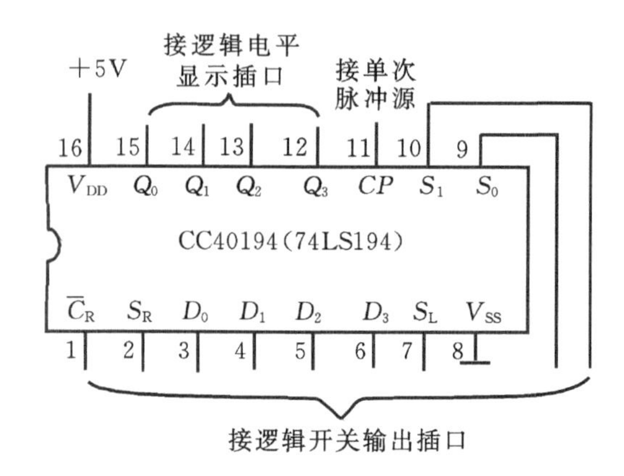

图 7-26　CC40194 逻辑功能测试

察 $CP=0$、CP 由 0→1、CP 由 1→0 三种情况下寄存器输出状态的变化，观察寄存器输出状态变化是否发生在 CP 脉冲的上升沿。

③右移：清零后，令 $\overline{C}_R=1$，$S_1=0$，$S_0=1$，由右移输入端 S_R 送入二进制数码如 0100，由 CP 端连续加 4 个脉冲，观察输出情况，记录之。

④左移：先清零或予置，再令 $\overline{C}_R=1$，$S_1=1$，$S_0=0$，由左移输入端 S_L 送入二进制数码如 1111，连续加四个 CP 脉冲，观察输出端情况，记录之。

⑤保持：寄存器予置任意 4 位二进制数码 $abcd$，令 $\overline{C}_R=1$，$S_1=S_0=0$，加 CP 脉冲，观察寄存器输出状态，记录之。

表 7-20　CC40194(或 74LS194)的逻辑功能测试

清除	模式		时钟	串行		输入	输出	功能总结
$\overline{C}_R$	S_1	S_0	CP	S_L	S_R	$D_0\ D_1\ D_2\ D_3$	$Q_0\ Q_1\ Q_2\ Q_3$	
0	×	×	×	×	×	××××		
1	1	1	↑	×	×	$a\ b\ c\ d$		
1	0	1	↑	×	0	××××		
1	0	1	↑	×	1	××××		
1	0	1	↑	×	0	××××		
1	0	1	↑	×	0	××××		
1	1	0	↑	1	×	××××		
1	1	0	↑	1	×	××××		
1	1	0	↑	1	×	××××		
1	1	0	↑	1	×	××××		
1	0	0	↑	×	×	××××		

(2)环形计数器

自拟实训线路用并行送数法予置寄存器为某二进制数码(如 0100)，然后进行右移循环，观察寄存器输出端状态的变化，记入表 7-21 中。

表 7-21　环形计数器测试

CP	Q_0	Q_1	Q_2	Q_3
0	0	1	0	0
1				
2				
3				
4				

(3)实现数据的串、并行转换。

①串行输入、并行输出。按图 7-24 接线，进行右移串入、并出实训，串入数码自定；改接线路用左移方式实现并行输出。自拟表格，记录之。

②并行输入、串行输出。按图 7-25 接线，进行右移并入、串出实训，并入数码自定。再改接线路用左移方式实现串行输出。自拟表格，记录之。

5. 实训报告

①分析表 7-20 的实训结果，总结移位寄存器 CC40194 的逻辑功能并写入表格功能总结一栏中。

②根据实训内容(2)的结果，画出 4 位环形计数器的状态转换图及波形图。

③分析串/并、并/串转换器所得结果的正确性。

任务三　计数器的功能测试及应用

一、任务导入

在数字电路中，能够记忆输入脉冲个数的电路称为计数器。计数器是一种应用十分广泛的时序逻辑电路，除用于计数、分频外，还广泛用于数字测量、运算和控制。从小型数字仪表，到大型数字电子计算机，几乎无所不在，是任何现代数字系统中不可缺少的组成部分。

计数器按计数过程中各个触发器状态的更新是否同步，可分为同步计数器和异步计数器；按计数过程中数值的进位方式，可分为二进制计数器、十进制计数器和 N 进制计数器；按计数过程中数值的增减情况，可分为加法计数器、减法计数器和可逆计数器。

二、相关知识

(一)二进制计数器

1. 异步二进制加法计数器

二进制只有 0 和 1 两个数码，二进制加法规则是逢二进一，即当本位是 1，再加 1 时本位便变为 0，同时向高位进 1。由于双稳态触发器只有 0 和 1 两个状态，所以一个触发器只能表示一位二进制数。如果要表示 n 位二进制数，就得用 n 个触发器。

异步计数器的计数脉冲 CP 不是同时加到各位触发器上。最低位触发器由计数脉冲触发翻转，其他各位触发器由相邻低位触发器输出的进位脉冲来触发，各位触发器状态变换的时间先后不一，只有在前级触发器翻转后，后级触发器才能翻转。这种引入计数脉冲的方式称为异步工作方式。

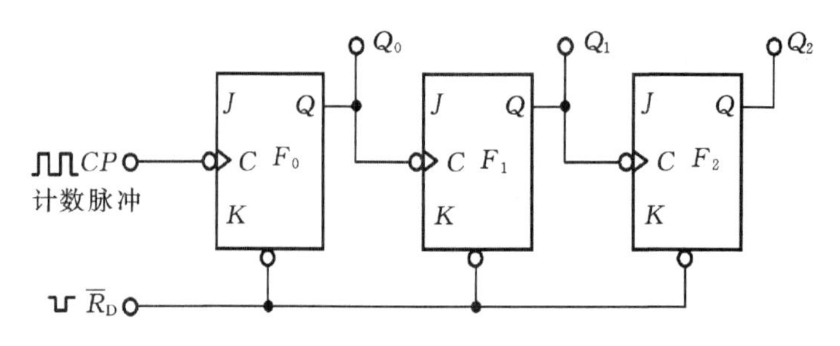

图 7-27　三位异步二进制加法计数器

图 7-27 所示为三位异步二进制加法计数器，由 3 个下降沿出发的 JK 触发器构成。计数脉冲 C 加至最低位触发器 F_0 的时钟脉冲输入端，低位触发器的输出端 Q 依次接到相邻高位的时钟脉冲输入端。

由于 3 个触发器都接成了 T' 触发器，所以最低位触发器 F_0 每来一个时钟脉冲的下降沿（即 CP 由 1 变 0）时翻转一次，而其它两个触发器都是在其相邻低位触发器的输出端 Q 由 1 变 0 时翻转，即 F_1 在 Q_0 由 1 变 0 时翻转，F_2 在 Q_1 由 1 变 0 时翻转。其状态表和波形图分别如表 7-22 和图 7-28 所示。

表 7-22　三位异步二进制加法计数器状态表

CP	Q_2	Q_1	Q_0
0	0	0	0
1	0	0	1
2	0	1	0
3	0	1	1
4	1	0	0
5	1	0	1
6	1	1	0
7	1	1	1
8	0	0	0

从状态表中可以看出，计数前先清零，即 $Q_2Q_1Q_0=000$。在计数脉冲的作用下，计数器状态从 000 变到 111，再回到 000。按照 3 位二进制加法计数规律循环计数，最多计 8 个状态。3 个触发器输出 $Q_2Q_1Q_0$ 即为 3 位二进制数，故该电路称为三位异步二进制加法计数器。若以 Q_2 为输出端，3 个触发器构成的整体电路也称为八进制加法计数器。

由波形图可以看出，CP、Q_0、Q_1、Q_2 各信号的频率依次降低 1/2，故计数器又称为分频器。Q_0、Q_1、Q_2 的波形频率依次为 CP 脉冲的二分频、四分频、八分频。

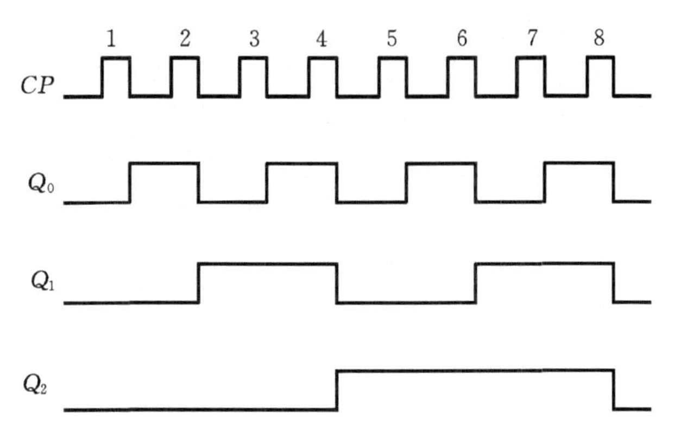

图 7-28　三位异步二进制加法计数器波形图

2. 异步二进制减法计数器

将三位加法计数器中低位触发器的输出端 $\overline{Q}$ 依次接至相邻高位触发器的控制端 C，可构成三位异步二进制减法计数器，如图 7-29 所示。

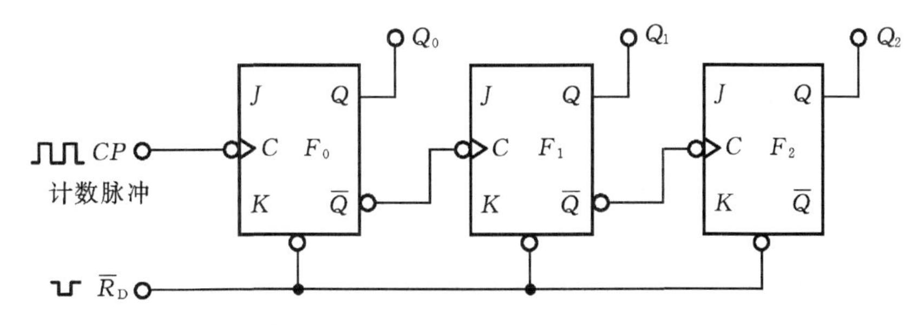

图 7-29　三位异步二进制减法计数器

设该电路的初始状态为 $Q_2Q_1Q_0=000$。不难分析，当连续输入计数脉冲 CP 时，计数器的状态表见表 7-23，波形图如图 7-30 所示。该电路按二进制规律进行减法计数，所以称为三位异步二进制减法计数器。

表 7-23　三位二进制异步减法计数器状态表

CP	Q_2	Q_1	Q_0
0	0	0	0
1	1	1	1
2	1	1	0
3	1	0	1
4	1	0	0
5	0	1	1
6	0	1	0
7	0	0	1
8	0	0	0

由状态表可以看出，减法计数器的特点与加法计数器相反：每输入一个 CP 脉冲 $Q_2Q_1Q_0$ 的状态减 1，当输入 8 个计数脉冲 CP 后，$Q_2Q_1Q_0$ 减小到 0，完成一个计数周期。

由波形图可以看出，除最低位触发器 F_0 受 CP 的下降沿直接触发外，其他高位触发器均受相邻低位的 $\overline{Q}$ 下降沿（即 Q 的上升沿）触发。同样，减法计数器也具有分频的功能。

在异步计数器中，高位触发器的状态翻转必须在相邻触发器产生进位信号（加计数）或借位信号（减计数）之后才能实现。所以异步计数器虽然结构简单，但工作速度较慢。

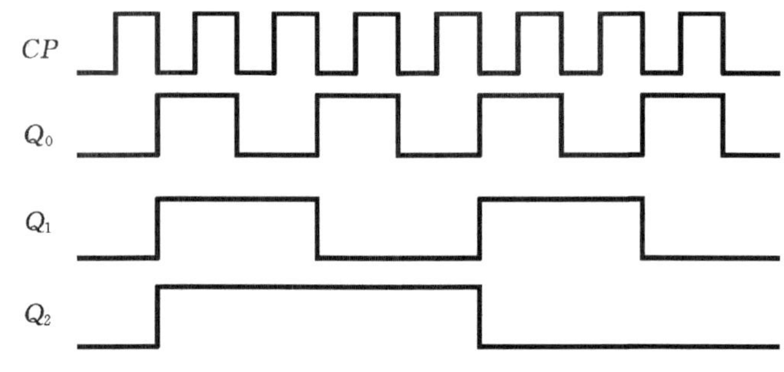

图 7－30　三位异步二进制减法计数器的波形图

(二)十进制计数器

1. 同步十进制计数器

为了提高计数速度，将计数脉冲同时引至各位触发器的控制端 C，使每个触发器的状态变化与计数脉冲同步，这种计数器称为同步计数器。同步计数器由于各触发器同步翻转，因此工作速度快，但结构较复杂。

通常人们习惯用十进制计数，这种计数必须用 10 个状态表示十进制的 0～9，所以准确地说十进制计数器应该是 1 位十进制计数器。使用最多的十进制计数器是按照 8421 码进行计数的电路，其编码表如表 7－24 所示。

表 7－24　8421 码十进制加法计数器状态表

C	8421 编码				十进制数
	Q_3	Q_2	Q_1	Q_0	
0	0	0	0	0	0
1	0	0	0	1	1
2	0	0	1	0	2
3	0	0	1	1	3
4	0	1	0	0	4
5	0	1	0	1	5
6	0	1	1	0	6
7	0	1	1	1	7
8	1	0	0	0	8
9	1	0	0	1	9
10	0	0	0	0	0

选用4个时钟脉冲下降沿触发的 JK 触发器，并用 F_0、F_1、F_2、F_3 表示。分析表7－24可知，该十进制计数器电路具有以下电路特点。

①第一位触发器 F_0 要求每来一个时钟脉冲 C 翻转一次，因而其驱动方程为 $J_0=K_0=1$。

②第二位触发器 F_1 要求在 Q_0 为1时，再来一个时钟脉冲 C 才翻转，但在 Q_3 为1时不得翻转，故其驱动方程为 $J_1=\overline{Q}_3Q_0$、$K_1=Q_0$。

③第三位触发器 F_2 要求在 Q_0 和 Q_1 都为1时，再来一个时钟脉冲 C 才翻转，故其驱动方程为 $J_2=K_2=Q_1Q_0$。

④第四位触发器 F_3 要求在 Q_0、Q_1 和 Q_2 都为1时，再来一个时钟脉冲 C 才翻转，但在第10个脉冲到来时 Q_3 应由1变为0，故其驱动方程为 $J_3=Q_2Q_1Q_0$、$K_3=Q_0$。

根据选用的触发器及所求得的驱动方程，可画出同步十进制加法计数器的逻辑图，如图7－31所示，波形图如图7－32所示。

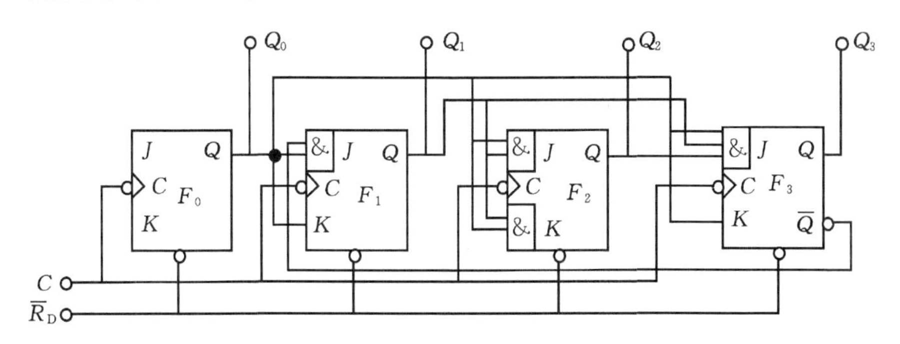

图7－31　同步十进制加法计数器

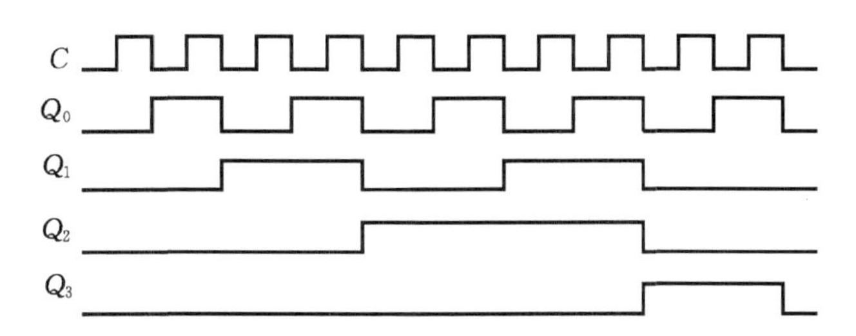

图7－32　同步十进制加法计数器的波形图

2. 异步十进制计数器

图7－33所示为异步十进制加法计数器，图中各触发器均为TTL电路，悬空的输入端相当于接高电平1。由图可知触发器 F_0、F_1、F_2 中除 F_1 的 J_1 端与 $\overline{Q}_3$ 端联接外，其他输入端均为高电平。设计数器初始状态为 $Q_3Q_2Q_1Q_0=000$，在触发器 F_3 翻转之前，即从0000起到0111为止，$\overline{Q}_3$，F_0、F_1、F_2 的翻转情况与三位异步二进制加法计数器相同。当第7个计数脉冲到来后，计数器状态变为0111，$Q_2=Q_1=1$，使 $J_3=Q_2Q_1=1$，而 $K_3=1$，为 F_3 由0变1准备了条件。当第8个计数脉冲到来后，4个触发器全部翻转，计数器状态变为1000。第9个计数脉冲到来后，计数器状态变为1001。这两种情况下 $\overline{Q}_3$ 均为0，使 $J_1=0$，而 $K_1=1$。所以第10个计数脉冲到来后，Q_0 由1变为0，但 F_1 的状态将保持为0不变，而 Q_0 能直接触发 F_3，使 Q_3 由1变为0，从而使计数器回复到初始状态0000。

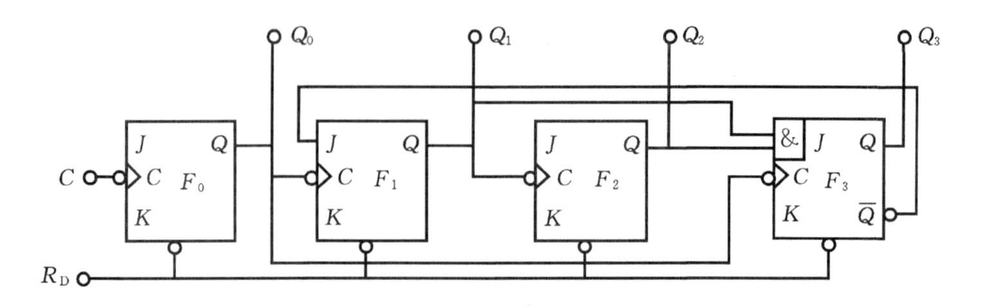

图 7-33　异步十进制加法计数器

(三)N 进制计数器

N 进制计数器是指除二进制计数器和十进制计数器外的其他进制计数器，即每来 N 个计数脉冲，计数器状态重复一次。由触发器组成的 N 进制计数器的一般分析方法是：对于同步计数器，由于计数脉冲同时接到每个触发器的时钟输入端，因而触发器的状态是否翻转只需由其驱动方程判断。而异步计数器中各触发器的触发脉冲不尽相同，所以触发器的状态是否翻转除了考虑其驱动方程外，还必须考虑其时钟输入端的触发脉冲是否出现。

例 7-1　分析图 7-34 所示计数器为几进制计数器。

解：由图可知，由于计数脉冲 C 同时接到每个触发器的时钟脉冲输入端，所以该计数器为同步计数器。3 个触发器的驱动方程分别为：

$$F_0: J_0 = \overline{Q}_2、K_0 = 1$$

$$F_1: J_1 = K_1 = Q_0$$

$$F_2: J_2 = Q_1Q_0、K_2 = 1$$

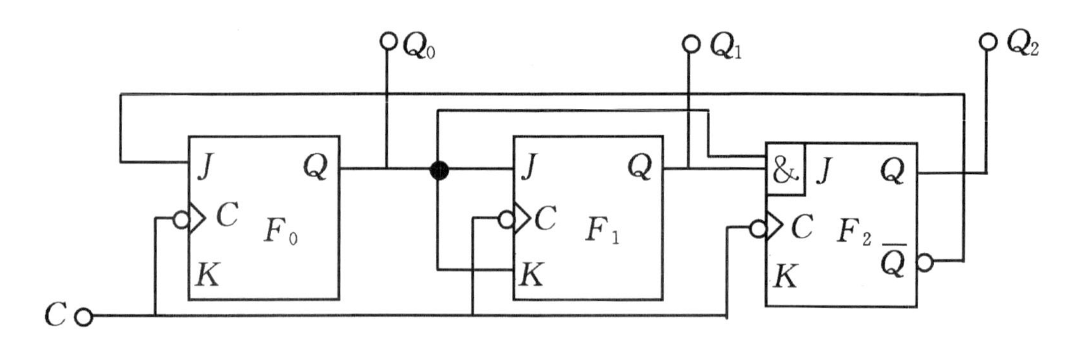

图 7-34　例 7-1 的图

列状态表的过程如下：首先假设计数器的初始状态，如 $Q_2Q_1Q_0=000$，并依此根据驱动方程确定 J、K 的值，然后根据 J、K 的值确定在计数脉冲 C 触发下各触发器的状态。状态表如表 7-25 所示。在第 1 个计数脉冲 C 触发下各触发器的状态为 001，按照上述步骤反复判断，直到第 5 个计数脉冲 C 时，计数器的状态又回到初始状态 000。即每来 5 个计数脉冲计数器状态重复一次，所以该计数器为五进制计数器。其波形图如图 7-35 所示。

表 7-25　例 7-1 的状态表

C	Q_2	Q_1	Q_0	J_0	K_0	J_1	K_1	J_2	K_2
0	0	0	0	1	1	0	0	0	1
1	0	0	1	1	1	1	1	0	1
2	0	1	0	1	1	0	0	0	1
3	0	1	1	1	1	1	1	1	1
4	1	0	0	0	1	0	0	0	1
5	0	0	0	1	1	0	0	0	1

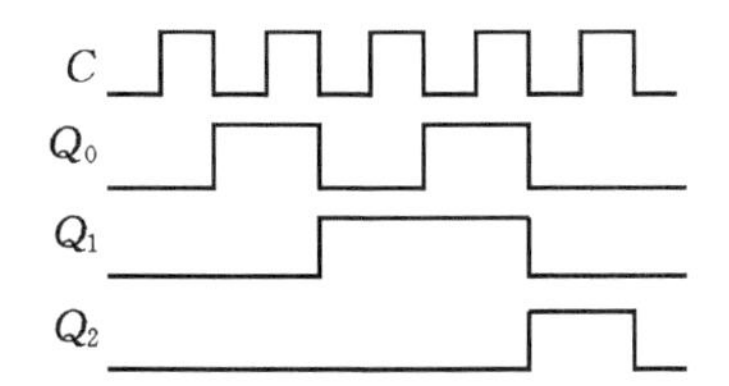

图 7-35　五进制加法计数器的波形图

例 7-2　分析图 7-36 所示计数器为几进制计数器。

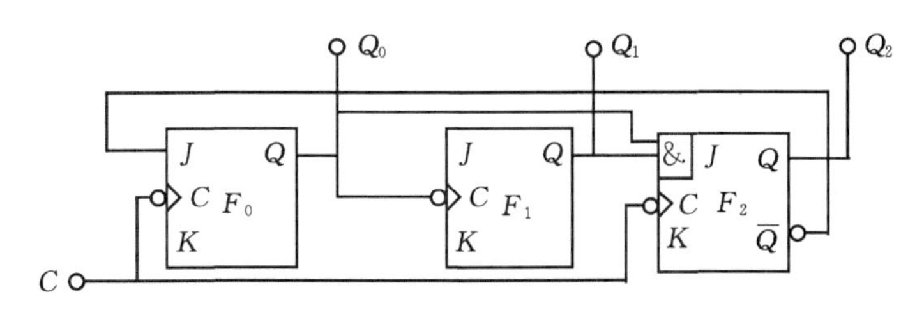

图 7-36　例 7-2 的图

解：由图可知，触发器 F_0、F_2 由计数脉冲 C 触发，而 F_1 由 F_0 的输出 Q_0 触发，也就是只有在 Q_0 出现下降沿(由 1 变 0)时 Q_1 才能翻转，各个触发器不是都接计数脉冲 C，所以该计数器为异步计数器。3 个触发器的驱动方程分别为：

$$F_0:J_0=\overline{Q}_2、K_0=1\quad(C\text{ 触发})$$

$$F_1:J_1=K_1=1\quad(Q_0\text{ 触发})$$

$$F_2:J_2=Q_1Q_0、K_2=1\quad(C\text{ 触发})$$

列异步计数器状态表与同步计数器不同之处在于：决定触发器的状态，除了要看其 J、K 的值，还要看其时钟输入端是否出现触发脉冲下降沿。表 7-26 所示为该电路的状态表，可以看出该计数器也是五进制计数器。

表 7-26　例 7-2 的状态表

C	Q_2	Q_1	Q_0	J_0	K_0	J_1	K_1	J_2	K_2
0	0	0	0	1	1	1	1	0	1
1	0	0	1	1	1	1	1	0	1

续表 7-26

C	Q_2	Q_1	Q_0	J_0	K_0	J_1	K_1	J_2	K_2
2	0	1	0	1	1	1	1	0	1
3	0	1	1	1	1	1	1	1	1
4	1	0	0	0	1	1	1	0	1
5	0	0	0	1	1	1	1	0	1

(四)集成计数器

1. 集成同步二进制计数器74LS161

4位同步二进制计数器74LS161与74LS163的功能和引脚完全相同,它们的区别在于前者是异步清零,后者是同步清零。这两种芯片可直接用作二、四、八、十六进制计数,引入适当的反馈可构成小于16的任意进制计数器。这里介绍4位同步二进制计数器74LS161。

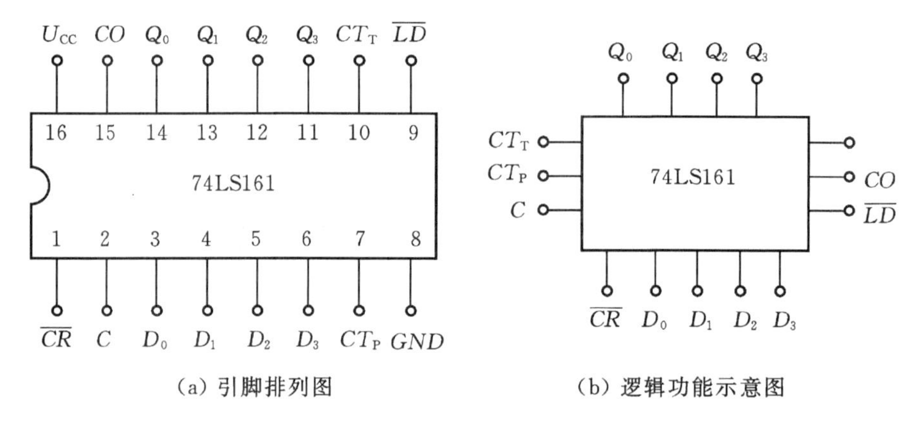

(a) 引脚排列图　　(b) 逻辑功能示意图

图7-37　74LS161的引脚排列和逻辑功能示意图

74LS161的引脚排列和逻辑功能如图7-37所示。74LS161的各引脚功能如下:$\overline{CR}$为清零端(低电平有效);$\overline{LD}$为预置数据控制端(低电平有效);CT_P、CT_T为计数允许控制端;CP为时钟输入端;$D_3D_2D_1D_0$为预置数据输入端;CO为进位输出端;$Q_3Q_2Q_1Q_0$为计数输出端。74LS161的逻辑功能表见表7-27。

由表7-27可知集成同步计数器74LS161的主要功能如下。

①异步清零。$\overline{CR}=0$时,无论其他输入端状态如何,均可使计数器复位清零。

②同步并行置数。这项功能由$\overline{LD}$端控制。当$\overline{LD}=0$,CP脉冲上升沿到来时,4个触发器同时接收并行输入信号,即将输入端$D_3D_2D_1D_0$的预置数据送到计数器输出端$Q_3Q_2Q_1Q_0$,使$Q_3Q_2Q_1Q_0=D_3D_2D_1D_0$。该项操作需在$CP$上升沿到来时同步进行。

③同步二进制加法计数。当$\overline{CR}=\overline{LD}=CT_P=CT_T=1$时,计数器对$CP$脉冲进行二进制加法计数。该计数芯片有超前进位功能:进位端$CO=CT_T\cdot Q_3\cdot Q_2\cdot Q_1\cdot Q_0$,当$Q_3Q_2Q_1Q_0=1111$且$CT_T=1$时,$CO=1$产生进位信号(同步控制)。

④保持。当$\overline{CR}=\overline{LD}=1$,若$CT_P$和$CT_T$有一个为0时,计数器状态保持不变。

总之,74LS161是具有异步清零、同步置数的4位同步二进制计数器。

表 7-27　74LS161 的逻辑功能表

输入					输出
CP	$\overline{CR}$	$\overline{LD}$	CT_P	CT_T	$Q_3Q_2Q_1Q_0$
×	0	×	×	×	0000 (异步清零)
↑	1	0	×	×	$D_3D_2D_1D_0$(同步置数)
↑	1	1	1	1	计数
×	1	1	0	×	保持
×	1	1	×	0	保持

例 7-3　用 74LS161 构成七进制计数器。

解:①用异步清零法。异步清零法是利用计数器的清零端$\overline{CR}$,使 M 进制计数器在顺序计数过程中跳越 $M—N$ 个状态($M>N$)提前清零,使计数器构成 N 进制计数器。

电路连接如图 7-38(a)所示。令$\overline{LD}=CT_P=CT_T=1$,因为 $N=7$,而且清零不需要 CP 配合,七进制计数器状态中的 0111 为暂时状态,不需等到 CP 到来,直接进入 0000 状态。当 74LS161 顺序计数到 0111 时,计数器应回到 0000 状态。所以将 74LS161 输出端 Q_2、Q_1、Q_0 通过与非门接至其复位端$\overline{CR}$提前清零,构成七进制计数器。

②用同步预置数法。同步预置数法与异步清零法原理基本相同,二者的主要区别在于:异步清零法是利用芯片的复位端$\overline{CR}$清零,而同步预置数法是利用芯片的预置数控制端$\overline{LD}$和预置数输入端 $D_3D_2D_1D_0$ 清零。

电路连接如图 7-38(b)所示。令预置数输入端 $D_3D_2D_1D_0=0000$(即预置数 0),以 0000 为初态进行计数,从 0～6 共有 7 种状态,6 对应的二进制代码为 0110,将输出端 Q_2Q_1 通过与非门接至 74LS161 的预置数控制端$\overline{LD}$,当$\overline{LD}=0$ 且 CP 脉冲上升沿到来时,计数器输出状态进行同步预置,使 $Q_3Q_2Q_1Q_0=D_3D_2D_1D_0=0000$,计数器随输入的 CP 脉冲进行计数。

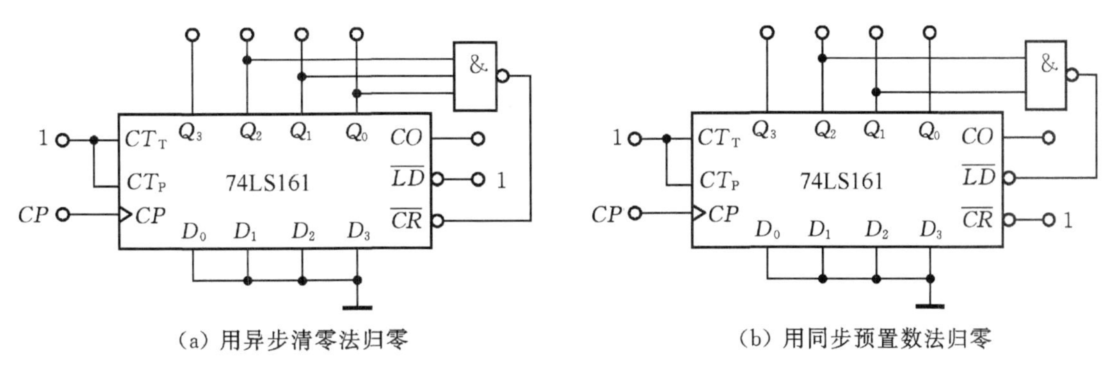

(a) 用异步清零法归零　　(b) 用同步预置数法归零

图 7-38　用 74LS161 构成七进制计数器

2. 集成异步二—五—十进制计数器 74LS290

74LS290 的引脚排列及逻辑功能示意图如图 7-39 所示。74LS290 各引脚的功能如下:$+V_{CC}$为电源端;GND 为接地端;CP_0、CP_1 为计数时钟输入端;R_{0A}、R_{0B}为置“0”端(直接清零端),高电平有效;S_{9A}、S_{9B}为直接置 9 端,高电平有效。$Q_3Q_2Q_1Q_0$ 为计数输出端;NC 表示空脚。

74LS290 的逻辑功能见表 7-28。由功能表可知,集成异步计数器 74LS290 的功能如下。

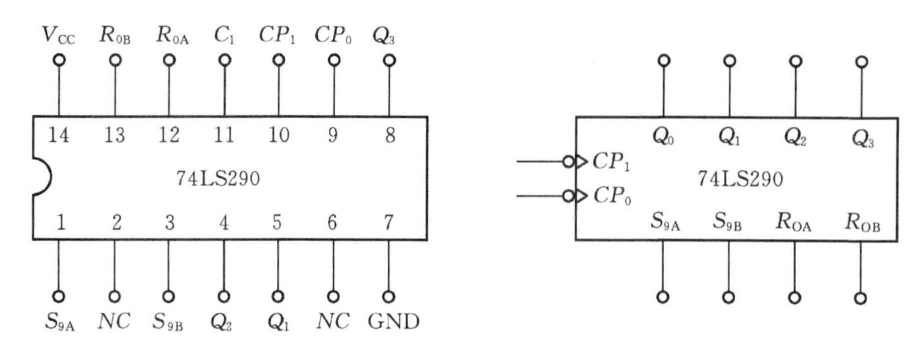

图 7-39　74LS290 的引脚排列及逻辑功能示意图

①异步清零：当清零端 R_{0A}、R_{0B} 均为高电平时，只要置 9 端 S_{9A}、S_{9B} 有一个为低电平，就可实现清零功能。

②异步置 9：当置 9 端 S_{9A}、S_{9B} 均为高电平时，不管其他输入端状态如何，就可实现置 9 功能。

③异步计数：当置 0 端 R_{0A}、R_{0B} 中有一个为低电平，同时置 9 端 S_{9A}、S_{9B} 中也有一个为低电平时，在时钟脉冲 CP_0、CP_1 下降沿作用下进行异步计数操作，其有 4 种基本工作方式。

(a)二进制计数：CP_1 接低电平，计数脉冲 CP 从 CP_0 端输入，Q_0 端输出。此时 74LS290 内部电路构成 1 位二进制计数器。

(b)五进制计数：CP_0 接低电平，计数脉冲 CP 从 CP_1 端输入，$Q_3Q_2Q_1$ 端输出。此时，74LS290 内部电路构成五进制计数器。

(c)8421 码十进制计数：计数脉冲从 CP_0 端输入，把 Q_0 端与 CP_1 端连接，先进行二进制计数，再进行五进制计数，计数结果从 $Q_3Q_2Q_1Q_0$ 端输出，此时 74LS290 内部电路构成 8421 码十进制计数器。

(d)5421 码十进制计数：计数脉冲由 CP_1 输入，把 Q_3 和 CP_0 相连，先进行五进制计数，再进行二进制计数，计数结果从 $Q_0Q_3Q_2Q_1$ 端输出，此时 74LS290 内部电路构成 5421 码十进制计数器。

表 7-28　74LS290 的逻辑功能表

输入						输出
R_{0A}	R_{0B}	S_{9A}	S_{9B}	CP_0	CP_1	$Q_3Q_2Q_1Q_0$
$R_{0A}\cdot R_{0B}=1$				×	×	$Q_3Q_2Q_1Q_0=000$(置 0)
$S_{9A}\cdot S_{9B}=0$				×	×	
$S_{9A}\cdot S_{9B}=1$				×	×	$Q_3Q_2Q_1Q_0$(置 9)
$S_{9A}\cdot S_{9B}=0$ $R_{0A}\cdot R_{0B}=0$				↓	0	二进制计数
				0	↓	五进制计数
				↓	Q_0	8421 码十进制计数
				Q_3	↓	5421 码十进制计数

74LS290 的应用电路。正常计数时 R_{0A}、R_{0B} 和 S_{9A}、S_{9B} 均接低电平。

①二进制计数。按图 7-40 所示电路接线，将 74LS290 接成二进制计数器，从 CP_0 端输

入单次脉冲，从 Q_0 端输出，实现二进制计数。

②五进制计数。按图 7－41 所示电路接线，将 74LS290 接成五进制计数器，从 CP_1 端输入单次脉冲，从 $Q_3Q_2Q_1$ 端输出，实现五进制计数。

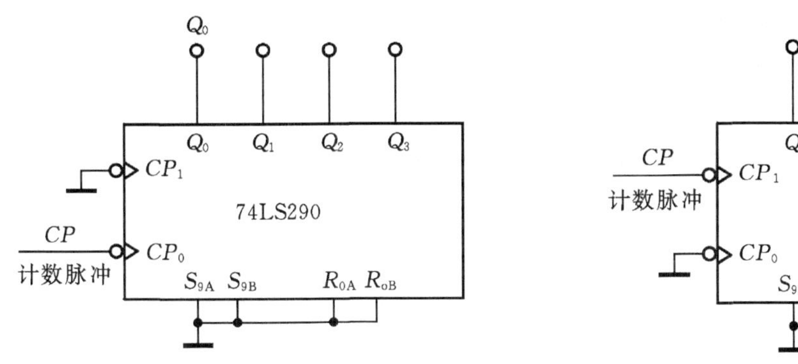

图 7－40　二进制计数器电路

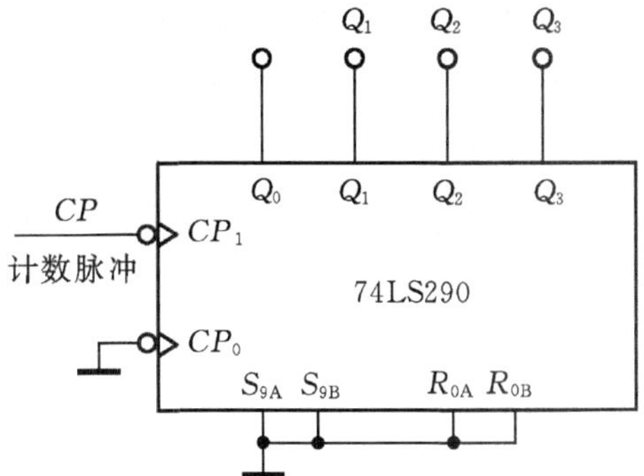

图 7－41　五进制计数器电路

③8421 码十进制计数。按图 7－42 所示电路接线，将 74LS290 接成十进制计数器，从 CP_0 端输入单次脉冲，从 $Q_3Q_2Q_1Q_0$ 端输出，实现 8421 码十进制计数。

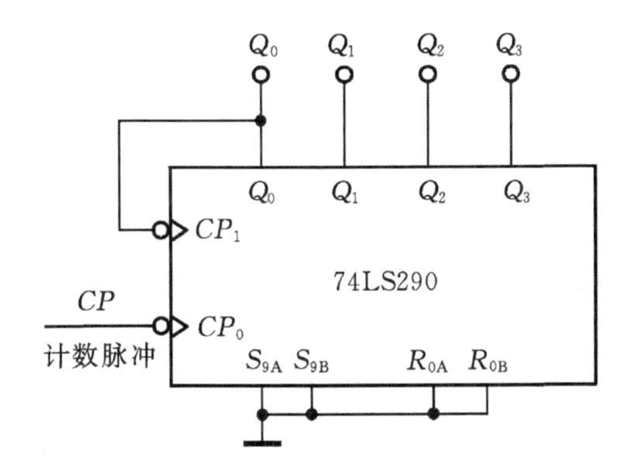

图 7－42　8421 码十进制计数器电路

④用两片 74LS290 按一定方式连接可构成 100 进制加法计数器，如图 7－43 所示。

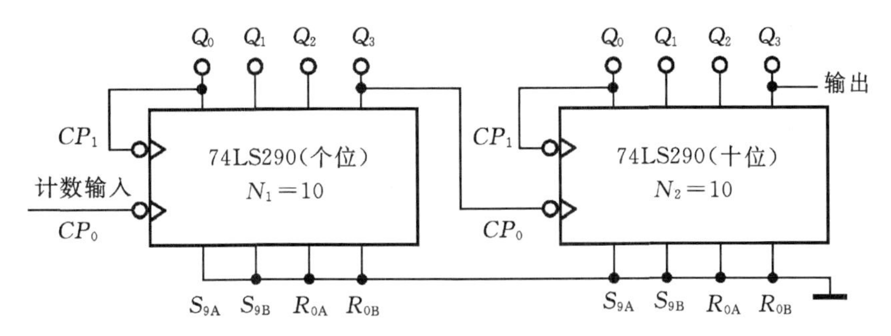

图 7－43　两片 74LS290 构成的 100 进制加法计数器

三、任务实施——计数器及其应用

1. 实训目的

①掌握中规模集成计数器的使用及功能测试方法；

②运用集成计数器构成 $1/N$ 分频器。

2. 实训器材

+5 V 直流电源、双踪示波器、连续脉冲源、单次脉冲源、逻辑电平开关、逻辑电平显示器、译码显示器、CC40192×3(74LS192)、CC4011(74LS00)、CC4012(74LS20)。

3. 实训原理

计数器是一个用以实现计数功能的时序部件，它不仅可用来计脉冲数，还常用作数字系统的定时、分频和执行数字运算以及其它特定的逻辑功能。

(1)中规模十进制计数器

CC40192 是同步十进制可逆计数器，具有双时钟输入，并具有清除和置数等功能，其引脚排列及逻辑符号如图 7－44 所示。

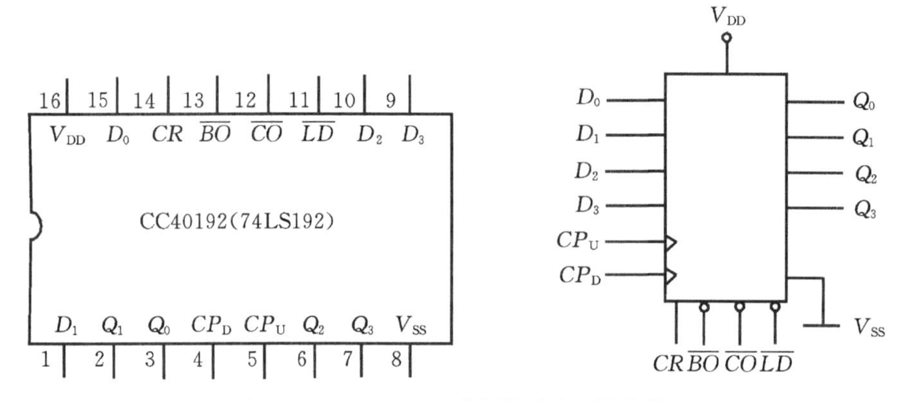

图 7－44　CC40192 引脚排列及逻辑符号

图中：$\overline{LD}$—置数端，CP_U—加计数端，CP_D—减计数端，$\overline{CO}$—非同步进位输出端，$\overline{BO}$—非同步借位输出端，D_0、D_1、D_2、D_3—计数器输入端，Q_0、Q_1、Q_2、Q_3—数据输出端，CR—清除端，CC40192(同 74LS192，二者可互换使用)的功能如表 7－29，说明如下：

表 7－29　CC40192 或 74LS192 的功能表

输入								输出			
CR	$\overline{LD}$	CP_U	CP_D	D_3	D_2	D_1	D_0	Q_3	Q_2	Q_1	Q_0
1	×	×	×	×	×	×	×	0	0	0	0
0	0	×	×	d	c	b	a	d	c	b	a
0	1	↑	1	×	×	×	×	加计数			
0	1	1	↑	×	×	×	×	减计数			

当清除端 CR 为高电平“1”时，计数器直接清零；CR 置低电平则执行其它功能。

当 CR 为低电平，置数端$\overline{LD}$也为低电平时，数据直接从置数端 D_0、D_1、D_2、D_3 置入计数器。

当 CR 为低电平，$\overline{LD}$为高电平时，执行计数功能。执行加计数时，减计数端 CP_D 接高电平，计数脉冲由 CP_U 输入；在计数脉冲上升沿进行 8421 码十进制加法计数。执行减计数时，加计数端 CP_U 接高电平，计数脉冲由减计数端 CP_D 输入，表 7－30 为 8421 码十进制加、减计数器的状态转换表。

表 7－30　8421 码十进制计数器的状态转换表

加法计数 →

输入脉冲数		0	1	2	3	4	5	6	7	8	9
输出	Q_3	0	0	0	0	0	0	0	0	1	1
	Q_2	0	0	0	0	1	1	1	1	0	0
	Q_1	0	0	1	1	0	0	1	1	0	0
	Q_0	0	1	0	1	0	1	0	1	0	1

← 减计数

(2)计数器的级联使用

一个十进制计数器只能表示 0～9 十个数，为了扩大计数器范围，常用多个十进制计数器级联使用。

同步计数器往往设有进位(或借位)输出端，故可选用其进位(或借位)输出信号驱动下一级计数器。

图 7－45 是由 CC40192 利用进位输出$\overline{CO}$控制高一位的 CP_U 端构成的加数级联图。

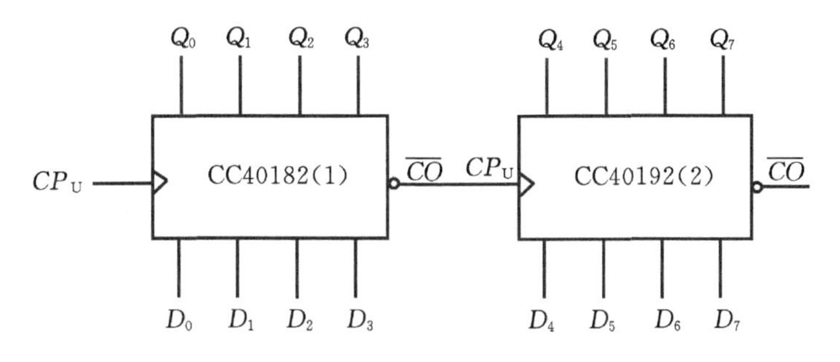

图 7－45　CC40192 级联电路

(3)实现任意进制计数

①用复位法获得任意进制计数器。假定已有 N 进制计数器，而需要得到一个 M 进制计数器时，只要 $M<N$，用复位法使计数器计数到 M 时置“0”，即获得 M 进制计数器。如图 7－46所示为一个由 CC40192 十进制计数器接成的 6 进制计数器。

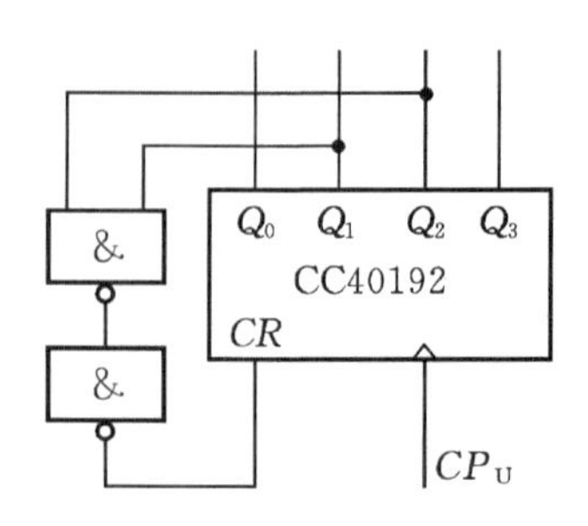

图 7-46　六进制计数器

②利用预置功能获 M 进制计数器。图 7-47 为用三个 CC40192 组成的 421 进制计数器。外加的由与非门构成的锁存器可以克服器件计数速度的离散性，保证在反馈置“0”信号作用下计数器可靠置“0”。

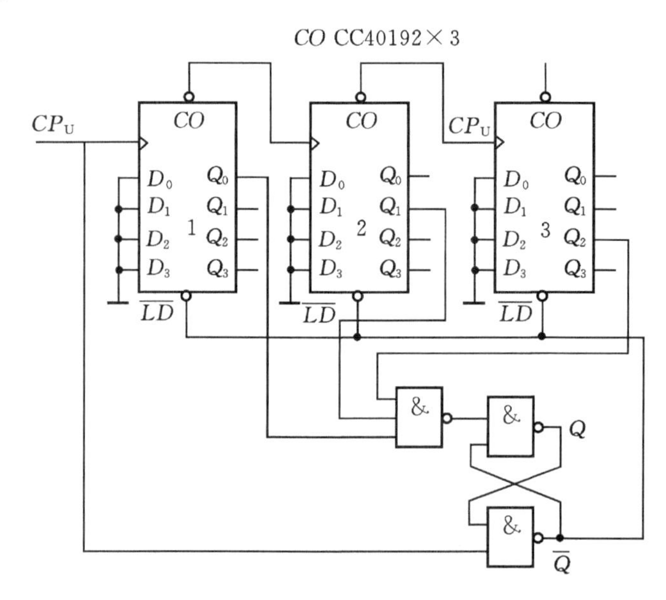

图 7-47　421 进制计数器

图 7-48 是一个特殊 12 进制的计数器电路方案。在数字钟里，对时位的计数序列是 1、2、…11，12、1、…是 12 进制的，且无 0 数。如图所示，当计数到 13 时，通过与非门产生一个复位信号，使 CC40192(2)〔时十位〕直接置成 0000，而 CC40192(1)，即时的个位直接置成 0001，从而实现了 1—12 计数。

4. 实训内容及步骤

①测试 CC40192 或 74LS192 同步十进制可逆计数器的逻辑功能。计数脉冲由单次脉冲源提供，清除端 CR、置数端$\overline{LD}$、数据输入端 D_3、D_2、D_1、D_0 分别接逻辑开关，输出端 Q_3、Q_2、Q_1、Q_0 接实训设备的一个译码显示输入相应插口 A、B、C、D；$\overline{CO}$和$\overline{BO}$接逻辑电平显示插口。按表 7-29 逐项测试并判断该集成块的功能是否正常。

(a)清除。令 $CR=1$，其它输入为任意态，这时 $Q_3Q_2Q_1Q_0=0000$，译码数字显示为 0。清除功能完成后，置 $CR=0$。

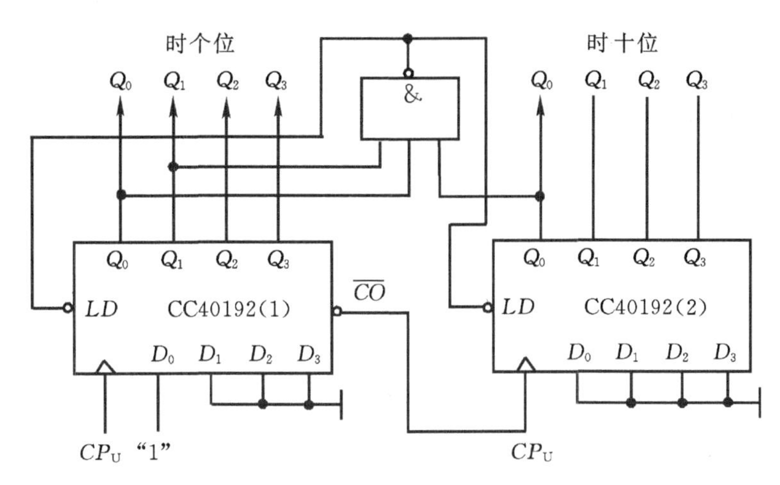

图 7-48　特殊 12 进制计数器

(b)置数。$CR=0$,CP_U,CP_D 任意,数据输入端输入任意一组二进制数,令$\overline{LD}=0$,观察计数译码显示输出,予置功能是否完成,此后置$\overline{LD}=1$。

(c)加计数。$CR=0$,$\overline{LD}=CP_D=1$,CP_U 接单次脉冲源。清零后送入 10 个单次脉冲,观察译码数字显示是否按 8421 码十进制状态转换表进行;输出状态变化是否发生在 CP_U 的上升沿。

(d)减计数。$CR=0$,$\overline{LD}=CP_U=1$,CP_D 接单次脉冲源。参照(c)进行实训。

②图 7-45 所示,用两片 CC40192 组成两位十进制加法计数器,输入 1 Hz 连续计数脉冲,进行由 00—99 累加计数,记录之。

③将两位十进制加法计数器改为两位十进制减法计数器,实现由 99—00 递减计数,记录之。

④按图 7-46 电路进行实训,记录之。

⑤按图 7-47,或图 7-48 进行实训,记录之。

⑥设计一个数字钟移位 60 进制计数器并进行实训。

5. 实训报告

①画出实训线路图,记录、整理实训现象及实训所得的有关波形。对实训结果进行分析。

②总结使用集成计数器的体会。

任务四　555 定时器的功能测试及应用

一、任务导入

555 定时器是一种将模拟功能与逻辑功能巧妙地结合在一起的中规模集成电路,电路功能灵活,应用范围广,只要外接少量元件,就可以构成多谐振荡器、单稳态触发器或施密特触发器等电路,因而在定时、检测、控制、报警等方面都有广泛的应用。

二、相关知识

(一)555定时器的结构和原理

1. 555定时器的结构

555定时器的内部结构和引脚排列如图7-49所示。555定时器由3个5 kΩ电阻、两个电压比较器A_1和A_2、一个基本RS触发器、一个放电三极管开关(或放电管)VT和输出缓冲器$G3$组成。该芯片采用双列直插式封装,有8个引脚,各引脚名称及功能如下:

①1脚GND为接地端。

②8脚V_{CC}为正电源端。TTL的电源电压为4.5～16 V,CMOS的电源电压为3～18 V。

③3脚u_o为输出端。TTL的输出电流可达200 mA,可直接驱动直流继电器、扬声器、发光二极管等。CMOS的输出电流在4 mA以下。

④4脚$\overline{R}$为直接复位端。$\overline{R}=0$时,555定时器输出低电平(基本RS触发器置“0”)。正常工作时该脚应接高电平。

⑤5脚CO为电压控制端。外接控制电压时,可以改变比较器A_1、A_2的参考电压。不用时经0.01 μF的电容接地,以防止干扰电压引入。

⑥7脚D为放电端。当输出端为“0”($\overline{Q}=1$)时,放电三极管VT导通(7端与接地端相连),外接电容器通过VT放电。当输出端为“1”时,7端与接地端之间断路。

⑦2脚$\overline{TR}$为置位控制端,也称低电平触发端。当2脚的输入电压低于1/3 V_{CC}时触发有效,使基本RS触发器置“1”,即3脚输出高电平。

⑧6脚TH为复位控制端,也称高电平触发端。当输入电压高于2/3 V_{CC}时触发有效,使基本RS触发器置“0”,即3脚输出低电平。

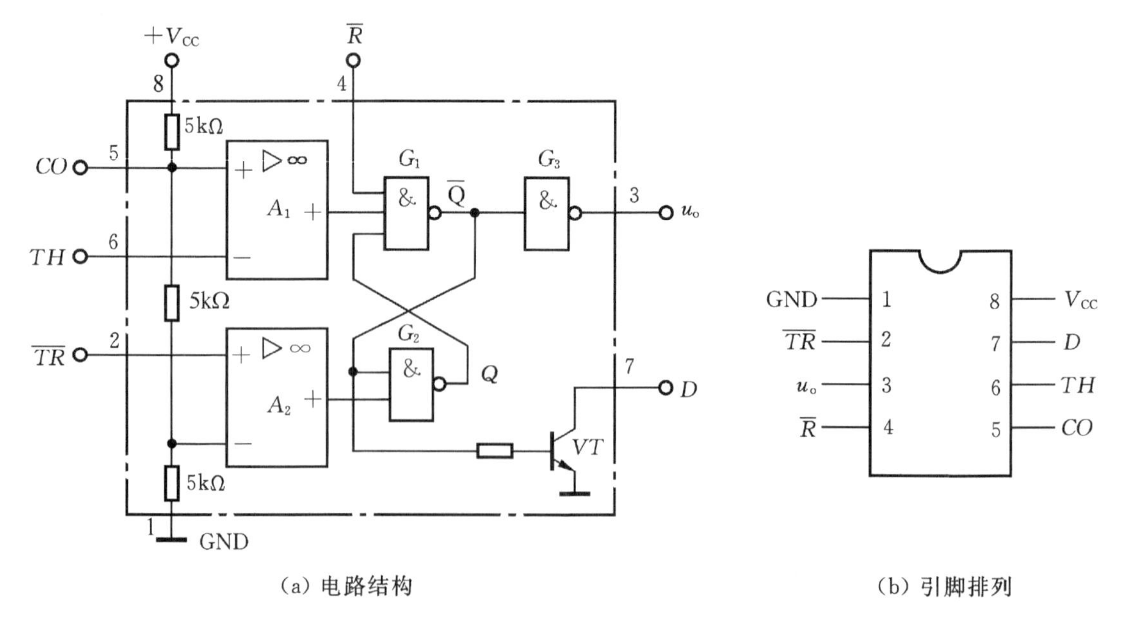

(a) 电路结构　　(b) 引脚排列

图7-49　555定时器电路结构及引脚排列

2. 555 定时器的工作原理

555 定时器由 3 个相等的 5 kΩ 电阻组成分压器，给两个电压比较器提供基准电压。A_1 的基准电压为 $\frac{2}{3}V_{CC}$，接到同相输入端（$U_{T+}=\frac{2}{3}V_{CC}$）；A_2 是基准电压为 $\frac{1}{3}V_{CC}$，接到反相输入端（$U_{T-}=\frac{1}{3}V_{CC}$）。当输入电压分别加至复位端 TH（高触发端）和置位端 $\overline{TR}$（低触发端）时，它们将分别与电压比较器另外一个输入电压比较决定 A_1、A_2 的输出，从而决定 RS 触发器及放电管 VT 的工作状态。表 7-31 是定时器 555 的功能表。

功能表说明如下：

①第一行为直接复位操作。$\overline{R}$(4)端加低电平直接复位信号，定时器复位，$u_o(3)=Q=0$，$\overline{Q}=1$，放电管饱和导通。

②第二行为复位操作。$\overline{R}(4)=1$ 时，复位控制端 $TH>2/3V_{CC}$ 触发有效，置位控制端 $\overline{TR}>1/3V_{CC}$ 触发无效，RS 触发器置 0，定时器复位，$u_o(3)=Q=0$，$\overline{Q}=1$。

③第三行为置位操作。$\overline{R}(4)=1$ 时，复位控制端 $TH<2/3V_{CC}$ 触发无效，置位控制端 $\overline{TR}<1/3V_{CC}$ 触发有效，RS 触发器置 1，定时器置位，$u_o(3)=Q=1$，$\overline{Q}=0$。

④第四行为保持状态。$\overline{R}(4)=1$ 时，复位控制端 $TH(6)<2/3V_{CC}$ 触发无效，置位控制端 $\overline{TR}(2)>1/3V_{CC}$ 触发无效，RS 触发器状态不变，定时器保持原状态。

分析 555 定时器的逻辑功能时，应重点关注引脚 2(低电平触发端)和引脚 6(高电平触发端)。

表 7-31　555 定时器的功能表

高触发端 TH(6)	低触发端 $\overline{TR}$(2)	清零端(复位端)$\overline{R}$(4)	输出 u_o(3)	放电管 VT(7)
×	×	0	0	导通
$>2/3\ V_{CC}$	$>1/3\ V_{CC}$	1	0	导通
$<2/3\ V_{CC}$	$<1/3\ V_{CC}$	1	1	截止
$<2/3\ V_{CC}$	$>1/3\ V_{CC}$	1	不变	不变

（二）555 定时器的应用

1. 单稳态触发器

单稳态触发器具有两个输出状态，一个稳态和一个暂稳态。在外加触发脉冲的作用下，它从稳态进入暂稳态，经过一段时间后，电路又自动返回到稳定状态，暂稳态的维持时间仅取决于电路本身的定时元器件参数，与触发脉冲无关。

(1)单稳态触发器的电路组成

用 555 定时器构成的单稳态触发器电路如图 7-50(a)所示。将 555 定时器的置位端(2 号引脚)作为电路触发输入端，复位端(6 号引脚)与放电端(7 号引脚)相连后再与定时元件 R、C 连接，用电容器上的电压 u_C 控制复位端。控制电压端不用时，可外接 0.01 μF 电容后接地。

(2)单稳态触发器的工作原理

单稳态触发器的工作波形如图 7-50(b)所示。u_i 为输入触发信号，下降沿有效。输出低电平是该电路的稳定状态。

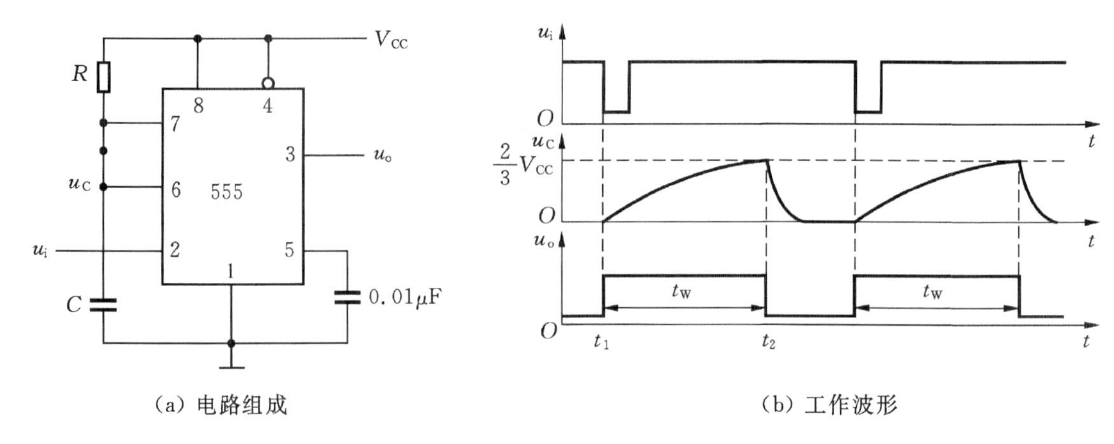

(a) 电路组成　　(b) 工作波形

图 7-50　单稳态触发器的电路组成和工作波形

①接通电源后瞬间，电路有一个稳定的过程，输出低电平时，电路进入稳定状态。此时基本 RS 触发器置 0，放电管 VT 导通，电容 C 两端的电压 $u_C=0$ V，输出电压 u_O 为低电平。

②当 u_i 触发信号(下降沿有效)到来后，置位控制端$\overline{TR}<1/3V_{CC}$，基本 RS 触发器置 1，放电管截止，输出 u_O 变为高电平，电路进入暂稳态。暂稳态期间，放电管 VT 截止，V_{CC}通过电阻 R 对电容C 充电，u_C 上升；当 $TH>2/3V_{CC}$时，基本 RS 触发器翻转为 0，输出电压 u_O 跳变为低电平，同时放电管 VT 导通。电容通过放电管迅速放电，电路恢复到稳态。

当下一个触发脉冲到来后，重复上述过程。工作波形如图 7-50(b)所示。

电路暂稳态持续的时间(计时时间或输出脉冲宽度)为 $t_W=1.1RC$。

单稳态触发器电路要求：触发脉冲宽度要小于 t_W；等电路恢复后方可再次触发。

(3)单稳态触发器的用途

①定时。改变外接元件 R、C 的值，输出脉冲宽度可在数微秒到数十秒范围内变化，实现定时作用。

②整形。外接元件 R、C 的值一定时，输出脉冲的幅度和宽度是一定的。将不规则的脉冲信号作为触发信号，加到单稳态触发器的输入端，合理选择定时元件，可以把过窄或过宽的脉冲信号整定为固定宽度的标准脉冲信号，也可以输入窄的负脉冲触发信号，得到较宽的正脉冲信号，以实现对脉冲的整形，如图 7-51 所示。

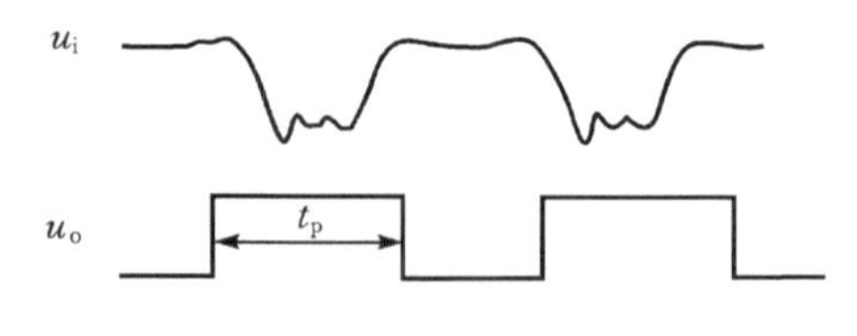

图 7-51　脉冲信号的整形

③延时。如图 7-52 所示，单稳态触发器输出信号 u_O 的矩形脉冲比输入触发信号 u_i的下降沿延迟了一段时间，这是延时作用。

(4)单稳态触发器的应用实例

用一片 555 定时器接成单稳态触发器构成的触摸定时控制开关电路如图 7-53 所示。不触摸金属片时，P 端无感应电压(无触发负脉冲)输入，第 3 脚输出低电平，继电器 KS 释放，电

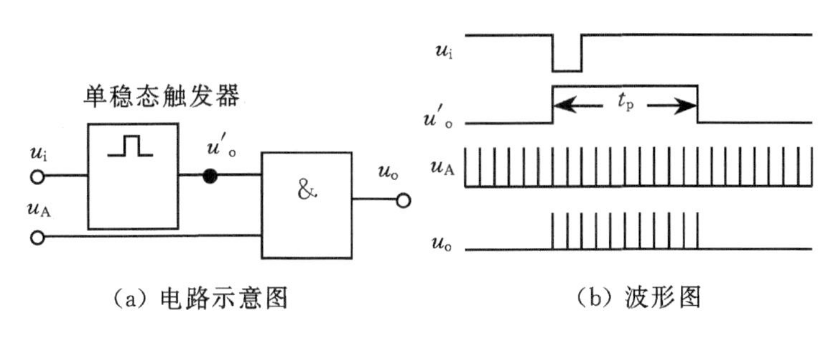

图 7-52　脉冲信号的延时

灯不亮。此时与 555 定时器第 7 脚相连的放电管 VT 导通，电容 C_1 通过 7 脚放电完毕。

当需要开灯时，用手触碰一下金属片 P，人体感应的杂波信号电压相当于在 P 端(引脚 2)加入一个负触发脉冲，由 C_2 加至 555 定时器的低触发端，使 555 定时器的输出由低变成高电平，继电器 KS 吸合，电灯点亮。同时，与 555 定时器第 7 脚相连的放电管截止，电源便通过 R_1 给 C_1 充电，这就是定时的开始。

经过一段时间后，当电容 $C1$ 上电压上升至电源电压的 2/3 时，第 3 脚输出由高电平变回到低电平，C_1 通过与 555 定时器第 7 脚相连的放电管放电，继电器释放，电灯熄灭，定时结束。

该触摸开关可用于夜间定时照明，定时长短由 R_1、C_1 决定：$t_1=1.1R_1C_1$。按图 7-53 中所标数值，定时时间约为 4 min。VD_1 可选用 1N4148 或 1N4001。

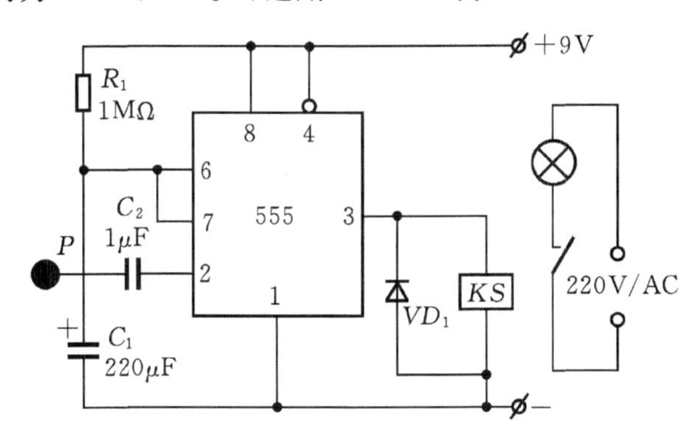

图 7-53　触摸定时控制开关电路

2. 无稳态触发器

不需外加输入信号就能产生矩形脉冲的自激振荡电路，称为脉冲信号发生器。该电路具有两个暂稳态，能自动地在这两个暂稳态之间连续切换，产生一定幅值、一定频率和一定脉宽的矩形脉冲信号。由于矩形脉冲含有多种谐波成分，无稳态触发器又称为多谐振荡器。

(1)无稳态触发器的电路组成和工作原理

用 555 定时器构成的无稳态触发器电路组成和工作波形如图 7-54 所示。电路的结构特点是：复位控制端 6 与置位控制端 2 相连并接到定时电容上，R_1、R_2 的接点与放电端 7 相连，控制端 CO(5)不用，外接 $0.01\mu F$ 的电容后接地。

接通电源瞬间，$u_C=0$，复位控制端的电压 $TH<1/3V_{CC}$，置位控制端的电压$\overline{TR}<1/3V_{CC}$，定时器置位，输出电压 u_O 为高电平即 $Q=1$，$\overline{Q}=0$，放电管 VT 截止。

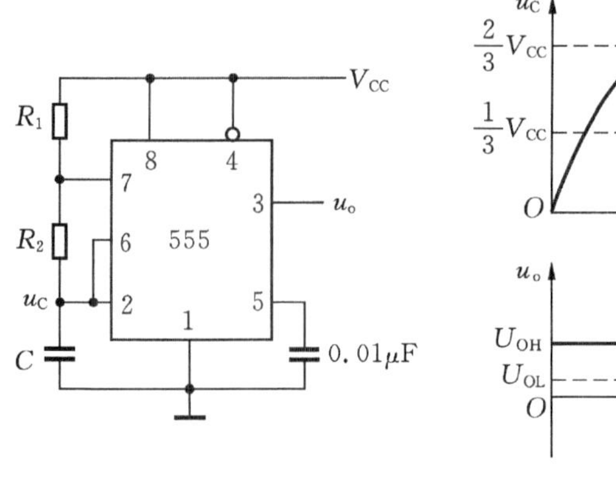

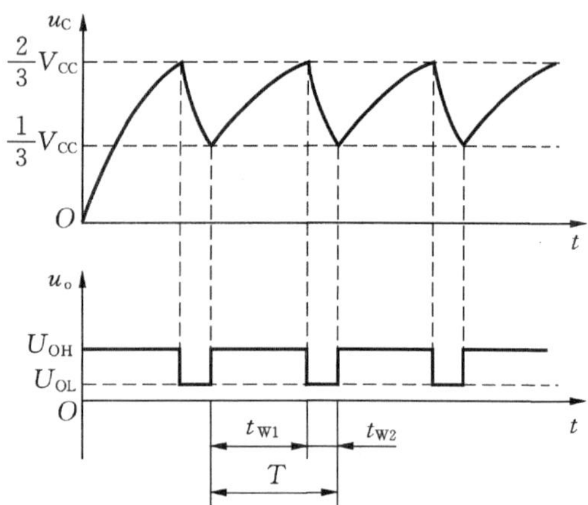

图 7－54　无稳态触发器

接着电源 V_{CC}经 R_1、R_2 对电容 C 充电，u_C 按指数规律上升。当 u_C 上升到 $2/3V_{CC}$时，输出电压 u_O 跳变为低电平即 $Q=0$，$\overline{Q}=1$，同时放电管 VT 导通。随即电容器 C 经过电阻 $R2$ 和放电管 VT 放电，u_C 下降。

当 u_C 下降到 $1/3V_{CC}$时，输出电压 u_O 又挑变为高电平(回到开始时的状态)，同时放电管截止。C 停止放电又重新充电，u_C 又按指数规律上升。如此反复，形成振荡可得到连续的矩形波形如图 7－54 所示。

由以上分析可知，电路靠电容 C 充电来维持第一暂稳态(u_C 从 $1/3V_{CC}$上升到 $2/3V_{CC}$这段时间)，电路靠电容 C 放电来维持第二暂稳态(u_C 从 $2/3V_{CC}$下降到 $1/3V_{CC}$这段时间)。电路进入稳定振荡后，u_C 总是在 $1/3V_{CC}\sim2/3V_{CC}$之间变化。设充电时的脉冲宽度为 t_{W1}，放电时的脉冲宽度为 t_{W2}，经推导可知

充电时间 $t_{W1}=0.7(R_1+R_2)C$

放电时间 $t_{W2}=0.7R_2C$

振荡周期 $T=t_{W1}+t_{W2}=0.7(R_1+2R_2)C$

占空比 $q=\dfrac{t_{W1}}{T}=\dfrac{R_1+R_2}{R_1+2R_2}$

若取 $R_2\gg R_1$，电路即可输出占空比为 50％的方波。

(2)无稳态触发器的应用实例

液位监控报警电路(可用开关 S 控制电源的通、断)如图 7－55 所示。液位正常情况下，探测电极浸入要控制的液体中，电容 C 被短路，不能充放电，扬声器不发声；当液位下降到探测电极以下时，探测电极开路，无稳态触发器开始工作，扬声器发出报警声，提示液位已过低。

3. 施密特触发器

施密特触发器是一种电平触发的特殊双稳态电路，它能把输入波形整形为标准的矩形脉冲。它有两个阈值电压，即上限阈值电压和下限阈值电压。当输入电压大于上限阈值电压时，输出为低电平；当输入电压低于下限阈值电压时，输出为高电平。上述两个阀值电压之差称为回差电压。由于施密特触发器具有回差特性，故它的抗干扰能力强，广泛用于脉冲波形的变换、不规则变化信号的整形、电压比较以及脉冲幅度鉴别等场合。

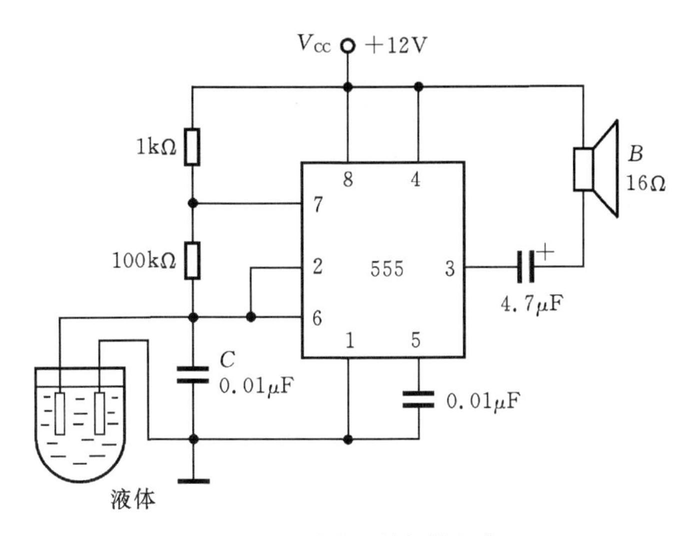

图 7-55　液位监控报警电路

(1)施密特触发器的的电路组成和电压传输特性

由 555 定时器构成的施密特触发器电路和工作波形如图 7-56 所示，将复位控制端 6 与置位控制端 2 连在一起作为信号输入端，3 为输出端，就可构成施密特触发器。图 7-56(b)显示了当输入信号 u_i 为三角波时输出电压 u_O 的波形。

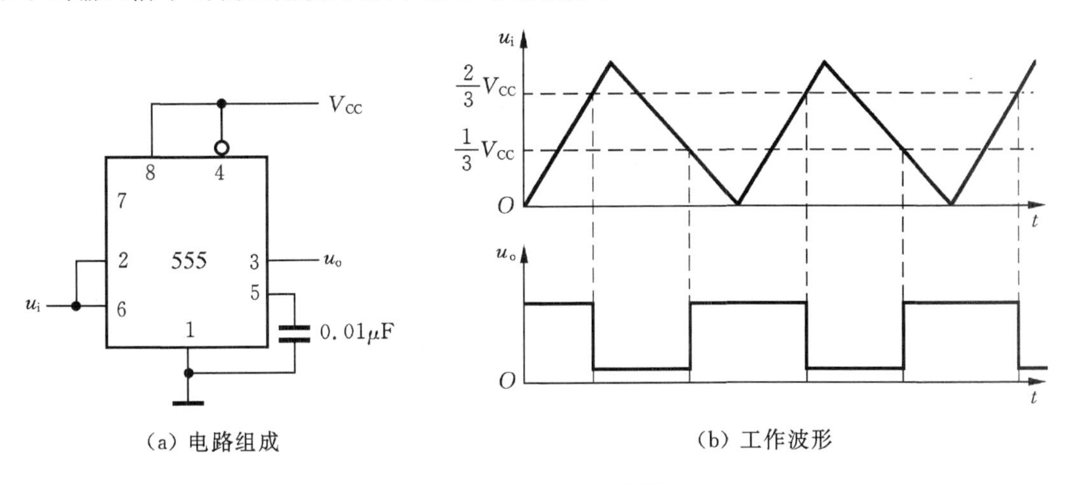

(a) 电路组成　　　(b) 工作波形

图 7-56 施密特触发器

施密特触发器的电路符号及电压传输特性如图 7-57 所示。从图 7-57 中可以看出，所谓的回差特性，就是当输入电压从小到大变化的开始阶段，输出电压为高电平“1”，当输入电压增大至基准电压 U_{T+} 时，输出电压由“1”跳变到低电平“0”并保持；当输入电压从大到小变化时，初始阶段对应的输出电压为低电平“0”，当输入电压减小至 U_{T-} 时，输出电压由“0”跳变到高电平“1”并保持。

(2)施密特触发器的工作原理

由图 7-57(b)可知，当输入电压 $u_i=0$ 时，因复位控制端与置位控制端相连，则 $TH=\overline{TR}<1/3V_{CC}$，定时器置位，输出 u_O 为高电平。u_i 升高时，未达到 $2/3V_{CC}$以前，输出电压不变。

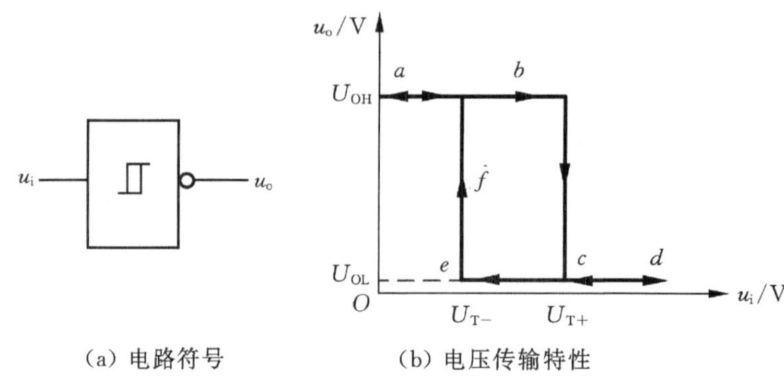

(a) 电路符号　　(b) 电压传输特性

图 7-57　施密特触发器的电路符号及电压传输特性

当输入电压 $u_i > 2/3V_{CC}$ 时，$TH = \overline{TR} > 2/3V_{CC}$，定时器复位，输出 u_O 从高电平翻转为低电平。当 u_i 下降到 $1/3V_{CC}$ 时，u_O 又从低电平翻转为高电平。此后，u_i 继续下降到 0，但输出电压保持不变。

①当控制电压 CO 端(5 脚)不用，通过外接 0.01 μF 的电容接地时，该电路的正、负向阀值电压分别为 $U_{T+} = 2/3V_{CC}$、$U_{T-} = 1/3V_{CC}$。

回差电压 $\Delta U = U_{T+} - U_{T-} = 2/3V_{CC} - 1/3V_{CC} = 1/3V_{CC}$

②当控制电压 CO 端(5 脚)外接控制电压 U_{CO} 时，该电路的正、负向阀值电压分别为 $U_{T+} = U_{CO}$、$U_{T-} = 1/2U_{CO}$。

回差电压 $\Delta U = U_{T+} - U_{T-} = U_{CO} - 1/2U_{CO} = 1/2U_{CO}$

施密特触发器的显著特点：一是输出电压随输入电压变化的曲线不是单值的，具有回差特性；二是电路状态转换时，输出电压具有陡峭的跳变沿。利用施密特触发器的上述两个特点，可对电路中的输入电信号进行波形整形、波形变换、幅度鉴别及脉冲展宽等。

(3)施密特触发器的应用实例

在 555 集成电路的输出端与直流电源之间和输出端与地之间分别接入一个电阻和一个发光二极管，并将 2 脚和 6 脚连在一起作为检测探头，就构成了 TTL 逻辑电压检测器，如图 7-58所示。当检测点为低电平时，输出端 3 脚输出高电平，绿色发光管亮；当检测点为高电平时，输出端 3 脚输出低电平，红色发光管亮。

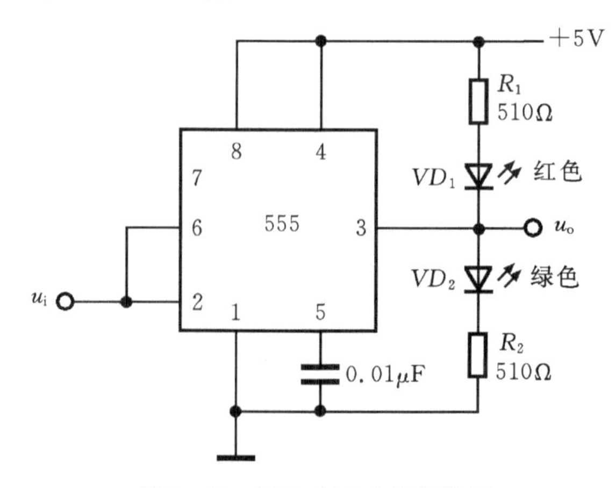

图 7-58　TTL 逻辑电压检测器

(4)施密特触发器的用途

①波形变换。如图 7－59 所示为施密特触发器的波形变换电路的输入、输出波形。施密特可以把边沿变化缓慢的周期性信号变换成矩形波。

②整形。图 7－60 为施密特触发器用于整形电路的输入、输出波形。它把不规则的输入波形整形为矩形波。

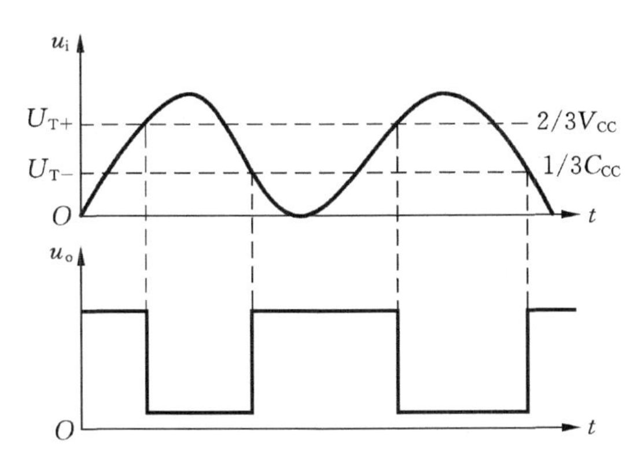

图 7－59　波形变换电路的输入、输出波形

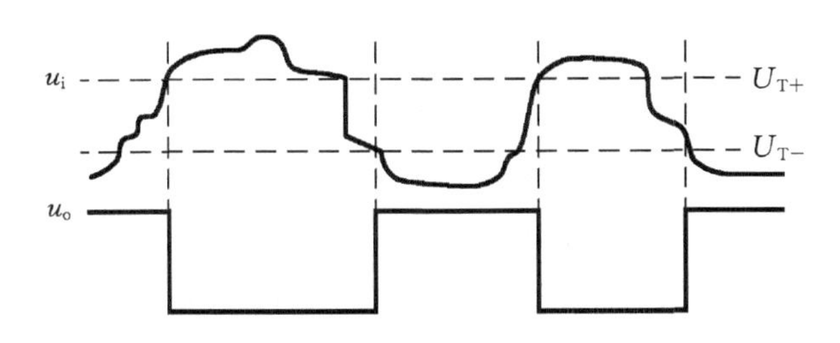

图 7－60　整形电路的输入、输出波形

③幅度鉴别。图 7－61 为施密特触发器用于幅度鉴别的输入、输出波形。施密特触发器能将幅度达到 U_{T+} 的输入信号鉴别出来,即可以从输出端是否出现负脉冲来判断输入信号幅度是否超过一定值。

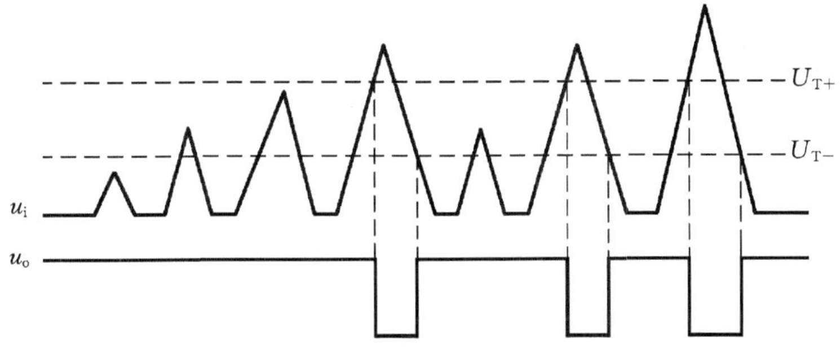

图 7－61　幅度鉴别的输入、输出波形

三、任务实施——555 定时器及其应用

1. 实训目的

①熟悉 555 型集成时基电路结构、工作原理及其特点；

②掌握 555 型集成时基电路的基本应用。

2. 实训器材

+5 V 直流电源、双踪示波器、连续脉冲源 4、单次脉冲源、音频信号源、数字频率计、逻辑电平显示器、555×2、2CK13×2、电位器、电阻、电容若干。

3. 实训原理

集成时基电路又称为集成定时器或 555 电路，是一种数字、模拟混合型的中规模集成电路，应用十分广泛。它是一种产生时间延迟和多种脉冲信号的电路，由于内部电压标准使用了三个 5 K 电阻，故取名 555 电路。其电路类型有双极型和 CMOS 型两大类，二者的结构与工作原理类似。几乎所有的双极型产品型号最后的三位数码都是 555 或 556；所有的 CMOS 产品型号最后四位数码都是 7555 或 7556，二者的逻辑功能和引脚排列完全相同，易于互换。555 和 7555 是单定时器。556 和 7556 是双定时器。双极型的电源电压 $V_{CC}=+5$ V～+15 V，输出的最大电流可达 200 mA，CMOS 型的电源电压为+3 V～+18 V。

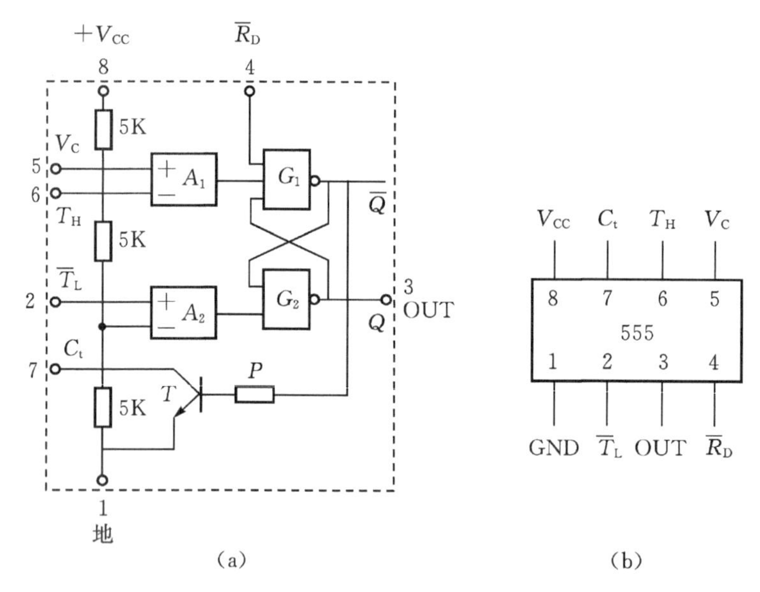

图 7-62　555 定时器内部框图及引脚排列

555 电路的内部电路方框图如图 7-62 所示。555 定时器主要是与电阻、电容构成充放电电路，并由两个比较器来检测电容器上的电压，以确定输出电平的高低和放电开关管的通断。这就很方便地构成从微秒到数十分钟的延时电路，可方便地构成单稳态触发器，多谐振荡器，施密特触发器等脉冲产生或波形变换电路。

(1)构成单稳态触发器

图 7-63(a)为由 555 定时器和外接定时元件 R、C 构成的单稳态触发器。触发电路由

C_1、R_1、D 构成，其中 D 为钳位二极管，稳态时 555 电路输入端处于电源电平，内部放电开关管 T 导通，输出端 F 输出低电平，当有一个外部负脉冲触发信号经 C_1 加到 2 端。并使 2 端电位瞬时低于 $\frac{1}{3}V_{CC}$，低电平比较器动作，单稳态电路即开始一个暂态过程，电容 C 开始充电，V_C 按指数规律增长。当 V_C 充电到 $\frac{2}{3}V_{CC}$ 时，高电平比较器动作，比较器 A_1 翻转，输出 V_O 从高电平返回低电平，放电开关管 T 重新导通，电容 C 上的电荷很快经放电开关管放电，暂态结束，恢复稳态，为下个触发脉冲的来到作好准备。波形图如图 7－63(b)所示。

暂稳态的持续时间 t_w(即为延时时间)决定于外接元件 R、C 值的大小。

$$t_w = 1.1RC$$

通过改变 R、C 的大小，可使延时时间在几个微秒到几十分钟之间变化。当这种单稳态电路作为计时器时，可直接驱动小型继电器，并可以使用复位端(4 脚)接地的方法来中止暂态，重新计时。此外尚须用一个续流二极管与继电器线圈并接，以防继电器线圈反电势损坏内部功率管。

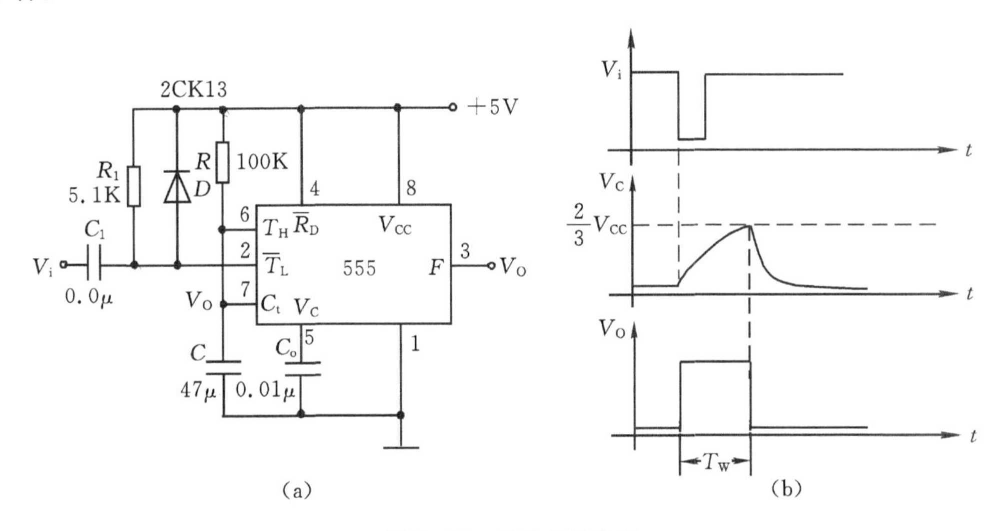

图 7－63 单稳态触发器

(2)构成多谐振荡器

如图 7－64(a)，由 555 定时器和外接元件 R_1、R_2、C 构成多谐振荡器，脚 2 与脚 6 直接相连。电路没有稳态，仅存在两个暂稳态，电路亦不需要外加触发信号，利用电源通过 R_1、R_2 向 C 充电，以及 C 通过 R_2 向放电端 C_t 放电，使电路产生振荡。电容 C 在 $\frac{1}{3}V_{CC}$ 和 $\frac{2}{3}V_{CC}$ 之间充电和放电，其波形如图 7－64(b)所示。输出信号的时间参数是

$$T = t_{w1} + t_{w2}, t_{w1} = 0.7(R_1 + R_2)C, t_{w2} = 0.7R_2C$$

555 电路要求 R_1 与 R_2 均应大于或等于 1 kΩ，但 $R_1 + R_2$ 应小于或等于 3.3 MΩ。

外部元件的稳定性决定了多谐振荡器的稳定性，555 定时器配以少量的元件即可获得较高精度的振荡频率和具有较强的功率输出能力。因此这种形式的多谐振荡器应用很广。

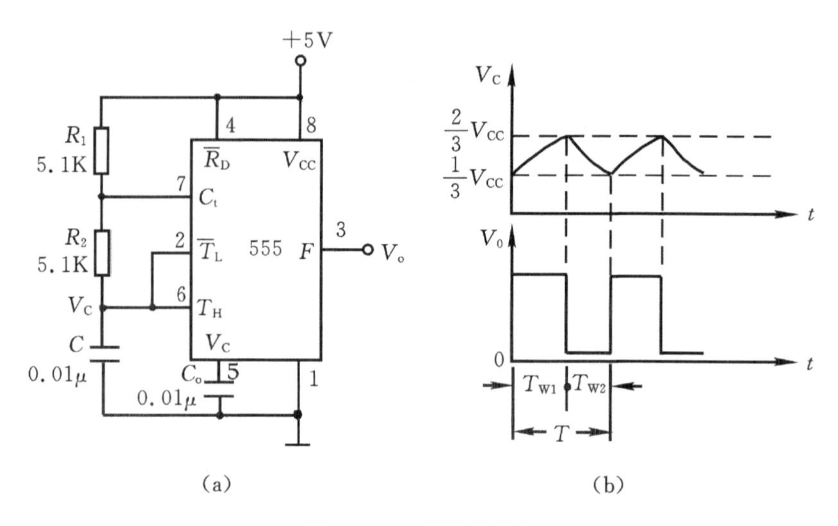

图 7-64　多谐振荡器

(3)组成占空比可调的多谐振荡器

电路如图 7-65,它比图 7-64 所示电路增加了一个电位器和两个导引二极管。D_1、D_2用来决定电容充、放电电流流经电阻的途径(充电时 D_1 导通,D_2 截止;放电时 D_2 导通,D_1 截止)。

占空比　$P=\frac{t_{w1}}{t_{w1}+t_{w2}}\approx\frac{0.7R_AC}{0.7C(R_A+R_B)}=\frac{R_A}{R_A+R_B}$

可见,若取 $R_A=R_B$ 电路即可输出占空比为 50%的方波信号。

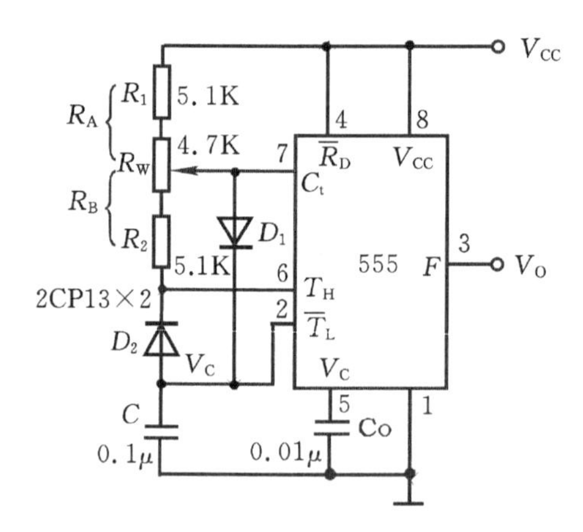

图 7-65　占空比可调的多谐振荡器

(4)组成占空比连续可调并能调节振荡频率的多谐振荡器

电路如图 7-66 所示。对 C_1 充电时,充电电流通过 R_1、D_1、R_{W2}和 R_{W1};放电时通过 R_{W1}、R_{W2}、D_2、R_2。当 $R_1=R_2$、R_{W2}调至中心点,因充放电时间基本相等,其占空比约为 50%,此时调节 R_{W1}仅改变频率,占空比不变。如 R_{W2}调至偏离中心点,再调节 R_{W1},不仅振荡频率改变,而且对占空比也有影响。R_{W1}不变,调节 R_{W2},仅改变占空比,对频率无影响。因此,当接通电源后,应首先调节 R_{W1}使频率至规定值,再调节 R_{W2},以获得需要的占空比。若频率调节的范围比较大,还可以用波段开关改变 C_1的值。

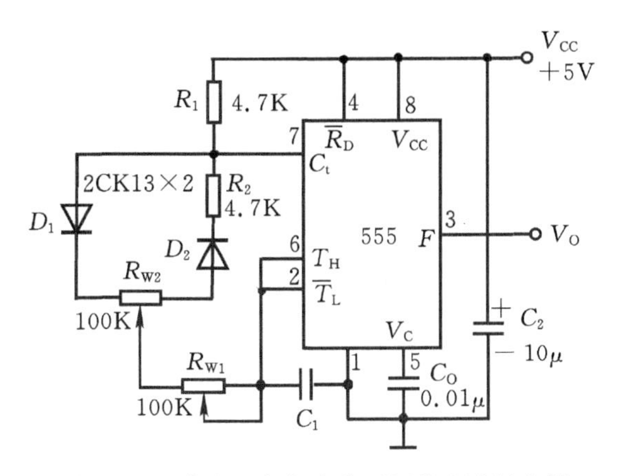

图 7－66　占空比与频率均可调的多谐振荡器

(5)组成施密特触发器

电路如图 7－67，只要将脚 2、6 连在一起作为信号输入端，即得到施密特触发器。图 7－68是 V_S，V_i 和 V_O 的波形图。

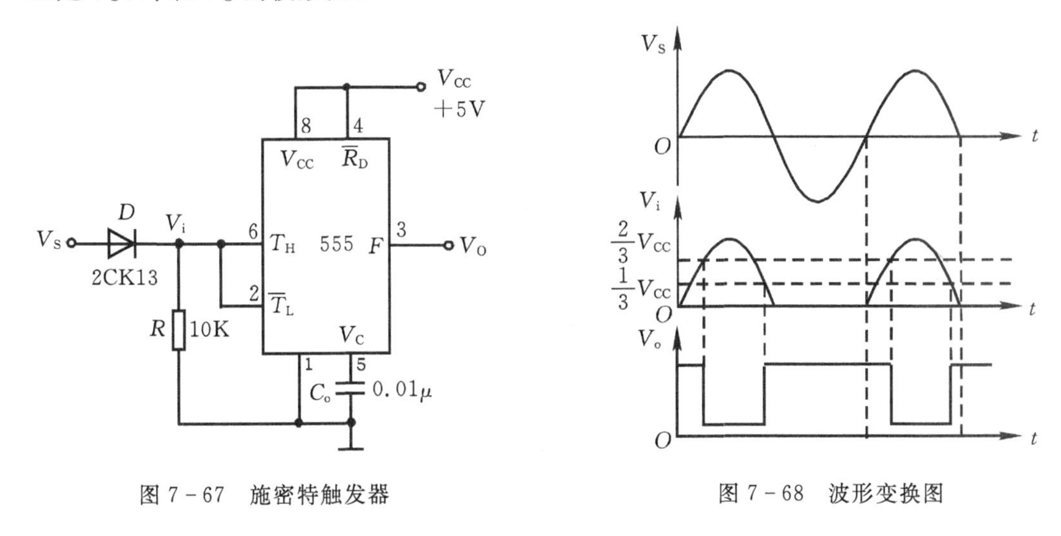

图 7－67　施密特触发器

图 7－68　波形变换图

设被整形变换的电压为正弦波 V_s，其正半波通过二极管 D 同时加到 555 定时器的 2 脚和 6 脚，得 V_i 为半波整流波形。当 V_i 上升到 $\frac{2}{3}V_{CC}$时，V_O 从高电平翻转为低电平；当 V_i 下降到 $\frac{1}{3}V_{CC}$时，V_O 又从低电平翻转为高电平。电路的电压传输特性曲线如图 7－69 所示。

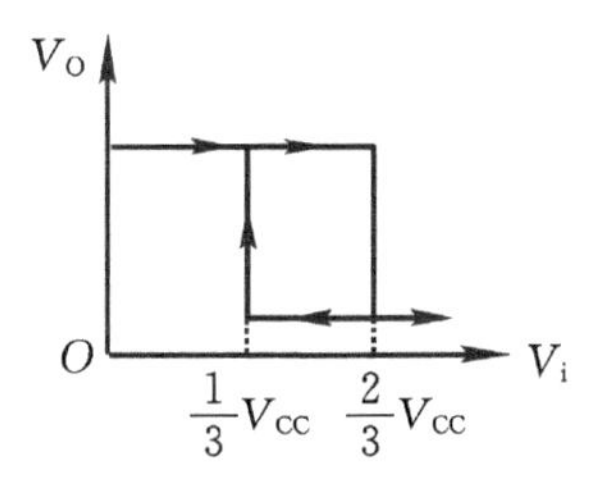

图 7－69　电压传输特性

回差电压　$\Delta V=\frac{2}{3}V_{CC}-\frac{1}{3}V_{CC}=\frac{1}{3}V_{CC}$

4. 实训内容及步骤

(1)单稳态触发器

①按图7-63连线，取$R=100$ K，$C=47$ μf，输入信号v_i由单次脉冲源提供，用双踪示波器观测V_i，V_C，V_O波形。测定幅度与暂稳时间。

②将R改为1 K，C改为0.1 μf，输入端加1 kHz的连续脉冲，观测波形V_i，V_C，V_O，测定幅度及暂稳时间。

(2)多谐振荡器

①按图7-64接线，用双踪示波器观测V_c与V_o的波形，测定频率。

②按图7-65接线，组成占空比为50%的方波信号发生器。观测V_C，V_O波形，测定波形参数。

③按图7-66接线，通过调节R_{W1}和R_{W2}来观测输出波形。

(3)施密特触发器

按图7-67接线，输入信号由音频信号源提供，预先调好V_s的频率为1 kHz，接通电源，逐渐加大V_s的幅度，观测输出波形，测绘电压传输特性，算出回差电压ΔU。

5. 实训报告

①绘出详细的实训线路图，定量绘出观测到的波形；

②分析、总结实训结果。

思考与练习

7-1　基本RS触发器的特点是什么？若R和S的波形图如图7-70所示，设触发器Q端的初始状态为0，试对应画出输出Q和$\overline{Q}$的波形。

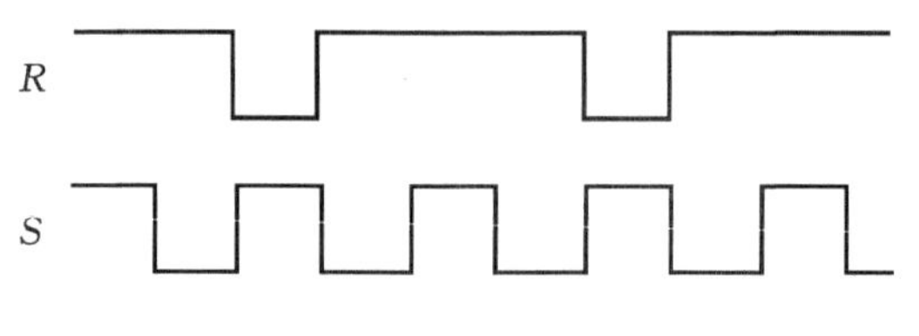

图7-70　题7-1的图

7-2　图7-71所示为由时钟C的上升沿触发的主从JK触发器的逻辑符号及C、J、K的波形，设触发器Q端的初始状态为0，试对应画出Q、$\overline{Q}$的波形。

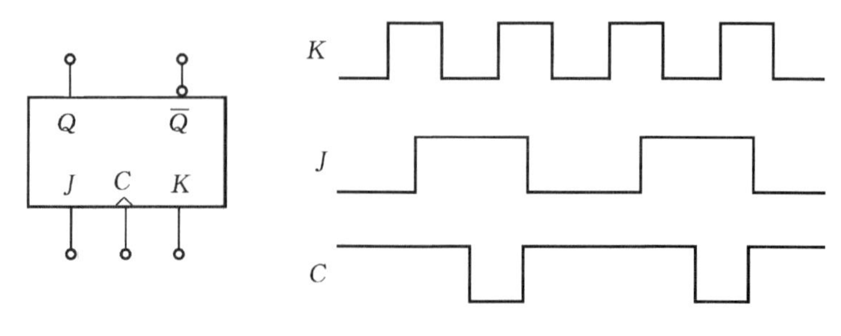

图7-71　题7-2的图

7－3　图 7－72 所示为由时钟脉冲 C 的上升沿触发的 D 触发器的逻辑符号及 C、D 的波形，设触发器 Q 端的初始状态为 0，试对应画出 Q、$\overline{Q}$ 的波形。

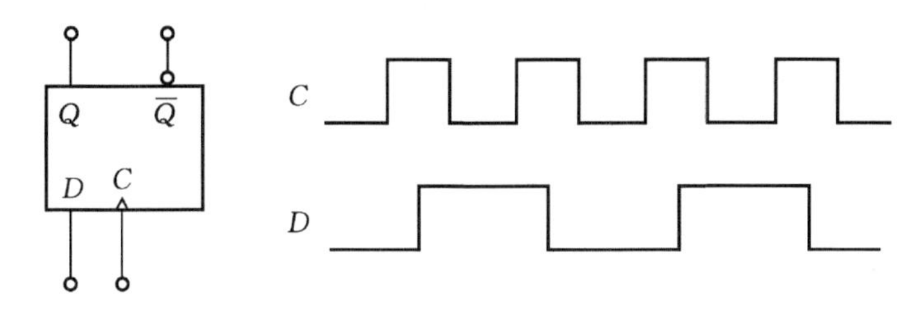

图 7－72　题 7－3 的图

7－4　电路及 C 和 D 的波形如图 7－73 所示，设电路的初始状态为 $Q_0Q_1=00$，试对应画出 Q_0、Q_1 的波形。

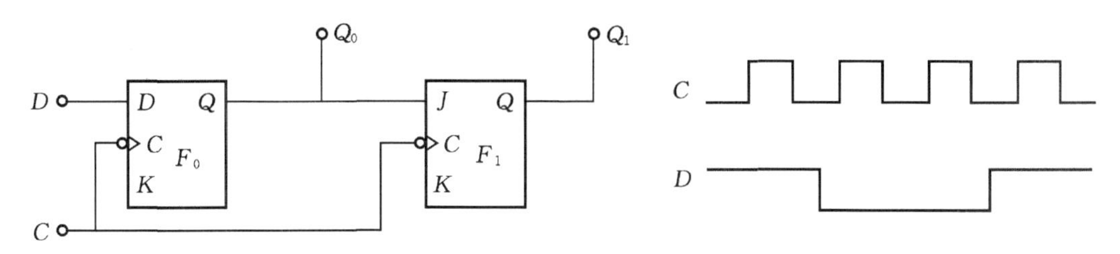

图 7－73　题 7－4 的图

7－5　试画出在时钟脉冲 C 作用下图 7－74 所示电路 Q_0、Q_1 的波形，设触发器 F_0、F_1 的初始状态均为 0。如果时钟脉冲 C 的频率为 4000 Hz，则 Q_0、Q_1 的频率各为多少？

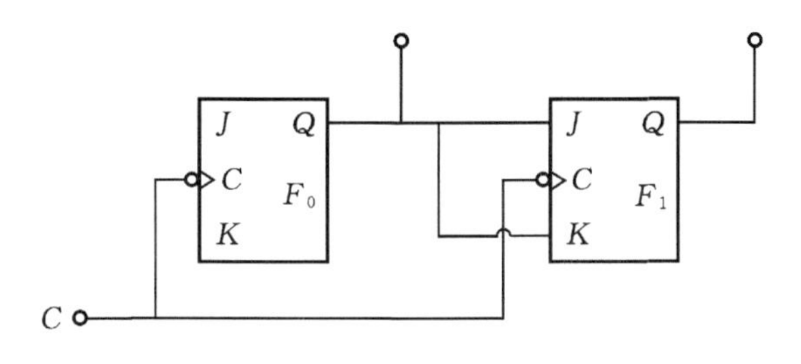

图 7－74　题 7－5 的图

7－6　在图 7－75 所示电路中，设触发器 F_0、F_1 的初始状态均为 0，试画出在图中所示 C 和 X 的作用下 Q_0、Q_1 和 Y 的波形。

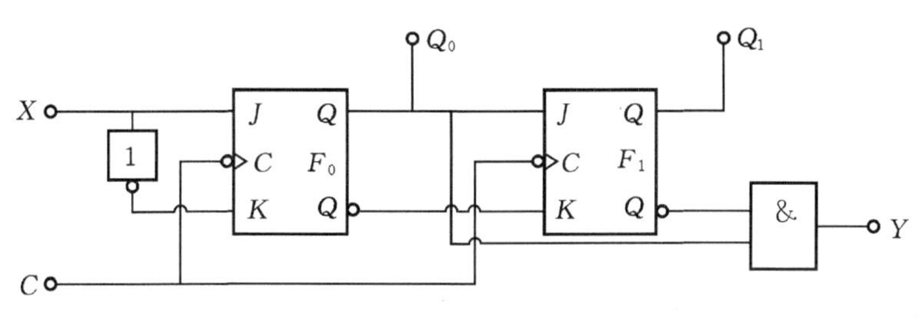

图 7－75　题 7－6 的图

7－7　图7－76所示电路为循环移位寄存器，设电路的初始状态为$Q_0Q_1Q_2Q_3=0001$。列出该电路的状态表，并画出Q_0、Q_1、Q_2和Q_3的波形。

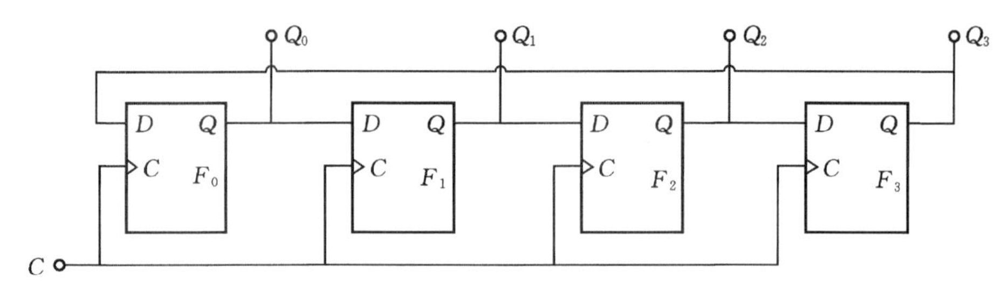

图7－76　题7－7的图

7－8　设图7－77所示电路的初始状态为$Q_2Q_1Q_0=000$。列出该电路的状态表，画出C和各输出端的波形图，说明是几进制计数器，是同步计数器还是异步计数器。

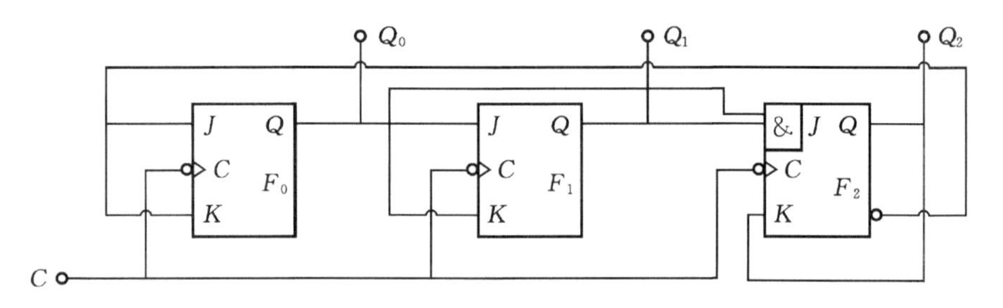

图7－77　题7－8的图

7－9　试分析图7－78所示电路，列出状态表，并说明该电路的逻辑功能。

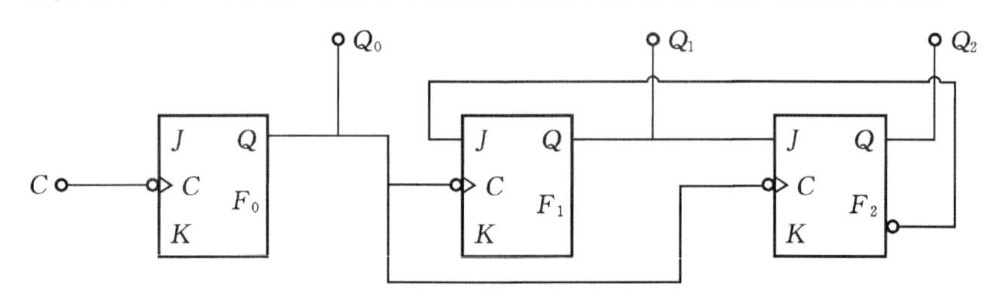

图7－78　题7－9的图

7－10　试分析图7－79所示各电路，列出状态表，并指出各是几进制计数器。

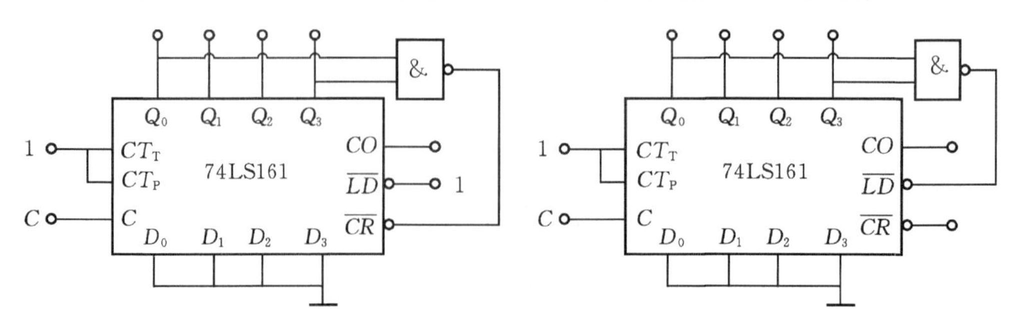

图7－79　题7－10的图

7-11　试分析图 7-80 所示电路,并指出是几进制计数器。

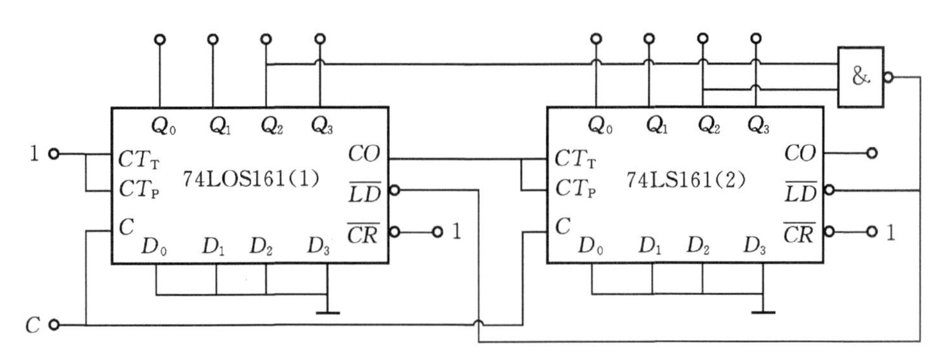

图 7-80　题 7-11 的图

7-12　试分析图 7-81 所示电路,并指出是几进制计数器。

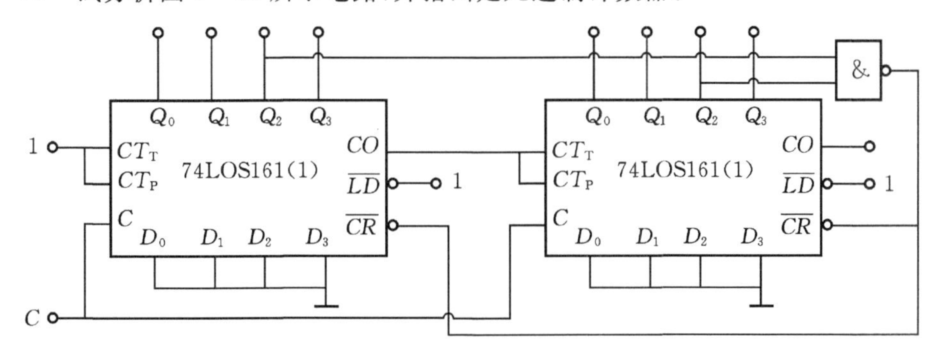

图 7-81　题 7-12 的图

参考文献

[1] 李中发.电子技术基础[M]. 北京:中国水利水电出版社,2004.

[2] 康华光.电子技术基础:模拟部分[M]. 6 版.北京:高等教育出版社,2013.

[3] 康华光.电子技术基础:数字部分[M]. 6 版.北京:高等教育出版社,2013.

[4] 周良权,傅恩锡,李世馨.模拟电子技术基础[M]. 4 版.北京:高等教育出版社,2009.

[5] 周良权,方向乔.数字电子技术基础[M]. 4 版.北京:高等教育出版社,2014.

[6] 王金花,王树梅,孙卫锋.电子技术[M]. 北京:人民邮电出版社,2010.

[7] 杨素行.模拟电子技术基础简明教程[M]. 北京:高等教育出版社,2006.

[8] 曾令琴.数字电子技术[M]. 北京:人民邮电出版社,2009.